城市物业智慧管家研究与实践

——以赤峰为例

孟 均 著

U0296126

中国建筑工业出版社

图书在版编目（CIP）数据

城市物业智慧管家研究与实践：以赤峰为例 / 孟均
著 . —北京：中国建筑工业出版社，2023.3
ISBN 978-7-112-28514-3

Ⅰ.①城…　Ⅱ.①孟…　Ⅲ.①城市公用设施 — 公共管
理 — 研究 — 赤峰　Ⅳ.① TU998

中国版本图书馆 CIP 数据核字（2023）第 050012 号

　　本书以赤峰市市政园林设施标准化养护服务项目为背景，通过信息技术与城市物业（本书
特指城市大物业市政园林设施）管养服务的融合，充分整合城市市政基础设施的静态数据和动
态数据，开拓智能化监管和专业化管养新思路；通过统筹管理，有效规范了城市物业设施管养
作业的标准和质量，实现不同权属单位的多层级协同联动及设施全要素、全生命周期内的精细
化管理，为政府及公众提供精细化管养服务新模式。本书的出版，旨在对城市物业设施智慧管
养进行经验交流，为我国各地城市市政园林设施养护管理提供参考。

　　本书适合城市市政园林设施养护管理人员阅读参考，也可供养护技术人员参考使用。

责任编辑：徐仲莉　张　磊
责任校对：李辰馨

城市物业智慧管家研究与实践——以赤峰为例

孟　均　著

＊

中国建筑工业出版社出版、发行（北京海淀三里河路9号）
各地新华书店、建筑书店经销
北京点击世代文化传媒有限公司制版
北京中科印刷有限公司印刷

＊

开本：787毫米×1092毫米　1/16　印张：17¾　字数：373千字
2023年3月第一版　2023年3月第一次印刷
定价：**158.00**元
ISBN 978-7-112-28514-3
　　（40992）

前　言

中国几千年的农业社会，乡土的田园牧歌留下了朴素而缥缈的乡愁，"采菊东篱下、悠然见南山"仍是现代都市人心中向往的桃花源。近 40 年随着快速的工业化，大量农村人口涌向城市，目前我国城市化率已经超过 64%，城市已经成为各种资源聚集和交流的中心。从乡土社会到城市中国，城市成为现代人心之向往的栖息地，传统的价值观、生活方式以及个人行为方式也不断发生转变，从乡土静态的"熟人社会"转向城市流动的"陌生社会"。

城市从来不是完美无缺的，有璀璨靓丽的光鲜景象，也有残破阴暗的不堪角落。城市发展推动了经济增长和社会进步，给人们带来了方便、快捷的生活，但也不可避免地形成了各种触目惊心的"城市病"，例如基础设施领域存在的交通拥堵、设施损坏、违法建设、环境污染等，给政府和居民带来巨大的困扰，也制约了城市的可持续发展。

城市建设是重要的，城市管理也同样重要，以后甚至更为重要。正如北京市政路桥管理养护集团有限公司（以下简称北京养护集团）所经历的，在城市快速发展过程中，参与建设了大量的基础设施，取得了有目共睹的成就，随着城市建设期的结束，城市养护运维要求越来越高、越来越重要，在运维期，我们能否延续以往的辉煌成就？城市不同的发展阶段需要不同的管理形式，传统的城市管理模式是乡土社会的延续和工业化管理思维的产物，是一种粗放式管理，各个管理部门根据专业进行分工，明确划定各自的权责范围，不同部门各管一摊、各管一段、互不统属，缺乏协同配合，留下了大量的边缘地带或真空地带。对于相对小规模、低密度和发展中城市而言，这种管理形态是可以胜任的，随着城市规模越来越大，老百姓对美好生活的向往越来越高，传统的城市管理模式越来越不能满足和谐城市秩序的需要。特别是随着现代信息技术的发展及应用，更加倒逼城市管理的转型、升级。如果说过去的城市管理是"以简单应对简单"，那么今天的城市管理是"以复杂应对复杂"，城市管理要从过去粗放式管理迈向精细化管理。

当然粗放式管理与精细化管理不是非黑即白的关系，也不是此优彼劣的评价，而是城市发展过程中出现的必然选择。随着精细化管理的发展，复杂的社会需要更加理性、专业和科学的治理，随着不断地试错整改，最终精细化管理将倡导多元化的立场，强调社会主体的广泛参与，整合多种社会资源和企业力量，实现多元协同共治。

精细化管理需要将原来政府管理的设施逐步移交给企业实现共治。面对基础设施复杂的管理问题和社会矛盾，政府固然可以解决某些问题，但也必然增加了管理成本和管理难度，这就需要高效率、低成本的管理服务方式。离开了充裕可持续的财政资源，政府的基础设施管理开始走向精益求精，精打细算、节约成本，提高效率，以最小的成本获得最大的收益。相对而言，在基础设施建设领域依然存在不计代价的情况，而在城市市政基础设施管理上更多地应该是春风化雨、润物无声。

精细化管理需要更加专业、管家式的服务商。原来试图通过职能分工和扩张来应对多专业、复杂性的管控，导致政府规模的急遽增长，加剧了治理的复杂性。随着政府改革的深入，现在思路是购买专业公司的综合服务来解决复杂的问题，让专业的人做专业的事，这就需要建立一整套科学的制度、流程和标准，让专业的公司来处理和协调复杂的问题。说到底，有了优秀的综合性城市市政基础设施服务商，才会有更好的城市精细化治理。

北京养护集团是行业领先的道路养护管理服务单位，在成立之初就认识到信息化是实现基础设施精细化的基础，很早就开始了信息化建设的道路，通过长期的信息化系统开发建设，积累了大量的经验。2012 年左右，各地的公路市政养护管理单位都意识到信息化管理的重要性，开始了公路市政养护信息化系统开发建设的浪潮，**笔者领先提出以养护数据为中心，打破"信息孤岛"，实现政企数据共享。**数据是信息化的核心要素，信息化建设的主要投入是数据获取，为了降低数据采集成本，笔者主导研发了道路 3D 数据采集设备、多维数据整合发布技术、建立了道路多维管理平台，在道路管养信息化领域做到全国领先。主导开发的北京检查井病害综合治理平台，涵盖了涉及检查井工作相关的数 10 家单位，助力解决城市顽疾。为解决数据在互联网上依法合规使用问题，笔者创造性地开展工作，获得了国内第一个道路三维数据审图号，建立的北京市 8000 余公里的道路多维数据，在政府多个部门得到应用，为缓解北京中心城区、城市副中心的拥堵提供了数据支撑，为北京慢行系统的优化提供了技术服务。

2015 年"互联网＋"写入政府工作报告，成为国家产业战略，结合互联网＋的热潮，**笔者积极推广道路养护信息化管理平台，**连续与保定、厦门、成都、深圳、广州、廊坊、无锡、西安等 10 多个城市的市政管理部门签约落地，在这些城市建设了道路智慧管养系统，能够对各类市政基础设施进行智能监管，充分整合市政基础设施动、静态数据，实现协同联动，提供面向政府及公众的精细化管养服务。通过信息化平台，将首都"24 小时修复、无痕化服务"的管理理念及做法输出到各地，为集团养护市场向外拓展实现了良好的开端。

2018 年笔者提出以"信息化支撑＋精细化养护"为亮点，以信息化建设为引领，大力开拓外埠养护市场。2018 年在广州市黄埔区落地，2019 年赤峰市中心城区市政基础设施标准化养护项目落地（以下简称赤峰项目），该项目以道路为主线，将道路、桥梁、绿化、路灯、排水泵站等业务整合在一起，依托信息化平台，按照 PDCA 的管理理念，建立巡查上报、养护施工、监管考核、计量支付的闭环管养模式，实现了城市"墙到墙"区域内所有市政设施的养护管理。赤峰项目在体制、机制上实现了干管分离，政府市级机构和职能不变，仅在区级层面进行微调。政府通过招标购买服务引入北京养护集团，北京养护集团作为城市管理的"大管家"，在做好基础设施管养服务的基础上，还承接了约 150 名事业编及合同制的市政养护人员，政府各部门仍在各自职权范围内对北京养护集团进行考核评分。通过上述做法，设施养护水平得到快速提升，同时事业单位改革做到了平稳过渡，从业人员收入稳步增长。

从 2021 年到 2022 年，以"赤峰模式"为蓝本，实现了万载、通辽基础设施管养项目的落地，为集团养护业务走向全国找到了方向。通过赤峰项目总结经验，笔者意识到开拓基础设施养护运营市场的核心是建立"智慧养护运营"模式，也就是利用信息技术带来的透明、高效与科学决策，对城市市政基础设施管理体系进行重塑和再造，与原有的固有秩序和利益进行博弈提升。合理的运作机制是赤峰项目顺利开展的基础，构建清晰的运营架构、稳妥的利益分配和透明的考核评估机制，是智慧管养长效运营成功的关键因素，也是当前和未来"赤峰模式"探索的重点。

基于此，笔者提出了城市"智慧管家"的思路，归纳形成了"两精两全、三清四化"的服务理念，建立了"以信息化赋能传统养护行业，整合集团内部设计、建材、施工、养护的优势产品，以长安街管养首善标准为品牌标杆"的发展模式，快速向其他城市推广。

相对于材料、设计、工程建设等领域的硬核创新，信息化绝大部分技术成果都是整合应用创新，并且在快速更新迭代中，在信息化领域"昨天的旧船票上不了今天的客船"。我们要站在"巨人"的肩膀上看世界，要与行业领先大学、科研机构、互联网企业开展合作，将先进的信息技术与传统行业融合应用，把全要素、全生命周期管理理念贯穿于城市市政基础设施的"规、建、管、养、运"全过程，**以信息化应用为要，以精细化管理为王，实现"一屏观天下，一网管全城"。在信息化、数字化的引领下，让传统的基础设施养护业务结出丰硕的成果。**

在赤峰市中心城区市政基础设施标准化养护项目服务过程中，笔者带领团队进行了大量的创新，在此期间也不断思考北京养护集团业务模式与现在城市管理的需求和差距，之前北京养护集团的业务主要是在北京市，主要是城市市政基础设施的养护运维。到了赤峰市后，**提出了"墙到墙"的空间概念**，墙里面是小区、单位、政府等有物业公司管理的区域，两个墙之间的区域就是城市的大物业，涉及住房和城乡建设局、城市管理、交警、公交、电力等几十个单位，都要厘清他们之间的关系和管理边界，这就更加体现出"城市空间载体，是一座城市高质量发展的'面子'，城市管理运营,是考验城市治理水平和服务精细度的'里子'",**把城市看作一个"大物业",通过"智慧管家"构建新型的多元协同治理体系,打造"政企协同""千城千面"的城市治理创新模式。**在赤峰市"城市物业智慧管家"创新模式实践中,使我们有一个新的视角去看待城市市政园林基础设施养护服务,政府如何主动适应新时代精细化城市治理的要求,打通行政壁垒,主动引导、对接市场;企业如何发挥自身优势,参与公共服务产品的研发与供给,从而实现企业业绩新的增长,使城市真正达到多元共治,这些都需要在制度、政策等层面进行总结与创新。回首过去的几年,感觉有必要进行综合汇总,写成一本书,既是对以往工作的记录,也是下一步模式推广的参考资料。

本书在编写过程中,得到北京养护集团的大力支持,在此表示感谢。同时在本书写作过程中,张亭亭、王艳丽、黄钰龙协助笔者进行了资料的搜集整理;张松、孙勤霞、李艳飞对第1章绪论、第2章赤峰市城市物业智慧管家模式章节的文字进行了梳理、校正,其中候彦超、颜艳、王婧婷提供了人力资源管理及绩效考核体系的部分资料,孙翠云提供了全面预算管理及业财融合的部分资料;商旭光、王鹏、杨海楠对第3章城市物业智慧管家养护管理方式章节的文字进行了梳理、校正,其中劲飞提供了信息化支撑的部分资料,章晓波提供了多元化巡查的部分资料,何红波提供了标准化作业的部分资料,林志彬提供了安全管理标准化的部分资料;段彬、曹昊天对第4章市政道路基础设施养护管理与技术评价章节的文字进行了梳理、校正;李广奇对第5章城市道路占掘路管理章节的文字进行了梳理、校正;段彬、杨博对第6章城市市政基础设施排水管网治理章节的文字进行了梳理、校正,其中劲飞提供了窨井精细化管理、"智能井盖"系统的部分资料;姚艺对第7章城市园林绿化管理章节的文字进行了梳理、校正;翟战强、王新剑、车淘对第8章城市市政基础设施CIM平台建设章节的文字进行了梳理、校正;谭鹏、曹健承担了本书的图表编辑工作。在此对上述人员的付出一致表示诚挚感谢!

本书对实践中的主要问题进行了分析描述和总结,不可避免地会有一些遗漏和缺憾。我们会继续总结提升,在城市市政基础设施养护管理方面深耕细作、笃行致远。

孟 均

2023 年 2 月

目　录

绪论

一座和谐宜居的城市，三分靠建设，七分靠管理。在众多管理板块中，城市市政基础设施管理是保障城市运行的重要基础，是城市经济和社会各项事业发展的支撑体系，可为广大居民打造干净、舒适、文明的居住环境。那么，什么是城市市政基础设施？城市市政基础设施有着怎样的发展历史？本章分别从广义和狭义上做了解释。

广义的城市市政基础设施分为城市工程性基础设施（包括供水、排水、燃气、热力、电力、通信、广电和道路交通等）和城市社会性基础设施（包括文化教育、医疗卫生、商业服务、体育和社会福利等）；狭义的城市市政基础设施是指在城市区、镇（乡）规划建设范围内设置、基于政府责任和义务为居民提供有偿或无偿公共产品和服务的各种建筑物、构筑物、设备等。城市生活配套的各种公共基础设施建设都属于市政设施的范畴，包括城市道路、桥梁、给水排水、污水处理、城市防洪、园林、道路绿化、路灯、环境卫生等城市公用事业工程。

1.1 城市市政基础设施管理历史

1.1.1 城市市政基础设施历史溯源

城市的出现是文明向前推进的标志，我国的城市文明也是源远流长的，城市发展的历史也是中华民族宝贵的文化遗产，仅从这个意义上来说，城市市政基础设施管理者就应当自豪自己的职业，他们即是文化遗产的传承者与创新者。

早在 20 世纪中期，便有研究者开始关注城市市政基础设施领域，并且对其实施了相关的理论性探究，而国内学术领域最早是在 20 世纪 80 年代才慢慢意识且引进了"市政基础设施"这个概念。1981 年，钱家骏等人第一次发表了"基础结构"这一全新的概念，并且在经济学领域得到普遍运用，同时也被认为是城市市政基础设施的概念雏形。现在，学术领域针对怎样界定"城市市政基础设施"这一概念说法不一，可以说是议论纷纭，其中，1982 年由美国《经济百科全书》中提到的关于这一概念的说法，是目前学术界最普遍接受的。该书对"城市市政基础设施"的解释：其表示一些对于生产或者产生能力起到增强功能的经济项目，涉及交运系统、金融、通信、教育卫生以及发电等设施在内，同时还包含政府与政治体制。在发展经济学领域中，把基础设施简单理解成"社会间接成本"，即把城市市政基础设施看作是社会非直接的生产部，并且此部门为工农业与第三产业所涉及的生产活动提供服务。20世纪70年代，基于学术领域以往对城市市政基础设施概念的界定，第一次对城市市政基础设施这一概念进行系统性划分的是美国的经济学家汉森。在这种分类系统中，汉森依据内涵和外延来界定范围，把城市市政基础设施划分成广义与狭义两大系统，而学术领域与行业领域有关城市市政基础设施系统的探究，总共涉及"六大系统"，如城市道路交通、城市水资源和供排水、城市能源动力、城市邮电通信、城市生态环境、城市防灾，截至目前，此种分类方式依然被学术领域与行业领域普遍运用。

1.1.2 城市市政基础设施养护管理内涵

城市市政基础设施是维持经济社会持续运行的重要基础条件。客观认识城市市政基础设施的主要内涵，科学把握城市市政基础设施的共性特征，明确界定政府在城市市政基础设施投融资及建设运营中的责任，对于准确把握城市市政基础设施发展的客观规律、促进基础设施高质量发展意义重大。

1.1.2.1 基础设施概念

随着经济社会的发展，基础设施的内涵处在不断演变之中。目前，无论是学术界还是实务界，对基础设施仍然缺乏公认的定义。深刻认识和理解基础设施内涵，是各地区各行业部门确定基础设施发展思路、制定相关政策、实施宏观调控的重要前提。

1. 传统基础设施的内涵

基础设施英文为"Infrastructure"，由拉丁文"Infra"和"Structure"组合而成，其最初含义是"构成任何操作系统的装置"，引自于法语意中意思"在建筑路面或者铁路下面的天然材料"。1943年发展经济学先驱罗森斯坦·罗丹在其著作《东欧和东南欧国家的工业化问题》中首次提到"基础设施"这一概念，认为一个社会在进行一般产业投资之前，应该具备基础设施方面的积累，基础设施是社会发展的先行资本。

1982年，McGraw-Hill图书公司在《经济百科全书》中将基础设施定义为：基础设施是指那些对产出水平或生产效率有直接或间接提高作用的经济项目，主要内容包括交通运输系统、发电设施、通信设施、金融设施、教育和卫生设施，以及一个组织有序的政府和政治体制。该定义立足于服务社会发展，因此现在被人们称为"社会基础设施"，是基础设施的广义概念。这一定义也代表了发展经济学家的主流看法。

世界银行发布的《1994年世界发展报告》，将当年的研讨主题聚焦于具有网络特性的基础设施，分析了基础设施与经济社会发展的关系，并在当年的世界发展报告中将其定义为永久性工程构筑、设备、设施，以及它们提供的为居民所用和企业所用的经济生产条件和服务设施，主要包括三部分：一是公共设施，电力、电信、自来水、卫生设施与排污、固体废弃物的收集与处理以及管道煤气等；二是公共工程，公路、大坝、灌溉和排水用的渠道工程等；三是其他交通部门，城市与城市间铁路、市内交通、港口、机场和航道等。

目前，国际层面对基础设施的分类尚未形成统一的认识。主流观点认为，基础设施是指为社会生产和居民生活提供公共服务的工程设施，是用于保证国家或地区社会经济活动正常进行的公共服务系统，是社会赖以生存发展的物质基础条件，包括经济基础设施和社会基础设施两大基本类型。

经济基础设施（Economic Infrastructure），是用于提供经济性公共服务的基础设施。经济性公共服务是指政府为促进经济发展而提供的公共服务。经济基础设施主要包括能源、交通运输、电信、农业、林业、水利、城市建设和生态环保等领域的基础设施。在国家经济发展的初级阶段，经济发展占有特别重要的地位，基础设施建设在传统上主要指向经济基础设施的建设。

社会基础设施（Social Infrastructure），是用于提供社会性公共服务的基础设施。社会性公共服务是指为促进社会公正与和谐而为全社会提供的基本公共服务，包括基础教育、基本医疗、社会保障等服务。社会基础设施主要包括医疗卫生、基础教育、社会福利服务等设施。随着国家发展阶段的提升，将更加重视社会发展，社会基础设施在整个基础设施建设中的地位将不断提升。

基础设施和公共服务属于一个对象的两个方面。基础设施提供公共服务，公共服务的供给离不开基础设施。经济基础设施提供为支撑经济发展的公共服务，即经济性公共服务；社会基础设施提供满足社会公益需求的公共服务，即社会性公共服务。基础设施的投融资建设应该有利于公共服务的提供。应从项目周期各个环节统筹各项活动，提升基础设施建设水平，为提高公共服务的质量和效率打下基础。二者不能相互割裂。

2. 基础设施内涵的三个层次

基础设施内涵可以从三个层次来理解：

第一个层次的基础设施，是指狭义上的传统基础设施，是为社会生产提供一般性条件的先行资本，主要包括交通基础设施、能源基础设施、通信基础设施、水利基础设施等。传统基础设施配套性比较强，其有效性发挥作用依赖于整体状况及网络化程度。

第二个层次的基础设施，是指经济基础设施和社会基础设施，包括狭义上的传统基础设施概念中的交通、能源、通信、水利等基础设施，以及教育、医疗、水环境、空气质量、基础研究、科技攻关等社会基础设施。

第三个层次的基础设施，是更为广义的基础设施概念，体现了大基础设施的理念。大基础设施是指进行一次、二次和三次产业活动提供其不可或缺的基本服务的设施、机构、制度的总体,包括硬基础设施和软基础设施。硬基础设施包括前两个层次所说的基础设施。软基础设施包括法律法规、行政管理、科技创新、基础研究、专业咨询等系列治理体系和智力体系。硬基础设施和软基础设施具有不可分割、相互促进的紧密关系。

我国基础设施的高质量发展,应该从更加广义、更为全面、更高层次的角度进行审视,而不应该仅从传统的狭义的视角进行研究。

1.1.2.2 城市市政基础设施概念

城市市政基础设施是城市生存和发展所必须具备的工程性基础设施和社会性基础设施的总称,是城市中为顺利进行各种经济活动和其他社会活动而建设的各类设施的总称。

由于各国的国情不同,国际上关于城市市政基础设施的概念并没有统一的解释。蔡孝篇教授主编的《城市经济学》一书中,城市市政基础设施被定义为:为满足城市物质生产和居民生活需要向城市居民和各单位提供基本服务的公共物质设施以及相关的产业和部门是整个国民经济系统的基础设施在城市地域内的延伸。城市市政基础设施是为城市这一特定的区域服务的具有时间空间的特定性,同时是满足城市经济发展和居民生活的基本保障,也是城市发展和生存的物质基础。在我国,把城市市政基础设施分为广义城市市政基础设施和狭义城市市政基础设施,本书所述为狭义城市市政基础设施,一般分为以下六大系统:

(1)城市能源系统包括电的生产及输变设施、人工煤气的生产及煤气、天然气、石油液化气的供应设施、集中供热的热源生产及供应设施。

(2)供水、排水系统包括城市水资源的开发、利用和管理设施。

(3)交通运输系统包括城市内部交通设施和城市对外交通设施。

(4)邮电通信系统包括邮政设施、通信设施等。

(5)生态环境系统包括环卫、园林、绿化、环境保护等设施。

(6)城市防灾系统包括防火、防洪、防风、防雪、防地震、防地面沉降以及人防等设施。

一个城市的构建与发展,首要处理便是城市市政基础设施的构建问题。在我国,基础设施构建的主要部分正是市政基础设施。市政基础设施供应的服务与产品,不仅是城市持续性发展的关键物质保障,还是公众生活与发展所需的物质前提。

1.1.2.3 城市市政基础设施养护管理内涵

城市生活配套的各种公共基础设施建设都属于市政设施的范畴,包括城市道路、桥梁、给水排水、污水处理、城市防洪、园林、道路绿化、路灯、环境卫生等城市公用事业工程。随着我国不断推进新型城镇化的进程,基础设施作为公众生活与社会生产的前提,城市市政基础设施是一个城市的"血液循环系统",其健康与否、完善与否、通畅与否直接关乎城市的"生命"。基础设施建设规模逐步扩大,按照

"打通大动脉、畅通微循环、促进大联通"的思路,加强市政基础设施养护管理,完善交通基础设施体系,优化交通网络结构,提高路网衔接水平。

城市市政基础设施管养是指对道路、排水、绿化、路灯、环卫保洁等各类市政基础设施的养护和监督管理。其中养护工作包括市政基础设施日常巡查、小缺陷维修、大缺陷改造以及对突发事件应急处置等,监督管理工作包括政策文件制定、日常养护工作监管考核、养护经费拨付以及对违法行为行政处罚等。城市市政基础设施管养水平的高低影响城市的形象,也影响居民生活出行等方方面面,对市政基础设施的养护和监督管理是为了提高市政基础设施的完好情况,通过日常的巡查养护,快速发现市政基础设施缺陷并及时修复,对存在较大安全隐患的缺陷进行提升改造,从而确保市政基础设施的平稳运行。

1.1.3 城市市政基础设施养护管理特征

城市市政基础设施是一个综合、复杂的系统性产品和服务,不仅具有其自身独特的工程技术特点,在生产、使用或消费等方面也表现出显著的经济和社会属性。

1. 城市市政基础设施具有基础性、公益性、长期性

城市市政基础设施是社会经济活动的基础。若把国民经济视作人体,基础设施犹如人体的生理系统,交通则是人体的脉络系统,邮电是人的神经系统,给水排水是人体的消化和泌尿系统,电力是人体的血液循环系统,要维持人体正常运转,这些系统缺一不可,任何一方面失灵,都将导致人体失衡。城市市政基础设施伴随城市而生,并与城市相辅相成、相互促进。它是城市存在和发展的物质基础,是城市生活及各种活动的基本条件,是城市现代化的主要标志,也是城市竞争力的重要因素。

城市市政基础设施具有公益性。每个单位的生产、每个居民的出行都离不开市政基础设施,因此又称为公共性。城市市政基础设施管养坚持以人为本、服务民生,其服务性决定了相关管理部门和服务企业必须把社会效益放在第一位,只能以微利、保本或亏损但有利于社会效益为目标,而不是寻求经济效益最大化。市政基础设施稳定运行,是稳定社会、促进和谐的发展手段,政府部门不仅需要把控市政基础设施建设质量,更有必要确保其健康稳定运行,为城市居民提供更加高效的市政服务。

城市市政基础设施管养要有长远规划、持之以恒。城市市政基础设施建设既要满足城市发展的近期需要,又要留有长期发展的余地。我们经常见到城市市政基础设施建设的速度跟不上城市发展的脚步。以道路为例,所有城市都存在堵车的现象,一条马路刚改造完成,就又开始开挖,然后再补上补丁的现象并非少见,道路堵车、停车难这些问题的出现,暴露出道路设施建设与汽车消费增长的矛盾、与城市发展的矛盾,充分说明了这些基础设施的建设没有做到长远规划。规划应该在现实的基础上,做到远近结合,走可持续发展的道路。

2. 城市市政基础设施具有普遍性、前瞻性

城市市政基础设施服务的对象不是特定的,而是社会公众,因此城市市政基础

设施应保证其服务的稳定性、质量的可靠性、信誉的可信性。

城市市政基础设施建设应当拥有一定的前瞻性。市政基础设施作为城市前进的物质保证，通常带有显著的时代特征与地区特点，其供应的品质与数量，不但要与现在和日后短时间内全社会的需要相符合，还应与日后特定阶段的城市发展需求相适应，即需要构建的市政基础设施拥有一定的超前性。不仅如此，因为市政基础设施在构建前期需要投入很多资源，构建工期也比较久，平时的维护较为频繁，只要构建完成，便能够看作城市的资产，而它们的成本和价值均要在特定阶段才可以展现出来，需要构建者在公众消费活动中实现批量性的回收或者实现，所以，城市市政基础设施建设应当拥有一定的前瞻性。

3. 城市市政基础设施具有系统性

城市市政基础设施建设要统筹兼顾。城市市政基础设施涉及的种类面广、影响程度深，不同市政基础设施之间存在一定的影响。以道路建设或维修为例，分为道路本身工程及配套工程，在规划时应做好顶层结构设计，统筹规划，多专业协同实施，避免各自为政、互不协调情况的发生，并且综合考量城市能源的供给形式、输送渠道等，随之进行科学配置，使市政基础设施建设与城市未来发展、现代化转变相适应。

4. 城市市政基础设施具有效益的间接性

城市市政基础设施需要投入大量的资金，同时也凝聚了劳动创造价值和劳动转移价值。例如，一个城市优美的环境离不开市政绿化、城市环卫部门以及监督部门，环境的优美又给城市带来潜在的附加值，使城市更加协调健康地发展。市政基础设施作为城市中的公共设施，产生社会效益十分关键。建设过程中需要将市政基础设施展示出来的社会效益放在首位，以便城市能够得到和谐发展，满足居民生活需求，实现社会共享发展的目标。

1.1.4 城镇化背景下城市市政基础设施养护管理

我国城市化构建已经迈入高速推进的关键时期，截止到 2022 年，中国城镇化率为 65.22%，通常在国家城市化率实现 30% ~ 70% 的情况下，便表明其城市化已经达到快速扩展阶段。城市管理提档升级，从中央到地方日益重视城市精细化管理。

随着我国城镇化率的不断提升，城镇人口逐年上升，城市治理难度不断提升，但人们对于市政环卫等公用事业的质量要求不断提高，这些都推动市政管养等公用事业在管养理念、管理模式等方面需要不断创新和突破，以提高服务质量和服务效率。推动市政环卫等公用事业管养一体化综合化发展成为新的趋势，也成为提升管理水平、推进城市精细化管理的重要抓手。近几年，我国城市治理中存在的问题逐渐被暴露出来，其影响也被放大，在市政环卫等领域现行治理模式下存在多部门管理沟通协调机制不畅、考核管理缺位、专业水平不足等问题，通过推动一体化治理，有助于打破政府部门间的壁垒，引入第三方可以提供更加专业的服务，提高作业效率，提高管养精细化水平和管养资金使用效率等，从而提升市政设施环境品质，产生更大的经济效益和社会效益。

现阶段在管养一体化模式下，大幅提升了服务资质、资金规模、运营管理能力等行业壁垒，从当前市场参与者来看，既有传统的环卫等企业，也有许多企业纷纷跨界而来，行业市场分散，集中度较低，进入窗口期。对于城投公司等国有企业而言，作为城市管理的重要参与者，应顺应当前形势积极参与其中，并凭借其国有企业背景以及长期参与城市发展建设积累的丰富项目运作经验、资产资源、品牌等优势快速做大做强，在助力城市高质量发展的同时实现企业的转型和高质量可持续发展。

1.2　城市市政基础设施养护管理模式

1.2.1　多元主体参与管理运营

自 1978 年起，特别是在国内推行市场经济体制以后，我国政府由以往直接运营公司的模式中脱离出来，把发展的中心放在坚持增强城市市政基础设施的构建、供应以及管治方面。但是在国内经济迅速增长的过程中，国内城市化进程也持续深入，公众对城市市政基础设施需求不断加大，与此相对地，我国经济依然处在过渡时期，城市市政基础设施表现出显著的供应紧缺问题。这两者之间的冲突持续加剧，逐渐形成了多元化的城市市政基础设施养护运营管理模式。

近年来，国内经济迅速增长，政府这一城市市政基础设施的主要投资方，正逐渐朝着市场多样化投资的趋向转变。目前我国城市市政基础设施管养市场承揽方式主要包括政府直接委托、政府购买服务两种，随着城市市政基础设施管养行业市场化、机构改革的深入推进，政府购买服务方式将成为行业发展的主流。目前环卫设施管养服务期限一般为 10 年，其余市政基础设施管养服务期限一般为 3 年，综合考虑政策要求、成本管理、长期效益等因素影响，城市市政基础设施管养市场还在积极推进"3+3+2"合同履约方式，即招标期 3 年，无重大事故延迟 3 年，到期申请后可再补充服务 2 年。城市市政基础设施管养企业以地方国有企业和行业龙头企业为主，目前城市市政基础设施管理业务市场模式主要包括自主实施模式、自建分（子）公司模式、政府参股共建合资公司模式、政府不参股共建合资公司模式四种。

1. 自主实施模式

地方大型国有企业或事业单位受当地政府管理机构直接委托，直接负责区域范围内园林绿化、物业保洁、市政环卫工程建设、公共设施维护、下水管道清梳、道路管养等养护管理工作。该模式的优点是区域市场稳定，市场拓展成本低，可以充分发挥现有养护管理体系及养护技术等优势，实现降本增效；该模式缺点是需要养护企业与地方政府高度黏性，造成"地方保护主义"色彩较强，模式使用局限性较大，难以在全国范围内进行复制推广，同时养护企业作为直接委托管理人，承担安全风险职责较大。

2. 自建分（子）公司模式

养护企业根据当地政府要求，结合企业自身发展需求，在当地组建分（子）公司，分（子）公司主要通过公开招标方式承揽项目，中标后按照合同规定内容负责区域范围内的市政基础设施养护管理工作。该模式的优点是能够有效地解决当地政府行政事业单位改革人员安置问题，项目把控能力较强，复制推广属性较强、更能充分发挥集团公司管理技术优势，实现降本增效。该模式的缺点是需要在本地配置养护资产，资金前期投入较大，回报周期较长，同时还需要解决当地政府行政事业单位改革人员安置问题，项目实施难度较大。

3. 政府参股共建合资公司模式

政府与联合体双方共同组建项目合资公司。政府方主要以市政基础设施管养车辆、设施设备入股，联合体按照项目服务范围和作业标准要求，以其新增市政基础设施管养车辆、设施设备和数字化平台等资产的投资作为股权出资，并按照合同规定完成相应市政基础设施管养具体工作内容。该模式的优点是以轻资产输出为主，只参与项目智慧化养护系统建设与运营管理，前期资金投入压力小，项目回报周期短。该模式的缺点是不参与市政基础设施管养具体管养工作，对项目把控能力弱，项目整体收益率较低。

4. 政府不参股共建合资公司模式

养护企业与当地民营养护企业联合成立合资公司，双方均以现金入股，按照出资额比例确定占股比例，双方通过建立"利益共享、风险共担"的企业合作关系，通过公开招标方式承揽市政基础设施管养业务，并按照合同规定负责管辖范围内市政基础设施管养工作。该模式的优点是与民营企业建立合资公司联合运营，前期资金投入压力较小，可充分整合双方资源，实现资源互补。该模式的缺点是需要整合现有公司及部门，吸纳现有人员，项目实施难度较大。

1.2.2　养护管理体制发展态势

通过对全国20个地级市城市市政基础设施养护管理体制情况进行梳理（表1.2-1），目前我国城市市政基础设施管养体制可分为以下两种模式：

一是条块结合，以块为主，市、区（县）结合、市级主导模式。省级层面内设住房和城乡建设厅、交通委员会或城市管理委员会等管理机构，负责本省城市市政基础设施的行业管理；市级层面下设住房和城乡建设管理局、城市管理局、公共事业发展中心、城市道路养护管理中心或城市道路养护服务中心等管理机构，具体负责本市全部或大部分市政基础设施养护管理工作；区（县）下设住房和城乡建设局、城市管理局或园林局等管理机构，主要负责除市级管理设施以外的小部分城市市政基础设施管养工作，各地级市从业单位基本上以企业为主，少数地级市以事业单位为主。典型城市有北京市、天津市、兰州市、苏州市、芜湖市、鞍山市、呼和浩特市、太原市、长治市、海口市、冷水江市等。

二是条块结合，以块为主，市、区（县）结合、区（县）主导模式。省级层面内设住房和城乡建设厅管理机构，负责本省城市市政基础设施的行业管理；市级层面下设住房和城乡建设管理局、城市管理局、公共事业发展中心、城市道路养护管理中心或城市道路养护服务中心等管理机构，管养职能进一步下放，具体只负责本市部分重要市政基础设施养护管理工作；区（县）下设住房和城乡建设局、城市管理局或园林局等管理机构，主要负责除市级管理部分重要基础设施以外的大部分城市市政基础设施管养工作，各地级市从业单位基本上以企业为主，少数地级市以事业单位为主。典型地级市有沈阳市、广州市、苏州市等。

全国部分地级市城市市政基础设施管养体制汇总表   表 1.2-1

省份	市、区（县）	管理单位	管养范围	作业单位性质	承揽模式
辽宁省	鞍山市	市级为住房和城乡建设局，下设鞍山市城市建设发展中心	负责全市道路、排水及照明的市政基础设施管理	企业	政府采购
	沈阳市	市级为城管执法局、市政公用局；区级为各区城市管理局（城乡建设局）	市政公用局负责组织市政基础设施的日常养护维修；市各区城市管理局（建设局）负责区级市政基础设施挖掘占道的审批和管理、区级市政基础设施维护等工作	企业/事业	直签为主/招标投标/政府采购
安徽省	合肥市	市级为城乡建设局；区级为住房和城乡建设局、市政园林中心、城市管理局等	城乡建设局市政工程管理处负责市管市政基础设施行业管理；区住房和城乡建设局、市政园林中心、城市管理局的市政工程管理处或市政中心负责区管市政基础设施行业管理	企业	招标投标
	安庆市	市级为城市管理行政执法局下设的市政处；区级为各区城市管理局	市政处主要负责城区主干道、路灯、桥梁设施养护工作，次干道及小街小巷市政基础设施属各区负责，经开区、高新区及各工业园区自行负责各自市政基础设施管养工作	事业	管养一体化
	芜湖市	市城市管理局	市城市管理局委托市工程管理处承担，养护、建设等职能开放市场化运作	企业	直签为主/招标投标/政府采购
江苏省	无锡市	市级为无锡市市政和园林局；区级为各区城市管理局	负责管辖区域范围内的道路、桥梁、高架、隧道、公铁立交泵站、雨水管网等市政基础设施维护管理工作，不含保洁、绿化	企业	直签/招标投标/政府采购
	苏州市	市级为住房和城乡建设局；区级为住房与城乡建设局或城市管理局	各区域管理职能以市政道路、桥梁、高架、隧道的具体管理为主。除此之外，张家港公用事业管理处等还负责开放式游园广场的管理；太仓市市政设施管理处还负责防汛及停车管理；工业园区市政服务集团还负责环卫、绿化管理	企业	公开招标投标

续表

省份	市、区（县）	管理单位	管养范围	作业单位性质	承揽模式
内蒙古自治区	呼和浩特市	市住房和城乡建设局下设市政建设服务中心	负责全市市政基础设施、照明、亮化及海绵城市配套设施的建设、管理、维修养护以及市政工程研究和技术服务工作	事业	管养一体化
北京市	北京市	市级为市交通委员下设北京市城市道路养护管理中心；区级为交通管理委员会或市政市容管理委员会	市级主要负责市管公路、城市快速路、主干路和部分次干路等市政基础设施维护管理工作	企业	直签/招标投标/政府采购
天津市	天津市	市城市公用事业管理局下设天津市城市道路桥梁管理事务中心	主要负责外环线以内市管快速路、主干路以及少量次干路和外环线以内市管桥梁、地道、隧道等市政基础设施	事业	直签/招标投标/政府采购
河北省	邢台市	行政和行业主管部门为本市城市管理综合行政执法局；市级为市政维护管理中心	市政维护管理中心主要负责市区内主次干道的道路、排水、桥梁、路灯等市政基础设施管养（市区除七里河、高开区统一由维护处管养）；区级主管部门主要负责本辖区内其余市政基础设施	企业	招标投标/政府采购
山西省	太原市	市城乡管理局下设市政公共设施建设管理中心	承担全市市政道路、排水管网、桥梁等市政公共设施的管理、维护任务以及城市防汛抢险、抗震减灾、重大节庆市政基础设施保障等公益性工作	事业	直签/招标投标
	长治市	长治市住房和城乡建设局下设市政管理中心	长治市住房和城乡建设局负责建成区范围内的城市市政基础设施建设和基础设施的管理养护；长治市市政管理中心负责主城区范围内的主、次、支干道的管养工作，各区负责管理养护所辖区域内的主要道路及背街小巷	事业	直签/招标投标
青海省	西宁市	市级为住房和城乡建设局下设市政工程管理处；区级为各区公用服务中心	市级市政设施管理部门负责昆仑大道、宁张路、互助路、柴达木路等16条城市交通性主干道，南北过境高架桥、昆仑桥、海湖桥等随路主要桥梁及市管路灯等市政基础设施管养，区级市政设施管理部门负责辖区城市主次干道、随路桥梁等市政基础设施管养	企业	
甘肃省	兰州市	市级为市住房和城乡建设局下设市政工程服务中心	市级负责快速路（包括立体交通和上跨下穿工程）、主干路、次干路、支路、立交桥、跨黄河桥梁、主次干道洪道桥、过街天桥地道、道路路灯（含小街巷）的统一管理养护，养护经费由市级财政保障；主城四区、兰州高新区和甘肃（兰州）国际陆港负责辖区内小街巷、非主次干道洪道桥的管养	事业	

省份	市、区（县）	管理单位	管养范围	作业单位性质	承揽模式
广东省	广州市	市本级部门有市交通运输、水务、城市管理、园林绿化等部门，区级设施管理单位有区住房和城乡建设局、区交通运输局、区水务局、区城市管理局及区园林绿化局等	市级主要负责重要主干道路、排水设施管理工作；区级负责属地辖区内其他主干道及以下等级道路的道桥隧设施管理工作	企业	招标投标/直签/特许经营
河南省	郑州市	市城市管理局下设市政工程管理处、环城快速公路管理处、郑开大道管理处和隧道综合管理养护中心	市级负责市区的重要主干道、高架桥、城市隧道以及全部排水设施（含排水泵站）的管理和养护维修；区级部门负责辖区范围内全部城市道路（除市管设施外）及附属桥梁设施管理工作	事业/企业	直签/招标投标
	洛阳市	市城市管理局下设市政设施管理中心；区级为住房和城乡建设局	市级负责主干道和部分次干道养护管理工作；各行政区住房和城乡建设局负责部分次干道和支路（街巷）养护管理工作	事业/企业	政府采购/招标投标
海南省	海口市	市政管理局下设海口市市政工程维修公司	负责全市快速路、主干道、次干道、支路以及附属设施的管理和养护维修	事业	管养一体化
湖南省	冷水江市	市城市管理和综合执法局下设市政工程管理处	负责城市道路、行人道、桥涵、排水管网、污水主干管道的日常维护	事业	管养一体化

1.3 城市市政基础设施养护管理现状

1.3.1 城市市政基础设施规模

1.3.1.1 城市路网管养规模

从城市道路里程规模上看，总体呈现稳定型增长态势，截至 2020 年底，我国城市道路总里程达 49.28 万 km，较"十二五"末增长了 12.79 万 km，年度复合增量率达 6.19%。从各个省份道路里程规模上看，区域经济发达省份城市道路里程总体规模相对较高，区域经济欠发达或区域面积较小省份城市道路里程总体规模相对较低。截至 2020 年底，江苏、山东、广东、浙江、四川、湖北、辽宁、河北、安徽、河南省份城市道路里程规模位居前十名，上海、海南、宁夏、青海、西藏省份城市道路里程规模位居全国后五位，具体情况如表 1.3-1 所示。

全国各个省份城市道路里程规模汇总表　　　　　表 1.3-1

排名	省份	里程规模（万 km）	排名	省份	里程规模（万 km）
1	江苏	5.09	17	吉林	1.1
2	山东	5	18	重庆	1.09
3	广东	4.94	19	内蒙古	1.05
4	浙江	2.76	20	山西	0.98
5	四川	2.55	21	陕西	0.95
6	湖北	2.3	22	贵州	0.93
7	辽宁	2.15	23	天津	0.92
8	河北	1.88	24	北京	0.84
9	安徽	1.78	25	云南	0.82
10	河南	1.63	26	甘肃	0.6
11	湖南	1.52	27	上海	0.55
12	广西	1.49	28	海南	0.45
13	福建	1.44	29	宁夏	0.3
14	黑龙江	1.37	30	青海	0.16
15	江西	1.27	31	西藏	0.1
16	新疆	1.27			

从城市道路面积规模上看，总体呈现稳定型增长态势，截至 2020 年底，我国城市道路总面积达 0.97 万 km²，较"十二五"末增长 0.25 万 km²，年度复合增量率达 6.21%。从各个省份道路面积规模上看，区域经济发达省份城市道路面积总体规模相对较高，区域经济欠发达或区域面积较小的省份城市道路面积总体规模相对较低。截至 2020 年底，山东、江苏、广东、浙江、四川、安徽、湖北、河北、河南、辽宁省份城市道路面积规模位居前十名，上海、宁夏、海南、青海、西藏省份城市道路面积规模位居全国后五位，具体情况如表 1.3-2 所示。

全国各个省份城市道路面积规模汇总表　　　　　表 1.3-2

排名	省份	面积规模（万 m²）	排名	省份	面积规模（万 m²）
1	山东	102269	17	山西	22325
2	江苏	90570	18	黑龙江	22076
3	广东	84014	19	内蒙古	22074
4	浙江	54048	20	陕西	21660
5	四川	50907	21	吉林	19116
6	安徽	43286	22	贵州	17780
7	湖北	43143	23	天津	17510
8	河北	41074	24	云南	17079

排名	省份	面积规模（万 m²）	排名	省份	面积规模（万 m²）
9	河南	41039	25	北京	14702
10	辽宁	36598	26	甘肃	13130
11	湖南	34645	27	上海	11551
12	广西	30186	28	宁夏	8031
13	江西	26279	29	海南	6301
14	福建	26168	30	青海	4077
15	重庆	23593	31	西藏	2077
16	新疆	22492			

从城市道路人均道路面积上看，总体呈现稳定型增长态势，截至 2020 年底，我国城市道路人均道路面积达 579.7m²，较"十二五"末增长 88.81m²，年度复合增量率达 3.38%。从各个省份道路人均道路面积规模上看，区域经济发达或区域人口较低省份人均道路面积相对较高，区域面积较低且人口较高省份道路人均面积相对较低。截至 2020 年底，宁夏、山东、江苏、新疆、安徽、内蒙古、广西、贵州、河北、西藏省份人均道路面积位居前十名，天津、重庆、广东、北京、上海省份人均道路面积位居全国后五位，具体情况如表 1.3-3 所示。

全国各个省份城市道路人均道路面积汇总表　　　　表 1.3-3

排名	省份	人均道路面积（m²）	排名	省份	人均道路面积（m²）
1	宁夏	26.78	17	福建	18.83
2	山东	25.64	18	山西	18.41
3	江苏	25.6	19	四川	18.13
4	新疆	25.3	20	海南	17.91
5	安徽	24.29	21	陕西	16.73
6	内蒙古	23.93	22	云南	16.62
7	广西	23.76	23	辽宁	16.21
8	贵州	21.23	24	吉林	15.71
9	河北	21.06	25	黑龙江	15.59
10	西藏	20.74	26	河南	15.32
11	甘肃	20.25	27	天津	14.91
12	江西	19.81	28	重庆	14.65
13	湖南	19.72	29	广东	13.26
14	浙江	19.08	30	北京	7.67
15	青海	18.91	31	上海	4.76
16	湖北	18.89			

1.3.1.2　城市道路桥梁管养规模

从城市道路桥梁总量规模上看，总体呈现稳定型增长态势，截至 2020 年底，我国城市道路桥梁总量达 79752 座，"十二五"末增长了 15240 座，年度复合增量率达 4.33%。从各个省份桥梁总量规模上看，区域经济发达省份城市道路桥梁总量规模相对较高，区域经济欠发达省份城市道路桥梁总量规模相对较低。截至 2020 年底，江苏、浙江、广东、山东、四川、上海、北京、湖北、重庆、安徽省市城市道路桥梁总量规模位居前十名，内蒙古、青海、海南、宁夏、西藏省份城市道路桥梁总量位居全国后五位，具体情况如表 1.3-4 所示。

全国各个省份城市道路桥梁总量规模汇总表　　　　表 1.3-4

排名	省份	总量规模（座）	排名	省份	总量规模（座）
1	江苏	16932	17	湖南	1311
2	浙江	12703	18	黑龙江	1233
3	广东	8296	19	天津	1196
4	山东	5821	20	江西	1114
5	四川	3577	21	吉林	966
6	上海	2880	22	陕西	840
7	北京	2376	23	贵州	770
8	湖北	2332	24	甘肃	697
9	重庆	2173	25	新疆	682
10	安徽	2027	26	山西	602
11	辽宁	1898	27	内蒙古	505
12	河北	1870	28	青海	235
13	福建	1859	29	海南	229
14	河南	1624	30	宁夏	222
15	云南	1374	31	西藏	62
16	广西	1346			

1.3.1.3　城市道路路灯管养规模

从城市道路路灯总量规模上看，总体呈现稳定型增长态势，截至 2020 年底，我国城市道路路灯总量达 3018 万盏，"十二五"末增长了 626 万盏，年度复合增长率达 4.7%。从各个省份城市道路路灯总量规模上看，区域经济发达及区域面积较大省份城市道路路灯总量规模相对较高，区域经济欠发达及区域面积较小省份城市道路路灯总量规模相对较低。截至 2020 年底，江苏、广东、山东、浙江、四川、辽宁、安徽、河北、河南、湖北省份城市道路路灯总量规模位居前十名，北京、宁夏、海南、青海、西藏省份城市道路路灯总量规模位居全国后五位，具体情况如表 1.3-5 所示。

全国各个省份城市道路路灯总量规模汇总表　　　　　表1.3-5

排名	省份	总量规模（盏）	排名	省份	总量规模（盏）
1	江苏	3662878	17	新疆	758830
2	广东	3575478	18	贵州	731940
3	山东	2119319	19	黑龙江	712097
4	浙江	1831720	20	云南	671963
5	四川	1768992	21	上海	640886
6	辽宁	1354530	22	内蒙古	618492
7	安徽	1117700	23	吉林	548217
8	河北	1068008	24	山西	512740
9	河南	1060950	25	天津	396388
10	湖北	967971	26	甘肃	392918
11	江西	863564	27	北京	315285
12	湖南	863176	28	宁夏	245021
13	福建	857760	29	海南	193917
14	陕西	832489	30	青海	152244
15	重庆	830550	31	西藏	31970
16	广西	787613			

1.3.1.4　城市公园绿地管养规模

从城市公园绿地面积规模上看，总体呈现稳定型增长态势，截至2020年底，我国城市公园绿地总面积达79.81万 hm^2，较"十二五"末增长18.43万 hm^2，年度复合增量率达34.06%。从各个省份公园绿地面积规模上看，区域经济发达或区域面积较大省份公园绿地面积规模相对较高，区域经济欠发达省份公园绿地面积规模相对较低。截至2020年底，广东、山东、江苏、四川、河南、浙江、北京、湖北、辽宁、河北省份城市公园绿地面积规模位居前十名，甘肃、宁夏、海南、青海、西藏省份城市公园绿地面积规模位居全国后五位，具体情况如表1.3-6所示。

全国各个省份公园绿地面积规模汇总表　　　　　表1.3-6

排名	省份	面积规模（万 hm^2）	排名	省份	面积规模（万 hm^2）
1	广东	11.5	17	黑龙江	1.81
2	山东	7.05	18	内蒙古	1.77
3	江苏	5.43	19	陕西	1.66
4	四川	4.04	20	山西	1.64
5	河南	3.87	21	广西	1.63
6	浙江	3.85	22	吉林	1.57
7	北京	3.57	23	贵州	1.43

续表

排名	省份	面积规模（万 hm²）	排名	省份	面积规模（万 hm²）
8	湖北	3.16	24	云南	1.26
9	辽宁	3.03	25	新疆	1.25
10	河北	2.98	26	天津	1.21
11	重庆	2.66	27	甘肃	0.98
12	安徽	2.65	28	宁夏	0.63
13	上海	2.2	29	海南	0.41
14	湖南	2.14	30	青海	0.27
15	福建	2.08	31	西藏	0.12
16	江西	1.96			

从人均公园绿地面积上看，总体呈现稳定型增长态势，截至 2020 年底，我国人均公园绿地面积达 444.99m²，较"十二五"末增长 42.63m²，年度复合增量率达 2.34%。从各个省份人均公园绿地面积规模上看，区域面积加大或区域人口较少省份人均公园绿地面积相对较高，区域面积较低且人口较多或区域经济欠发达省份人均公园绿地面积相对较低。截至 2020 年底，宁夏、内蒙古、广东、山东、贵州、北京、重庆、江苏、河北、甘肃省份人均公园绿地面积位居前十名，湖南、西藏、海南、天津、上海省份城市人均公园绿地面积位居全国后五位。具体情况如表 1.3-7 所示。

全国各个省份人均公园绿地面积汇总表   表 1.3–7

排名	省份	人均公园绿地面积（m²）	排名	省份	人均公园绿地面积（m²）
1	宁夏	21.02	17	湖北	13.83
2	内蒙古	19.2	18	浙江	13.59
3	广东	18.14	19	山西	13.51
4	山东	17.68	20	辽宁	13.4
5	贵州	17.04	21	吉林	12.94
6	北京	16.59	22	广西	12.85
7	重庆	16.5	23	陕西	12.79
8	江苏	15.34	24	黑龙江	12.77
9	河北	15.3	25	青海	12.45
10	甘肃	15.15	26	云南	12.27
11	福建	14.94	27	湖南	12.16
12	安徽	14.88	28	西藏	12.02
13	江西	14.8	29	海南	11.62
14	河南	14.43	30	天津	10.31
15	四川	14.4	31	上海	9.05
16	新疆	14.02			

1.3.2 典型城市养护管理现状

1. 北京市

管养体系：北京市城市市政基础设施管养采用条块结合，以块为主，市、区（县）结合、市级主导模式，市交通委内设城市道路管理处，主要负责本市市管城市道路、桥梁及附属交通设施养护的管理，指导、监督、检查各区相关交通设施养护和管理工作。市交通委下设北京市城市道路养护管理中心，主要负责市管公路、城市快速路、主干路和部分次干路等基础设施维护管理工作，区级设置交通管理委员会或市政市容管理委员会管理机构，主要负责除市级中心管理基础设施以外的城市市政基础设施管养工作。

管养规模：截至 2020 年底，北京市管养城市道路里程规模达 0.84 万 km，位居全国第二十四位；管养城市道路面积达 14702 万 m^2，位居全国第二十五位；管养城市道路人均面积达 7.67m^2，位居全国第三十位；管养城市道路桥梁规模达 2376 座，位居全国第七位；管养城市道路路灯规模达 315285 盏，位居全国第二十七位；管养城市公园绿地面积规模达 3.57 万 hm^2，位居全国第七位；管养城市人均公园绿地面积达 16.59m^2，位居全国第六位。

市场运作：北京市城市市政基础设施基本实现市场化管养，市场运作以政府采购、招标投标为主，以直接签约为辅。截至 2021 年底，北京市拥有市政养护企业达 21 家，位居全国第十七位；拥有千万级以上市政养护企业达 11 家，位居全国第十四位；拥有五千万级以上市政养护企业达 5 家，位居全国第七位。

发展方向：北京市城市市政基础设施管养未来主要发展方向有四点，一是实施精细化养护管理，保障设施优质运行；二是实施数字化养护管理，提升管理高效集约；三是实施智能化养护管理，推动技术高质发展；四是实施智慧化养护管理，满足现代服务需求。

2. 天津市

管养体系：天津市城市市政基础设施管养采用条块结合，以块为主，市、区（县）结合、市级主导模式，市城市管理委员会内设城市公用事业管理局，主要负责城市道路桥梁的监督管理：参与道路桥梁建设工程的验收；参与城市道路桥梁建设市场的管理；负责城市道路桥梁设施维护管理和安全管理；承担城市道路桥梁设施的执法监督；负责已接管的道路桥梁范围内地下管网施工的协调管理；承担城市道路桥梁超限超载治理有关工作。城市公用事业管理局下设天津市城市道路桥梁管理事务中心，主要负责外环线以内市管快速路、主干路以及少量次干路和外环线以内市管桥梁、地道、隧道等市政基础设施。区级管理机构主要负责除市级管理基础设施以外的城市市政基础设施管养工作。

管养规模：截至 2020 年底，天津市管养城市道路里程规模达 0.92 万 km，位居全国第二十三位；管养城市道路面积达 17510 万 m^2，位居全国第二十三位；管养城市道路人均面积达 14.91m²，位居全国第二十七位；管养城市道路桥梁规模达 1196 座，位居全国第十九位；管养城市道路路灯规模达 396388 盏，位居全国第二十五位；管养城市公园绿地面积规模达 1.21 万 hm²，位居全国第二十六位；管养城市人均绿地公园面积达 10.31m²，位居全国第三十位。

运作方式：天津市城市市政基础设施尚未全面实现市场化管养，市场运作以直接签约为主，以政府采购、招标投标为辅。截至 2021 年底，天津市拥有市政养护企业达 23 家，位居全国第十六位；拥有千万级以上市政养护企业达 15 家，位居全国第九位；尚未拥有五千万级以上市政养护企业。

发展方向：认真贯彻落实习近平新时代中国特色社会主义思想，以群众的需求为根本出发点，不断提升养护管理水平，完善基础设施，为群众营造一个安全、畅通、舒适、充满活力的道桥设施环境，推动城市市政基础设施实现精细化管养。

3. 深圳市

管理体系：深圳市城市道路基础设施管养采用条块结合，以块为主，市、区（县）结合、市级主导模式。市交通运输局负责道路、桥梁、隧道、人行过街设施、港口、航道、枢纽、场站及交通标牌、标识、标线、护栏等交通基础设施养护的监督管理。市交通运输局下设市交通设施公用管理处，负责全市道路、航道、枢纽、场站的接收、接管、会计核算、产权登记、档案和信息管理工作，并承担产权主体责任；组织开展全市道路、桥梁、隧道、人行过街设施及交通标牌、标识、标线、护栏等交通基础设施的养护工作，承担航道、跨市域交通设施、大型道路修缮工程、特殊指定项目的养护管理工作。区级管理机构主要负责除市级管理基础设施以外的城市市政基础设施管养工作。

管养规模：截至 2020 年底，深圳市管养城市道路里程规模达 0.66 万 km；管养城市道路面积达 12249 万 m²；管养城市道路人均面积达 9.11m²；管养城市道路桥梁规模达 3678 座；管养城市道路路灯规模达 520581 盏；管养城市公园绿地面积规模达 2.02 万 hm²；管养城市人均绿地公园面积达 15m²。

运作方式：深圳市城市市政基础设施基本实现市场化管养，市场运作以政府采购、招标投标为主，以直接签约为辅。截至 2021 年底，深圳市拥有市政养护企业达 13 家，位居地级市第二十位；拥有千万级以上市政养护企业达 4 家，位居地级市第三十二位；尚未拥有五千万级以上市政养护企业。

发展方向：以习近平新时代中国特色社会主义思想为指导，全面贯彻党的十九大和十九届二中、三中、四中、五中全会精神，按照党中央、国务院决策部署，坚持以人民为中心，坚持新发展理念，落实高质量发展要求，统筹发展和安全，加强城市地下市政基础设施体系化建设，加快完善管理制度规范，补齐规划建设和安全管理短板，推动城市治理体系和治理能力现代化，提高城市安全水平和综合承载能力，满足人民日益增长的美好生活需要。

4. 上海市

管养体系：上海市城市市政基础设施管养采用条块结合、以块为主、市、区（县）结合、市级主导模式、市交通委下设道路运输管理局，主要负责城市道路和桥梁隧道等交通设施的运行维护管理，并对市管道路交通设施实行直接管理。市道路运输管理局下设道路运输事业发展中心，主要承担本市路政、运政、交通设施养护管理等领域日常事务和相关技术支持保障服务等职责，区级管理机构主要负责除市级中心管理基础设施以外的城市市政基础设施管养工作。

管养规模：截至 2020 年底，上海市管养城市道路里程规模达 0.55 万 km，位居全国第二十七位；管养城市道路面积达 11551 万 m^2，位居全国第二十七位；管养城市道路人均面积达 4.76m^2，位居全国第三十一位；管养城市道路桥梁规模达 2880 座，位居全国第六位；管养城市道路路灯规模达 640886 盏，位居全国第二十一位；管养城市公园绿地面积规模达 2.2 万 hm^2，位居全国第十三位；管养城市人均绿地公园面积达 9.05m^2，位居全国第三十一位。

运作方式：上海市城市市政基础设施全面实现市场化管养，市场运作以政府采购、招标投标为主，以直接签约为辅。截至 2021 年底，上海市拥有市政养护企业达 104 家，位居全国第五位；拥有千万级以上市政养护企业达 45 家，位居全国第二位；拥有五千万级以上市政养护企业达 7 家，位居全国第五位。

发展方向：不断增强上海市城市市政基础设施的吸引力、创造力、竞争力，更加重视城市管理软环境，把提高城市管理精细化水平放在更加突出的位置，创新城市治理方式，提升城市科学化、精细化、智能化管理水平。

5. 苏州市

管养体系：苏州市城市市政基础设施管养采用条块结合、以块为主、市、区（县）结合、区（县）主导模式，市城市管理局内设市政管理处，指导全市市政设施（城市道路、桥梁、涵洞、隧道、城市照明）的运行维护、日常管理工作。区级为住房和城乡建设局或城市管理局，负责市政道路、桥梁、高架、隧道的具体管理工作，除此以外，张家港公用事业管理处等还负责开放式游园广场的管理；太仓市市政设施管理处还负责防汛及停车管理；工业园区市政服务集团还负责环卫、绿化管理。

管养规模：截至 2020 年底，苏州市管养城市道路里程规模达 0.74 万 km；管养城市道路面积达 11476 万 m^2；管养城市道路人均面积达 26.92m^2；管养城市道路桥梁规模达 3393 座；管养城市道路路灯规模达 444297 盏；管养城市公园绿地面积规模达 0.53 万 hm^2；管养城市人均绿地公园面积达 12.37m^2。

运作方式：苏州市城市市政基础设施基本实现市场化管养，市场运作基本为招标投标方式。截至 2021 年底，苏州市拥有市政养护企业达 47 家，位居地级市第一位；拥有千万级以上市政养护企业达 14 家，位居地级市第二位；拥有五千万级以上市政养护企业 3 家，位居地级市第三位。

发展方向：坚持和完善城市市政基础设施养护各项管理制度，逐步推进城市市政基础设施养护分类等级管理，确保有限的城市维护资金得到科学合理的使用。加强队伍建设，特别是巡视队伍和维修班组的建设，着力提升快速响应能力。积极探索新材料、新工艺、新设备的使用，由点到面，全面普及，建立详细的全生命周期台账，争取使市政设施管养工作逐年更上一个新的台阶。

6. 广州市

管养体系：广州市城市市政基础设施管养采用条块结合，以块为主，市、区（县）结合、区（县）主导模式，交通运输局下设养护管理处，主要负责道路（含道路附属设施、交通设施，下同）养护维修（中小修和日常维护）行业的监督管理，承担由市本级负责的道路养护维修的组织实施和协调工作，负责重要主干道路、排水设施管理工作。区交通运输局负责属地辖区内其他主干道及以下等级道路的道桥隧设施管理工作。

管养规模：截至 2020 年底，广州市管养城市道路里程规模达 1.42 万 km；管养城市道路面积达 19147 万 m^2；管养城市道路人均面积达 13.82m^2；管养城市道路桥梁规模达 1357 座；管养城市道路路灯规模达 12946 盏；管养城市公园绿地面积规模达 3.24 万 hm^2，管养城市人均绿地公园面积达 23.35m^2。

运作方式：广州市城市市政基础设施基本实现市场化管养，市场运作以招标投标为主，以直接签约、特许经营为辅。截至 2021 年底，广州市拥有市政养护企业达 24 家，位居地级市第十一位；拥有千万级以上市政养护企业达 4 家，位居地级市第三十一位；拥有五千万级以上市政养护企业 1 家，位居地级市第四十二位。

发展方向：强化道路养护与管理，积极推进道路品质化提升、瓶颈路段和交通拥堵点精细化治理，加强城市道路的交通秩序管理，将建设与管理形成制度化、标准化、信息化，构建包容、安全、绿色的活力健康路网，提高城市道路网系统运行效率和可达性，为实现老城市新活力、"四个出新出彩"提供坚实的支撑。

7. 合肥市

管养体系：合肥市城市市政基础设施管养采用条块结合，以块为主，市、区（县）结合、市级主导模式，市级城乡建设局内设市政工程管理处，主要负责两条快速环道、全市重要桥梁、所有高架桥及桥下道路及其附属路灯设施的管养工作；区级管理机构为住房和城乡建设局、市政园林中心、城市管理局等，负责主次干道、支路、街巷及其工业园区范围内市政基础设施的管养；各开发区内的市政基础设施，由各开发区负责管养。

管养规模：截至 2020 年底，合肥市管养城市道路里程规模达 0.32 万 km；管养城市道路面积达 8912 万 m^2；管养城市道路人均面积达 18.76m^2；管养城市道路桥梁规模达 694 座；管养城市道路路灯规模达 242745 盏；管养城市公园绿地面积规模达 0.6 万 hm^2，管养城市人均绿地公园面积达 12.67m^2。

运作方式：合肥市城市市政基础设施基本实现市场化管养，市场运作主要采用公开招标投标。截至 2021 年底，合肥市拥有市政养护企业达 10 家，位居地级市第三十六位；拥有千万级以上市政养护企业达 2 家，位居地级市第七十二位；尚未拥有五千万级以上市政养护企业。

发展方向：强化源头治理和预防性养护，健全完善养护流程，创新管养机制，用好"义务巡监"力量；加大维护资金的投入，购置先进的维护设备，提升机械化作业装备水平；对标沪宁杭等先发地区的先进管理经验，发挥市政信息化系统作用，加大新工艺的推广应用；引进市政养护专业人才，培育并建立相对稳定、结构合理、以青壮年人才为主的一线作业队伍，推动养护专业化。

8. 海口市

管养体系：海口市城市市政基础设施管养采用条块结合，以块为主，市、区（县）结合、市级主导模式。市级市政管理局下设海口市市政工程维修公司，主要负责全市快速路、主干道、次干道、支路以及附属设施的管理和养护维修。

管养规模：截至 2020 年底，海口市管养城市道路里程规模达 0.28 万 km；管养城市道路面积达 3156 万 m^2；管养城市道路人均面积达 15.25m^2；管养城市道路桥梁规模达 143 座；管养城市道路路灯规模达 74487 盏；管养城市公园绿地面积规模达 0.25 万 hm^2，管养城市人均绿地公园面积达 12.30m^2。

运作方式：海口市城市市政基础设施尚未实现市场化管养，城市市政基础设施主要由事业单位管养。截至 2021 年底，海口市拥有市政养护企业达 2 家，位居地级市第一百六十一位；尚未拥有千万级以上市政养护企业。

发展方向：逐步提升城市市政基础管养数据化、信息化、智能化水平，积极推广运用"四新"技术，开拓道路预防性养护新思路，以重点重要路段作为实验路段，提高精细化管理水平，对标海南自贸港建设标准，打造养护示范性道路。

9. 太原市

管养体系：太原市城市市政基础设施管养采用条块结合，以块为主，市、区（县）结合、市级主导模式。市级市城乡管理局下设市政公共设施建设管理中心，承担全市市政道路、排水管网、桥梁等市政公共设施的管理、维护任务以及城市防汛抢险、抗震减灾、重大节庆市政设施保障等公益性工作，区级管理机构负责除市级中心管理基础设施以外的城市市政基础设施管养工作。

管养规模：截至 2020 年底，太原市管养城市道路里程规模达 0.28 万 km；管养城市道路面积达 6724 万 m^2；管养城市道路人均面积达 17.7m^2；管养城市道路桥梁规模达 757 座；管养城市道路路灯规模达 91972 盏；管养城市公园绿地面积规模达 0.47 万 hm^2，管养城市人均绿地公园面积达 12.41m^2。

运作方式：太原市城市市政基础设施尚未实现市场化管养，城市市政基础设施主要由事业单位管养。截至 2021 年底，太原市拥有市政养护企业达 2 家，位居地级市第一百零九位；尚未拥有千万级以上市政养护企业。

发展方向：以提高市政基础设施完好率为目标，以服务全市经济发展为中心，强化市政道路、排水、桥涵等基础设施的养护管理工作，努力在基础设施管理养护上实现新的跨越,为改善城市形象、打造宜居城市、实现可持续发展、建设全国文明卫生城市提供良好的市政基础保障。

10.郑州市

管养体系:郑州市城市市政基础设施管养采用条块结合,以块为主,市、区(县)结合、市级主导模式。市城市管理局下设市政工程管理处、环城快速公路管理处、郑开大道管理处和隧道综合管理养护中心等管理机构,市级负责市区的重要主干道、高架桥、城市隧道以及全部排水设施(含排水泵站)的管理和养护维修;区级管理机构负责辖区范围内全部城市道路(除市管设施外)及附属桥梁。

管养规模:截至2020年底,郑州市管养城市道路里程规模达0.24万km;管养城市道路面积达6902万 m^2;管养城市道路人均面积达9.61 m^2;管养城市道路桥梁规模达325座;管养城市道路路灯规模达116660盏;管养城市公园绿地面积规模达1.06万 hm^2,管养城市人均绿地公园面积达14.7 m^2。

运作方式:郑州市城市市政基础设施尚未全面实现市场化管养,市场运作主要采用直接签约和招标投标方式。截至2021年底,郑州市拥有市政养护企业达31家,位居地级市第五位;拥有千万级以上市政养护企业达11家,位居地级市第八位;拥有五千万级以上市政养护企业4家,位居地级市第一位。

发展方向:创新城市市政基础设施运营体制,引进市场机制,拓宽城市市政基础设施建设资金的融资渠道,树立城市市政基础设施的经营理念,逐步完善养护招标投标政策,扶持从原事业单位剥离出来的公司,为事业单位平稳改革提供有力保障。

11.兰州市

管养体系:兰州市城市市政基础设施管养采用条块结合,以块为主,市、区(县)结合、市级主导模式。市住房和城乡建设局下设市政工程服务中心,负责快速路(包括立体交通和上跨下穿工程)、主干路、次干路、支路、立交桥、跨黄河桥梁、主次干道洪道桥、过街天桥地道、道路路灯(含小街巷)的统一管理养护,养护经费由市级财政保障;主城四区、兰州高新区和甘肃(兰州)国际陆港负责辖区内小街巷、非主次干道洪道桥的管养。

管养规模:截至2020年底,兰州市管养城市道路里程规模达0.23万km;管养城市道路面积达1213万 m^2;管养城市道路人均面积达21.95 m^2;管养城市道路桥梁规模达437座;管养城市道路路灯规模达140678盏;管养城市公园绿地面积规模达0.35万 hm^2,管养城市人均绿地公园面积达13.55 m^2。

运作方式:兰州市城市市政基础设施尚未实现市场化管养,城市市政基础设施主要由事业单位管养。截至2021年底,兰州市拥有市政养护企业达5家,位居地级市第七十九位;拥有千万级以上市政养护企业达2家,位居地级市第五十四位;拥有五千万级以上市政养护企业2家,位居地级市第九位。

发展方向:全面提升城市市政基础设施运行效率和服务能力,促进城市高质量发展,坚持属地管理,实现城市管理模式从"条块结合"向"以块为主"的转变,进一步构建城市市政基础设施养护发展体系，促进管理升级、服务提质，以满足社会公众对于出行服务条件更加聚焦于安全、舒适、便捷、优质的要求。

12. 呼和浩特市

管养体系：呼和浩特市城市市政基础设施管养采用条块结合，以块为主，市、区（县）结合、市级主导模式。市住房和城乡建设局下设市政建设服务中心，负责全市市政设施、照明、亮化及海绵城市配套设施的建设、管理、维修养护以及市政工程研究和技术服务工作。

管养规模：截至 2020 年底，呼和浩特市管养城市道路里程规模达 0.12 万 km；管养城市道路面积达 3060 万 m^2；管养城市道路人均面积达 14.30m^2；管养城市道路桥梁规模达 171 座；管养城市道路路灯规模达 78013 盏；管养城市公园绿地面积规模达 0.41 万 hm^2，管养城市人均绿地公园面积达 19.29m^2。

运作方式：呼和浩特市城市市政基础设施尚未实现市场化管养，城市市政基础设施主要由事业单位管养。截至 2021 年底，呼和浩特市拥有市政养护企业达 1 家，位居地级市第二百二十四位；拥有千万级以上市政养护企业达 1 家，位居地级市第一百二十四位；尚未拥有五千万级以上市政养护企业。

发展方向：继续强化城市市政基础设施养护的基础地位，维持良好路况，降低隐患风险，提升应急效率，提升道路设施服务社会经济发展的能力。要推进新型城市市政基础设施建设，实施智能化市政基础设施建设和改造，加强城市精细化管理，有效治理城市病。要不断推动城市市政基础设施养护工作的转型发展，逐步探索服务外包和特许经营等公私合作模式，着力解决养护资金保障不足、养护人员结构不合理、养护技术水平不高等问题。

1.4 城市市政基础设施养护管理存在的主要问题

当前城市市政基础设施养护管理"重概念、轻内涵""重系统、轻数据""重局部、轻协同""重共性、轻个性""重平台、轻运营""重政府、轻社会""重建设、轻考核"等问题仍然普遍存在，持续长效的专业运营不足已经影响了养护管理成效和持续健康发展。

1.4.1 城市市政基础设施管养存在的问题

1.4.1.1 重概念、轻内涵，智慧应用成效有待进一步提升

由于对智慧城市的内涵理解得不够深入透彻，导致部分智慧应用浮于表面，甚至出现了一些"中看不中用"的"形象工程"。以"城市大脑"工程为例，作为智慧城市复杂巨系统的典型代表，单个项目建设资金投入普遍达到几千万元甚至 1 亿元以上，但有些"城市大脑"建设主要集中在实体大厅建设、软硬件部署、部门业务系统接入等方面，而未能真正解决统筹协调机制和管理运营机制、跨部门数据共

享等关键性问题，未能将"城市大脑"真正提升到实现系统、平台、数据、业务交互融合的"总枢纽""总集成""总调度"的高度，导致建成的"城市大脑"无法充分发挥其中枢功能，也难以满足智慧城市高效协同运转与城市运行"全貌"展示有机融合的需求，只能作为"数据仓库"或"报表系统"，或只能用作"事后诸葛亮"式的信息展示，甚至在一些突发性、应急性事件发生时出现"大脑"瘫痪、失灵等情况。

1.4.1.2 重系统、轻数据，数据要素价值有待进一步释放

当前各地智慧城市仍以信息系统建设为主要方式，对于数据资源的采集共享、开发利用关注不足，导致数据要素赋能的应用成效难以真正发挥。一方面，智慧城市建设一般以城市为主体，但数据跨层级、跨部门的共享机制尚未完全理顺，政府部门之间的信息孤岛仍然普遍存在，部分领域因垂直化管理造成上级数据回流困难，地市级、区县级数据空心化现象比较明显，基于数据的开发应用面临缺数据或数据不鲜活等问题。另一方面，数据质量有待进一步提升。虽然近年来地方政府普遍加强了对数据资源的重视并开展了大量工作，由于总体投入不足、缺乏统一标准和专业团队的情况并未完全改变，绝大部分地方大数据平台存在数据缺失、失真、更新过慢和不一致等诸多问题，影响了数据应用的效果。

1.4.1.3 重局部、轻协同，统筹推进机制有待进一步完善

智慧城市建设运营是一项庞大的系统工程，涉及主体多、涵盖范围广、协调难度大。尽管各地方大多已成立智慧城市建设运营相关的统筹管理机构，但协同推进的合力仍需进一步加强。一方面，长期以来困扰我国政务信息化建设的"各自为政、条块分割、烟囱林立、信息孤岛"问题并未得到根本解决，科层体制下纵向权力结构强化了层级间信息控制，属地管理原则下"地方本位主义"阻隔了跨区域协同，条块分割体制下的信息系统建设呈现出碎片化局面，跨层级、跨地域、跨部门的协同合力难以形成。另一方面，由于缺乏既精通信息技术又懂业务和管理的复合型人才，当前智慧城市发展仍然难以摆脱技术导向，建设运营过程中业务需求、管理机制和技术方案三方协同难以达成，导致重复投资、成效不佳、数据安全等问题仍然普遍存在。

1.4.1.4 重共性、轻个性，因地制宜推进有待进一步强化

以智慧城市建设提升管理服务成效并不是单纯的技术问题，且服务和管理需求虽有共性，但因我国幅员辽阔，各地经济社会发展水平和信息化发展基础存在较大差异，不同区域、不同级别的具体表现和痛点、难点问题往往不尽相同，因此同一技术方案的简单异地复制往往难以发挥成效。在没有弄清楚问题和需求本质、缺乏科学规划设计的情况下盲目跟风，拔苗助长开展智慧城市建设，往往造成智慧城市建设与地方财力和发展需求脱节，带来方案难落地、应用难见效等问题。例如在当前掀起的"城市大脑"建设热潮中，很多地方跟风的"城市大脑"项目投入的大量建设资金仍主要用于数据中心等硬件建设，缺乏对科学规划设计的应用场景、支撑

场景应用所需的鲜活数据、建成后的长效运营考虑，结果只能建成"空脑""瘫脑"，无法发挥"城市大脑"应用的功能成效。

1.4.1.5 重平台，轻运营，平台公司作用有待进一步明确

当前，越来越多的地方开始推动智慧城市发展从政府主导向社会共建转变，为加强智慧城市建设统筹，弥补财政资金不足和专业人才短缺，政企联合成立平台公司开展整体运营的模式也被越来越多的地方关注并作为探索重点。平台公司一般主要负责协助地方智慧城市主管单位加强财政资金统筹管理和运营生态建设，通过合资成立子公司或项目招标等方式，开展特定领域的专业建设运营。虽然平台的国资背景加强了政府的掌控力，但一般不具备专业技术背景，如果无法快速建立一支既懂技术又懂管理的专业团队，很有可能退化为只做转手交易的"二道贩子"，不仅难以实现成立平台公司加强项目统筹、避免重复建设和被技术供给"绑架"的初衷，反而增加了智慧城市外部合作成本。

1.4.1.6 重政府、轻社会，多元共建模式有待进一步探索

智慧城市的内涵远不止数字政府，并非政府大包大揽即可解决的事情，城市发展质量的提升、管理服务的优化离不开城市居民和相关单位的共同参与。一方面，由于研发人员往往只精通信息技术但不熟悉业务运作，如果作为管理服务对象的城市居民和相关单位参与不足，容易导致其中的真实痛点和真正需求难以被精准定位挖掘，进而导致业务设计走样、项目成效难以达到。另一方面，由于当前智慧城市建设运营仍未脱离政府主导的模式，随着应用的扩展、范围的扩大，建设运营所需资金不断增加，地方财政资金压力持续提升、难以为继，部分城市甚至出现延迟 2 年以上支付运营运维费的情况。

1.4.1.7 重建设、轻考核，运营效果评价有待进一步深化

根据国家新型智慧城市评价数据，2016 年、2019 年将新型智慧城市建设纳入政府绩效考核体系的地级及以上城市分别达到 61.36% 和 65.45%，但实际上大部分考核的是部门工作任务落实情况，鲜有针对系统平台建成后运营成效的评价考核。一是重建设、轻运营的观念尚未真正转变，地方普遍对智慧城市运营重视不足，长效运营机制未能建立，工作未能开展，评价考核也就无从谈起。二是当前施工企业普遍运营能力不足，大部分项目采用建成后再委托运营的方式，也造成运营责任边界不清晰等问题，客观上增加了评价考核的难度。三是缺少针对长效运营考核指标的系统研究，虽然已有一些地方城市服务运营探索建立了诸如平台用户注册数、活跃度的考核指标，但距离科学系统评价运营成效，实现以评促建、以评促改的目标还有很长的路。

1.4.2 城市市政基础设施管养发展趋势

1.4.2.1 投建运一体化成为运营模式发展主流方向

相对于以建为主、建运分离的发展模式，加强投建运一体化管理可以更加有

效地保障智慧管养系统正常运转所需的资金、人员等持续投入，避免因政策导向、用户需求、政府负责人和供应商服务团队等变化带来的不确定性风险，更符合需要长期运行的智慧城市道路系统的发展需要，因此投建运一体化的理念正在被越来越多的建设运营模式采纳吸收。例如工程总承包（Engineering Procurement Construction，EPC）模式下由总承包商负责整个工程的设计、采购、施工以及试运行等全过程，政府和社会资本合作（Public Private Partnership，PPP）模式下由SPV公司（项目公司）负责所有项目的顶层设计、投融资和管理，平台公司/联合公司模式下由成立的平台/联合公司负责投融资、建设管理、运营维护和产业生态培育，都有利于整体把控项目建设质量和进度，提升项目建设的整体性，避免设计与施工脱节。

1.4.2.2 智慧化管养成为长效运营发展的主流趋势

构建多方参与的价值生态，可以较好地发挥有效市场、有为政府作用，既可以补足政府能力短板、提供专业运营，又避免了政府大包大揽、减轻了财政资金压力，市民企业积极参与更有助于发现真问题、真痛点、真需求，因而被越来越多的城市道路管养所应用，并在越来越多的智慧管养项目中采用政企合作成立联合公司的方式增强各方互信基础。虽然各种合作模式尚在探索之中，但智慧管养可持续发展离不开政府引导、政企合作、社会多元参与已基本达成共识。

1.4.2.3 运营机制创新成为长效运营成功的关键因素

改革创新是新型智慧城市道路的本质，智慧管养长效运营的过程也是利用新一代信息技术对城市道路进行重塑和再造、与城市道路固有秩序和利益进行博弈的过程。合理的运作机制是智慧管养长效运营顺利开展的基础，构建清晰的建设运营架构、利益分配和评估监督机制，是智慧管养长效运营成功的关键因素，也是当前和未来长效运营模式探索的重点。

1.4.2.4 专业运营成为长效运营成效提升的基本保障

智慧管养不是简单的政府部门和条线业务信息化，而是需要打破过去各自为政、各行其是的"稳态"信息系统，打通数据共享和融合的"奇经八脉"，实现跨层级、跨地域、跨系统、跨部门、跨业务的协同管理和服务，打造成全程全时、全模式全响应、"牵一发而动全身"的"敏态"智慧系统。为实现上述目标，必须掌握系统的理论和方法，具备持续专业的运营能力，配置高水平的专业运营团队。目前已有不少地方城市道路在构建本地化专业运营团队方面开展了大量探索。

1.4.2.5 数据运营成为智慧城市价值释放的核心焦点

当前我国已成为产生和积累数据量最大、数据类型最丰富的国家之一，数据量年均增速超过50%，到2025年数据总量预计将跃居世界第一，全球占比有望达到27%以上。数据的爆发增长、海量集聚蕴藏了巨大的价值潜力。数据运营已经成为智慧城市价值的重要来源，但目前数据要素价值释放仍面临几大核心问题，数据权属、隐私保护等问题也成为当前和未来数据运营探索关注的重点。上海市通过完善开放平台功能、创新数据开放机制，促成科学技术委员会、人力资源和社会保障局、规划资源局、生态环境局、住房和城乡建设管理委员会、市场监管局、税务局、高级法院 8 家数据提供部门签署了《授权委托书》，实现了与普惠金融相关度较高的 300 多个数据项首次向中国建设银行上海市分行、中国交通银行上海市分行、浦发银行上海分行、上海银行 4 家商业银行试点开放，在开放公共数据资源、释放数据红利方面为长效运营提供了有益探索。

1.4.2.6 用户运营成为智慧城市价值实现的关键内容

近年来，我国头部互联网企业运用互联网思维实现了快速崛起，建立了具有亿万级用户和流量的消费互联网价值生态。足以表明，通过用户运营获取投资回报已经成为互联网时代服务增值的重要手段。围绕庞大规模的互联网 / 移动互联网用户和海量数据开展长效运营服务，挖掘潜在的应用场景和需求，培育高效的应用载体和门户，构建合理可行的盈利回报模式，增强使用者的用户黏性，提供用户满意的服务体验，进而获取增值服务价值，为智慧城市项目获得资金回报、实现自我造血循环提供了发展思路和有益探索，也是实现智慧城市长效运营应该关注的重点。

2

赤峰市城市物业智慧管家模式

近年来，赤峰市按照自治区城市精细化管理工作部署要求，围绕目标，聚焦问题，集中攻坚，推动城市管理水平、宜居指数和市民满意度全面提升。

"赤峰模式"是城市市政基础设施管理、养护、运营一体化服务模式，是将信息技术与城市设施运营服务进行融合，通过量化管理对象、规范业务流程、创新管理手段，为城市整体治理提供便捷、高效的管理服务模式。

2.1 愿景、理念及特点

2.1.1 赤峰市城市物业智慧管家模式愿景、理念

城市管理提档升级，从中央到地方日益重视城市精细化管理。随着我国城镇化率的不断提升，城镇人口逐年上升，城市治理难度不断提升，但人们对于城市市政基础设施管理的质量要求不断提高，这些都推动了城市市政基础设施管理在转变管养理念、创新管理模式等方面不断突破，以提高服务质量和服务效率。

基于"市政园林设施一体化和精细化管理"理念，在赤峰市标准化养护项目的基础上，推广成熟的标准规范、管理技术和养护经验，充分发挥"信息化＋精细化"的全产业链服务优势，结合赤峰市城市市政基础设施管养实践，经过一年半的探索总结和迭代，形成了市政园林养护的"赤峰模式"。

"赤峰模式"有一个朗朗上口的口号："两精两全"来管理，"三清四化"是目标。

（1）"两精"：精细管理、精准服务；

（2）"两全"：全过程、全要素；

（3）"三清"：设施底数清、管理规则清、运行现状清；

（4）"四化"：信息化支撑、多元化巡查、标准化作业、专业化服务。

在市政基础设施运行全生命周期中，通过精确、细致、深入、规范的管理，提供专业、标准、贴身、无痕、全面的高质量服务。

为了使城市市政基础设施管养更精细、更标准，北京养护集团赤峰分公司（以下简称赤峰分公司）引进首都先进的管理团队，用最先进的管理理念打磨"赤峰模式"。"赤峰模式"是市政设施和园林绿化养护新思路、新模式，是城市市政基础设施治理的创新机制。秉承政企分开、管干分离的原则，将道路及其附属设施、园林绿化等管养服务打包，形成一体化管养方案，通过属地政府购买服务的方式，委托一家有实力的企业一体化承揽，并按照全区域覆盖、全流程作业、精细化管理、专业化考评的标准要求，全额支付服务费用。

2.1.2 赤峰市城市物业智慧管家模式的特点

北京养护集团以"信息化＋精细化"的全产业链服务优势，推广城市市政园林一体化管养模式，是城市精细化管理的一种新的尝试。以赤峰市中心城区为例，借鉴首都成熟的标准规范、管理技术和养护经验，结合在赤峰市实际业务过程中产生的实际效果进行总结分析，提炼出信息化支撑、多元化巡查、标准化作业、专业化服务、规范化考评五项核心内容，构建赤峰市市政园林设施一体化管养全过程精细化养护管理体系，为提升市政园林行业管养水平和创建整洁优美的城市环境提供思路，是城市市政园林设施一体化管养模式的践行者和推动者。

城市市政园林设施一体化管养模式，通过整合当地原有人员装备，建立长效管养机制，并进行规范化的考核评价，经过三年的业务实践，提升了城市市政园林设施管养的服务水平和风险承受能力，促进了养护能力及技术水平升级，提高了养护科学化水平，实现了设施管养服务水平高、市民出行满意度高，设施全生命周期综合费用低、重大病害突发发生率低。在此基础上构建了"四个一体化"和"三大体系"，形成以精细化、规范化、数字化、高效化为特征的城市市政基础设施管养一体化品牌体系，由依靠传统要素驱动向更加注重创新驱动转变，由传统粗放型管理向科学精细型管理转变。

国内新型城镇化建设着力于数字化、信息化、智能化等创新发展战略的兴起，北京养护集团充分发挥信息技术"金钥匙"的作用，通过赤峰一体化养护项目实践经验，进一步提升"智慧管家"先进的管理理念和管理手段，指导城市市政基础设施管理，随之而来的是"城市一体化建设"的新契机。同时，市政园林养护的"赤峰模式"在"智慧管家"及"一体化模式"的顶层设计下，提供"端到端"的一体化运营服务，参与当地政府市场化改革，加强与业主的"高黏性"，以切实为业主解决管养难题，提升企业品牌价值。

"智慧管家"核心是以建设城市市政基础设施一体化智慧管养平台为抓手，对各类市政基础设施进行全面监管，充分整合市政基础设施静态、动态数据，实现协同联动，提供面向政府及公众的精细化管养服务。在平台中构建"多图合一、一数一源、一路一档"的设施资产综合管理系统，涵盖市政道路、桥梁、园林绿化、泵站、路灯、排水管道等设施资产静态数据和动态数据，以实现"设施底数清"的管理目标。

根据 PDCA 循环的科学管理理念，建设道路养护巡查管理系统（APP 采集与 PC 管理系统），实现从病害发现上报、任务审批、施工上报到巡查复核全流程的闭环管理。每个环节、每条病害在平台上都有记录，实现设施巡检全流程痕迹化管理。信息化技术是支撑道路养护业务运行的重要手段，道路养护巡查管理系统有效地保障了病害传递的时效性与准确性，可实现日常 24h 零星坑槽类病害、保养小修病害、专项维修病害等的巡查及养护事件的痕迹化管理，便于问题追溯和巡查养护工作执行情况考核。

根据市民出行体验反馈，建设公众投诉舆情系统，内设积分金额奖励机制，是对专业巡查员的补充。公众可通过该系统实现重大灾害报送、市政案件补充，确保病害来源的多样化和及时性。以发现、上传、整改、核查、记分的 PDCA 循环检查考核管理模式，对中心城区道路"墙到墙"分界内的市政设施、园林绿化等养护情况进行检查考核，规范养护作业行为。

2.1.2.1 以"一体化运营模式"为引领

目前我国经济正处于高速发展阶段，各个城市的人口数量不断增加，城区面积也在进一步扩大，原有的城市道路设施管养模式已逐渐落后于时代的发展，更难以满足人们对高品质生活的需求。我国城市道路设施养护行业的快速发展，传统管养模式存在的职责不清、边界不明、衔接不畅、效能不高的弊端愈加凸显，已无法满足现代城市道路设施管养工作的需求。以城市市政基础设施一体化智慧管养模式为导向，探究一体化智慧管养在实施期间的优势以及对未来城市道路设施养护事业的发展所带来的益处，并从体制、机制、信息化等方面提出"四个一体化"智慧管养措施，为城市整体治理提供更系统、更便捷、更高质量的管理服务模式。

赤峰市市政园林设施一体化管养模式实行"政企分开、干管分离"管理。干管分离保持政府机构与职能不变，仅对养护企业进行整合，因此不涉及政府机构和职能的调整，所以该模式改革成本最低、阻力最小，而且能快速复制。一是明确管理组织机构。该做法不涉及政府机构和职能的调整，政府各部门仍在各自职权范围内对一体化综合管养企业"大管家"进行管理与考评。二是引进一体化综合管养企业。政府通过购买服务的方式，引进一体化综合管养企业，由一体化综合管养企业承担辖区道路设施一体化管养具体事务。三是制定考核标准及办法。制定业务管养考核机制、共识机制和激励机制，从制度、资料、安全管理和养护作业实施等方面进行全面考核，按照相应的考核条款和扣分规则，实现多级用户逐级考核。通过 APP 实地检查，上传检查及扣分影像资料，做到养护考核客观公正、奖惩透明，以加强城市道路设施管养工作效益，规范养护作业行为。四是落实经费支付流程。相关管养经费按现行标准和属地管理原则，市资金由市财政下划给区财政，区财政设立专项财务账户，市资金和区资金都划转到这个专项财务账户。相关管养经费经市住房和城乡建设局、财政局审核后，由市住房和城乡建设局拨付给养护单位，这将使整个经费支付流程更加便捷且快速。

1. 城市市政基础设施管养业务一体化

随着互联网行业的快速发展，城市道路设施管养正在逐步向网络管理发展，而业务一体化管养模式的出现恰好顺应了其发展。城市市政基础设施管养业务一体化是以道路为主线，涵盖"墙到墙"区域内城市公路设施、市政设施、园林绿化维护管理整合打包，委托一家国有企业进行一体化承揽，实现城市主要市政基础设施管养业务一体化精修细管，具体可包括农村公路、市政道路、桥梁、排水、路灯、泵站、园林绿化等。业务一体化管养模式建立了健全、科学、高效的城市道路管养机制，实现了管养精细化、标准化、长效化、数字化和高效化，全面提升了城市道路环境品质和管养水平。而且业务一体化管养模式正在逐步走向成熟，相信不久的将来，城市市政基础设施一体化管养模式将在城市市政基础设施管理市场中快速推广应用，为政府及公众提供管家式服务。

2. 城市市政基础设施管养模式一体化

国家现在把治理体系现代化和治理能力现代化作为未来社会治理的重要发展目标，在信息化过程中，实现智慧城市下新的治理模式的变革，原来自上而下的城市治理将变得更加智能化与多元化，可以有效避免城市治理的"盲人摸象"。市政园林设施管养一体化承揽模式是符合现阶段城市发展较为行之有效的一种管理模式，是依托信息化技术，按照 PDCA 循环的科学管理理念，系统规范道路及其附属设施、园林绿化、环卫保洁等事件的巡查养护流程，建立巡查上报、养护施工、监管考核、计量支付的全流程闭环管养模式，管养管理模式一体化示意图见图 2.1-1。管养模式一体化更具科学性与互动性，能更好地实现养护与公共需求的精准匹配，使线上、线下多元协同发展变得更加容易。因此，进一步加强信息技术同市政园林设施管养一体化的结合，实现精细化和动态化管理，逐步提升养护效果，提高服务水平，以信息化服务作为市场拓展切入点，长效推行城市市政基础设施管养一体化模式。

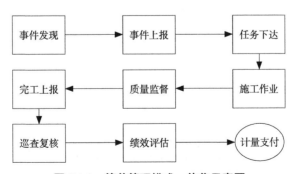

图 2.1-1　管养管理模式一体化示意图

3. 城市市政基础设施管养资金拨付一体化

在管养一体化模式下，为了保障城市市政基础设施养护资金流转顺畅，各产权单位统一编制年度养护管养资金预算，由区财政统一列入专项资金，由赤峰市一体化管养单位、财政局及政府主管部门共同对专项资金的使用和拨付进行监督管理，资金拨付一体化流程简图见图 2.1-2。

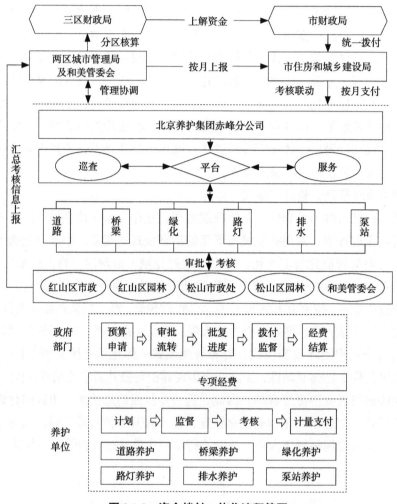

图 2.1-2　资金拨付一体化流程简图

4. 城市市政基础设施管养考核评分一体化

属地政府职能部门按照客观公正、注重实效、兑现奖惩等原则，建立统一的考核标准、争议协商处置机制及合理的激励机制，考核结果与绩效直接挂钩。借助信息技术，将"考核机制、共识机制、激励机制"植入信息化考核管理平台，实现考核单位、养护单位、实施单位三级用户考核评分统筹管理，有效规范城市市政基础设施管养作业的标准和质量。考核评分实行一体化"千分制"打分体系，各项业务分值根据其养护资金占比及业务在城市综合运行中的重要程度进行分配，各业务考核分值综合后，作为最终经费支付依据。管养考核一体化流程简图见图 2.1-3。

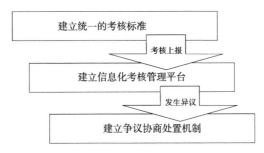

图 2.1-3　管养考核一体化流程简图

　　赤峰市市政园林设施一体化运营模式,是践行"绣花式"城市治理的具体应用。管养一体化模式具有一体化管理、干管分离、智慧化管理等基本特征。建立以城市道路设施养护企事业为核心的一体化管养体系,对原有养护业务进行整合,把分散的养护业务整合为一体化养护业务,并建立对应的城市道路设施一体化智慧管养平台和城市综合管理规范。通过对城市市政基础设施静态数据和动态数据的充分整合;利用智能化监管和专业化管养新思路,实现不同权属单位的多层级协同联动,为政府及公众提供管家式服务模式。

2.1.2.2　以"智慧管家"为引擎

　　"智慧管家"是城市市政基础设施建设、管理、养护一体化服务模式,充分发挥信息技术"金钥匙"的作用,将信息技术与城市设施运营服务进行融合,量化管理对象,规范业务流程,创新管理手段,为城市整体治理提供便捷、高效的管理服务模式。"智慧管家"在全面预算管理及业财融合体系的指导下,通过信息化支撑,规范业务流程;通过多元化巡查,及时发现及复核问题;通过标准化作业,解决问题;通过专业化服务,提升城市综合响应及应急保障能力,不断推进城市管养水平的迭代提升。"智慧管家"应用业务图见图 2.1-4。

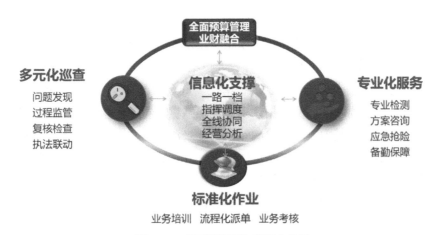

图 2.1-4　"智慧管家"应用业务图

"智慧管家"的核心以打造多维智慧管理平台为抓手，汇集设施管养流程、标准、规范、办法、考核机制于一体，提升城市设施服务与管理效能。智慧管理平台是基于物联网、云计算、AI 识别、大数据等技术，依托市政基础设施巡查、养护、监管服务等业务，建立的一体化综合运营管理平台，一体化综合运营管理平台应用简图见图 2.1-5。通过多年技术和应用迭代，形成了"1+2+N"的一体化综合服务体系，即"一中心、两平台、N 系统"，聚力打造"管养设施一张网、数据资源一片云、养护管理一张图"的城市市政基础设施智慧管养支撑环境，通过 APP 移动端与 PC 管理数据端互联互通，有效支撑养护运营与管理，实现前端不同业务快速办理和高效响应。

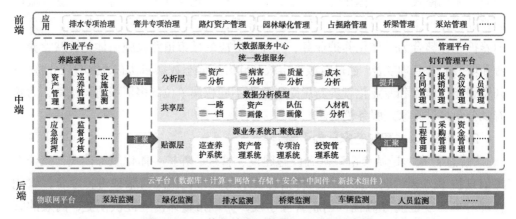

图 2.1-5　一体化综合运营管理平台应用简图

1. 智慧管养"一中心"

"一中心"即指大数据分析平台，此处以"赤峰模式"大数据中心为例进行介绍。大数据中心汇集各专业业务数据、财务数据以及通过业财融合产生的数据，支撑养护企业整体经营状况分析、基础信息管理、运行状态分析及养护决策等。一是经营状况，包括案件统计、考核统计、零星工程量统计、小修工程统计数据进行详细数据分析；二是基础数据，包括设施统计、人员架构、材料情况、机械情况数据分析；三是运行状态，包括人材机情况、工程情况、资金情况、合同情况等数据分析；四是养护管理，包括物联网监测数据、定期巡检数据、特殊巡检数据、内部考核、外部考核等数据分析，其中物联网检测数据主要来源于物联网平台各类传感设备的集成和接入，包括泵站及积水点、路灯、桥梁、井盖、绿地等基础设施的物联网感知设备，实现实时故障、实时监测信息、监控视频信息、水位数据、绿地湿度监测预警信息发布等，以及作业车辆、人员实时跟踪监测，及时掌握设施运行状态，智慧管养"一中心"应用简图见图 2.1-6。

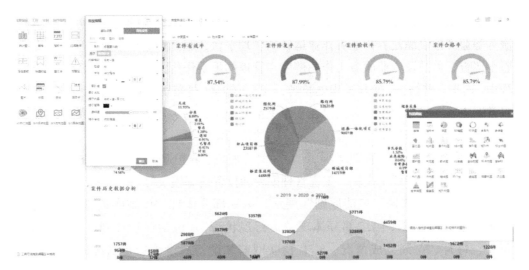

图 2.1-6 智慧管养"一中心"应用简图

业财融合通过汇集上述业务数据及财务系统数据，根据公司领导者、管理层、绩效考核及经营指标的需要，融合打通各类业务及财务数据，对业务进行纠偏管理的同时，通过大数据分析，实现多图表动态呈现工作进度与设施状态。可视化信息看板，让决策更科学，使有限资金发挥更大作用，大幅提升基础设施管养工作效果。

从传统养护行业来看，大数据分析平台作为整个项目数字化管理的核心使用工具，实现了通过数据进行管理决策，改变了人为管理的传统弊端。

2. 智慧管养"两平台"

智慧管养"两平台"是指业务管理平台和经营管理平台。智慧管养"两平台"应用简图见图 2.1-7。

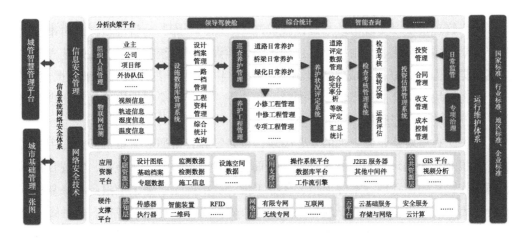

图 2.1-7 智慧管养"两平台"应用简图

业务管理平台即赤峰市智慧市政管理平台，依托市政基础设施巡查、养护、监管、服务等业务建设满足养护业务作业运转的管理平台，起到全面规范业务流程，支撑整个巡查、养护及专业服务工作的调度和管理的重要作用，并在赤峰市项目实施过程中，逐步完善修正，使其流程更顺畅、标准更健全、规范更合理、考核更公正透明。日常巡查、养护作业的每条信息在平台上都有记录，每个环节都有迹可循，实现了城市道路巡查、养护工作全过程、全要素的精细化管理。

业务管理平台包括管理驾驶舱、资产管理模块、养护巡查模块、检查考核模块、物联网模块、养护评定模块、工程管理模块和投资估算模块等。

管理驾驶舱依据"三清原则"展示，第一部分体现"设施底数清"，包括各养护专业设施数据；第二部分体现"运行现状清"，包括养护计划完成工程量、每年、每月、每周完成情况，还有物联网监测设备对设施运行状况的反馈数据呈现；第三部分是"管理规则清"，包括日常养护整体由巡查发现问题、问题处置、处置后核查状况、计划养护的推进进度以及内外考核等情况。管理驾驶舱主图见图2.1-8。

图 2.1-8　管理驾驶舱主图

资产管理模块以实现市政基础设施资产"一图、一库"为管理目标，对市政道路、桥梁、园林绿化、泵站、路灯、排水六大类设施进行统一管理，通过建立资产档案数据和静态数据，形成管养设施"一路一档"台账。具体设有基础数据模块、资产档案模块、综合搜索模块、多图合一模块等，每年都会根据设施量变化进行更新，充分体现了设施底数。

养护巡查模块是业务管理的主要模块，也是设施日常巡养人员每天都在用的模块。按照PDCA循环的科学管理理念，全面规范设施巡查及养护流程，实现日常零星病害处置从病害发现、案件上报、任务审批、养护施工、完工上报到维修复核全流程的闭环痕迹化管理，便于问题追溯和巡查养护工作执行情况考核。这种线上计划与派单、线下协同作业的无缝衔接模式，确保病害案件个个有追踪、件件有反馈。同时，在修复工程中，规范作业队伍填报人材机使用消耗数据，为劳务分包结算提供客观依据。

检查考核模块依据属地政府制定的一体化项目考核办法进行建设，便于属地管理部门、业主单位及养护企业相关考核人员进行业务监督及检查扣分使用，考核事项包括养护作业、内业资料、安全等。考核人员通过手机 APP 上报考核案件，上传扣分影像资料，包括整改时限、案件地点、对应扣分标准及分值等，做到养护考核客观公正、奖惩透明、反馈及时，为业主单位监管提供了有效抓手。

物联网管理模块是将布置在各类基础设施的物联网硬件设备，通过 4G 信号传输反馈数据、进行监测的系统，包括桥梁监测、泵站监测、路灯控制系统监测、土壤墒情监测、智慧锥桶布置、水车水位监测及 GPS 轨迹监测等，物联网系统所有数据、布设位置根据设备状况实时反馈，为市政设施正常运行提供借鉴依据，减少人员现场值守频次，提高人员工作效率，同时也便于管理层及时掌握设施的运行状态。

养护评定模块基于城市道路单元格数据，结合道路养护状况的阶段性检查、年度普查的病害和缺陷的数据，对日常性养护及道路运营状况进行评定，包括月度、年度等定期检查评分，评定过程中的病害处理再进入养护巡查系统内进行治理。

经营管理平台是在钉钉平台上进行定制化开发，用于项目经营管理、行政、人事和合同等管理的平台。包括日常办公管理的各类线上申请，会议管理，出项合同、进项合同和工程量确认单的批转，人力资源管理人员考勤等，财务管理，安全管理审批等事项，形成了预算、合同、支付、审计等大量数据，有利于公司流程化管理。

3. 智慧管养"N 系统"

根据业务需要，基于"一中心"开发了多个专项应用系统，包括桥梁健康监测系统、排水治理系统、绿化调度管理系统、窨井专项治理系统、积水点监测系统、农村公路综合管理系统等，满足不同专项业务运营需要，属于一体化模式下的爆款产品。

（1）桥梁健康检测、监测系统

通过对桥梁进行全面、系统的检测，建立详细的桥梁管理和养护档案，对桥梁构件做出技术状况评估，评定构件和整体状况，为桥梁养护管理系统提供技术状况数据，为评定桥梁使用功能、制定养护计划提供参考，同时，安装表面式应变计、压差式变形测量传感器、盒式固定倾斜仪、超声波液位计等监测设备，对桥梁的挠度、温湿度、水位、倾斜等信息数据进行监测预警，实时观测桥梁运行状况。桥梁健康检测、监测系统图见图 2.1-9 。

（2）排水专项治理系统

排水专项治理系统是为了地下排水管网专项治理定制开发的产品体系，由管网普查 APP、专业普查设备和 PC 端管理系统组成。APP 端配合专业普查设备实地调查并上报数据，包括排水管线长度、管材、排水体制、管径等信息，建立排水设施一路一档；由 PC 端进行分析管理，包括普查计划制定、普查任务下达、普查结果分析等，根据排水普查的统计分析，将地下检查井井室及管网淤堵情况全部呈现出来，形成淤堵状况一张图，为排水管网养护制定清掏整改计划及日常养护做出评断，

城市物业智慧管家研究与实践——以赤峰为例

清淤案件智能排序图见图 2.1-10。通过数据分析给出淤堵排名，按照淤堵严重程度及紧急程度优先安排清淤工作，支撑排水治理的数据普查、疏通计划、检测治理的制定。

图 2.1-9　桥梁健康检测、监测系统图

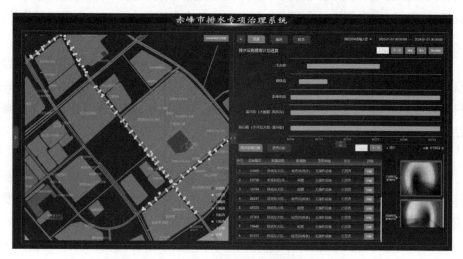

图 2.1-10　清淤案件智能排序图

（3）绿化调度管理系统

绿化调度管理系统主要是对园林绿化的浇水、打药、补植工作进行规范化管理。系统基于资产数据提供绿化、设施一张图展示及管理，便于绿化专业人员查询。同时，结合物联网外场监测设备，对绿地土壤墒情、作业车辆燃油、取水次数、水车液位以及作业人员作业状态进行全流程监测等，并根据需要进行整体调度，同时可依据打药、补植等养护计划书，控制材料出入库管理，实现全面考核评价。地图定位、分布查看、墒情信息查询图见图 2.1-11。

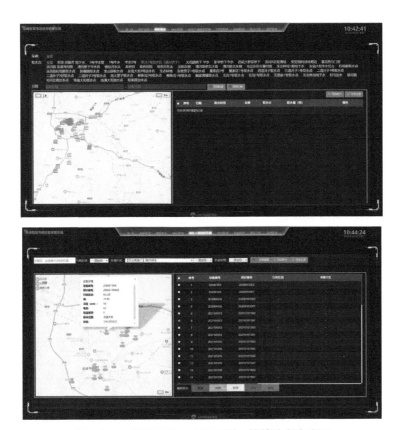

图 2.1-11　地图定位、分布查看、墒情信息查询图

（4）窨井专项治理系统

窨井专项治理系统是专门针对城市窨井整治提升而建设的，是利用互联网＋移动互联信息技术，为每个井盖建立"电子身份证"，摸清底数，再利用平台及时上报、快速派遣、井盖确权、病害治理、办结反馈，精细管理每个井盖维修情况，掌握年度维修进度和维修费用。通过平台积累的大量的专项数据开展检查井病害成因分析，实现井盖病害多维度监测，及时针对井盖维修及运行情况进行评价，分析年度维修计划和维修预算的落实情况。这种线上、线下多方协同治理的方式，改变了城市道路检查井治理模式。井盖治理流程和状态信息查看井盖数据及可视化分布图见图 2.1-12。

（5）积水点监测系统

积水点监测系统主要用于雨期低洼路段、桥下空间实时监测，通过在目标灾害地点安装传感器和物联网终端，并通过网络实时传输监测信息，对路面积水状况实时监测和预警，同时路面积水监测系统的移动端系统可实时监测外场设施故障，随时调取监控图表信息，便于远程观测，缩短了事件应急反应时间，减少人员现场值守频次，为市政基础设施的可持续应用提供可借鉴依据。水文数据监测分析系统图见图 2.1-13。

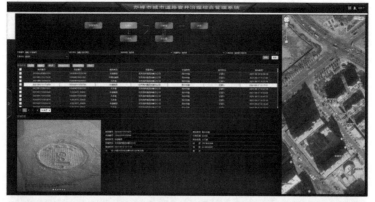

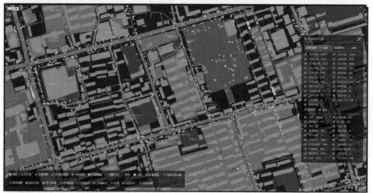

图 2.1-12 井盖治理流程和状态信息查看井盖数据及可视化分布图

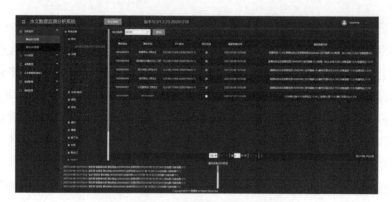

图 2.1-13 水文数据监测分析系统图

随着世界科学技术的不断进步发展，信息化、物联网技术在市政基础设施建设和市政公共事务管理中的应用日益广泛，信息技术的飞速发展对信息的采集、传输、处理、共享方式等提出了更高要求，传统的信息获取传递预警模式在时间、空间、采集频度和精度等方面与当前各项工作的整体需求已不相适应，城市智慧管养系统平台的建立不仅可以满足市政基础设施管理自身业务的需要，还通过专线数据共享，能够为管理者和使用者提供实时的日常巡查、灾害预警、应急抢险等一系列信息，确保数据及时有效，这种通过数据决策的新型管理模式是传统业务转型升级的必然趋势。

2.2　赤峰市城市物业智慧管理方式

"赤峰模式"系统框架体系具有养护管理、运行巡查、安全管理、分析和辅助决策等功能，是满足城市市政基础设施管理具体业务的主要途径和载体。框架体系中精细规范是系统养护管理渠道畅通的制度保障，技术规范是系统正常、稳定运行的基础，智慧高效的运维管理可筑牢高质量发展新理念，稳定充分的安全保障体系是系统健康、安全运行及城市市政基础设施管养高质量发展的新支撑。通过创新管理理念和模式，健全管理标准和规范，优化管理流程和手段，科学运用现代化信息技术支撑，构建权责明晰、管理优化、执法规范、安全有序的常态化城市管理机制，提升城市管理精细化水平，促进城市高效绿色发展，满足人民群众对美好生活的向往。

2.2.1　精细规范的养护管理体系

管理是一门科学，更是一门艺术，精细规范化管理是走向整体化、形象化和系统化管理的一种全新的概念。要想使其经常处于规范化、程序化、标准化的运营中，就必须要有一套适合其运营管理模式的精细规范化管理。

2.2.1.1　科学化的养护管理标准

城市市政基础设施养护市场化及养护专业化改革，严格按照养护技术规范和操作规程对市政基础实施病害及安全设施进行维修处置。用新机制夯实管理基础，通过制定一系列标准化养护管理规范，保证养护作业的质量和效率。

依据现行国家、行业城市设施养护质量标准，结合赤峰市市政基础设施养护管理的实际情况，编制了"城市道路、城市桥梁、城市排水设施、城市照明、城市泵站、城市园林绿地养护"六大专业的精细化管理标准体系，细化了作业方法，明确了养护工作内容和养护作业标准，促进城市市政基础设施养护管理工作标准化、规范化、制度化，推动养护作业单位严格按照质量标准落实各项工作，加强自身管理，规范作业行为。同时，增加了考核方式及考核评分标准等内容，为城市管理提供抓手。

为加强城市道路维护管理工作，充分发挥城市道路使用功能，确保城市道路的完好和正常运行，结合自治区各城市实际，制定了《城市道路精细化管理标准》，达到车行道平整、人行道平整、路缘石整齐、占道围栏整洁有序的道路管理标准；为提高城市桥梁养护水平，充分发挥桥梁设施功能，保障城市桥梁的安全、完好和畅通，制定了《城市桥梁设施精细化管理标准》，确保城市桥梁总体结构安全、设施完好、外观整洁、桥面平整、桥头平顺、排水通畅、行车舒适等；为打造城市安全的照明环境、营造良好的宜居环境和城市形象，制定了《城市照明精细化管理标准》；为改善城镇生态环境和景观环境，促进园林绿化事业的发展，根据实际情况制定了《园林绿地养护精细化管理标准》，涉及修剪、施肥、浇水及排水、病虫害防治、中耕及除草、防寒、植物补植、调整、园林设施维护、绿化保护、绿地卫生保洁等内容；另外还有针对排水、泵站的《赤峰市城市精细化管理标准（排水、泵站）》、应急抢险工作管理专项工作方案等细则规定，切实提高城市道路管理水平。

参照城市市政基础设施养护管理规范，科学运用现代化信息技术支撑，构建权责明晰、管理优化、执法规范、安全有序的常态化基础设施养护技术指南，包括《赤峰市城市排水设施养护技术指南》《赤峰市城市道路养护技术指南》《赤峰市城市桥梁养护技术指南》《赤峰市城市照明设施养护技术指南》，用于指导赤峰市城市市政基础设施精细化管理工作的开展。

2.2.1.2 精细化的管养计划书

城市市政基础设施年度养护计划的编制是管理者未雨绸缪的重要工作体现，它可以有效地引导和指导生产任务，切实提高城市市政基础设施服务水平。最佳预防性养护计划是基于效果费用比得到的，最佳计划就是在费用最小而效果最大时，即效果费用比最大时是最佳养护计划。完整的年度养护计划应包括指导思想、总体要求、养护目标、养护任务、责任划分、质量安全保障体系等。

根据管理养护的市政基础设施各专业位置、重要程度、病害分布等情况，制定年度精细化养护计划，可以根据具体情况落实到季度、月度、周养护计划。

在制定维修计划时，应充分考虑维修效果，力争做到统一安排、整体修复，以点带动线、以线带动面的维修思路，避免同一条案件反复进场施工，按照单元格对病害进行收集分类，制定科学、经济可行的维修计划。

管养计划书设计按照各项目、各专业、各部门运营类别等维度进行分配养护资金、养护工作量的年度计划，并将年度养护计划拆分到月度执行。道路、桥梁、排水、泵站、路灯、绿化各专业根据管养内容、标准规范、养护合同等，本着"预防为主，防治结合"的原则，对管养范围内市政基础设施进行及时性、经常性、周期性和预防性的养护、维修，保证市政基础设施的安全、舒适和美观，在此基础上编制了精细化管养计划书，对人员、设施量、资金、维修标准、时效、应急抢险、资料管理、信息化建设等加以说明，为大中修项目建议书编制、养护计划制定、合同签订、资金分解提供数据支撑。

1. 计划管理体系

（1）项目计划管理体系职责

分公司养护管理部：负责编制年度重点工作计划、重要时间节点进度计划；审核项目部编制的节点计划；负责养护维修计划执行情况的跟踪、协调、反馈及分析评价；负责项目工程计划节点的调整审核；负责审核月度计划、年度计划、专项计划完成情况；负责组织定期的计划专题会（公司部门内部协调）。

养护项目部：根据分公司年度重点工作计划、重要时间节点进度计划及各管养片区设施等级状态情况编制项目部养护维修工作计划。负责定期报送月度养护维修计划、关键节点维修进度计划、养护维修任务完成周报表、月报表等情况。按照分公司会商，调整养护维修工作计划、进度计划。

（2）项目计划定义

年度项目维修计划：依据全年养护工作重点任务情况，明确养护时间节点工作目标，按照节点目标编制养护工作计划。

专项整治计划：为完成特定工作任务而制定的计划，具有较强的目的性、专业性和针对性，作为年度项目维修计划的补充。

月度维修项目计划：依据年度项目维修计划，结合季节性养护工作特点，制定月度养护工作计划，将年度保养小修工作计划分解至每月，逐月控制，重点关注关键节点的进展情况，严格按照小修工程管理控制体系开展养护维修工作。

（3）项目计划报送流程

1）保养小修项目

养护管理部于每年年初制定公司级《年度养护工作方案》，对年度内各月度的小修工作范围、重点、资金进行明确，对各道路设施的养护目标和工作标准予以规定，同时明确定期巡检工作计划，以此指导各养护项目部小修工作的开展。

各养护项目部应按分解形成的《辖区年度养护工作方案》组织小修工作的开展，月度小修工作计划应从计划性排查成果、定期巡检成果和平时积累的日常养护巡查信息中提炼形成。

各养护项目部应于每月15日前，完成下月小修计划建议的编制和报审。养护管理部应于每月20日前，组织完成对各养护项目部下月小修计划建议的会商审定，每月25日前将修正后的正式的下月小修计划项目下派至各养护项目部，养护项目部根据商定结果于每月26日前将施工计划传送至信息平台。各养护项目部应于次月25日前完成当期全部小修项目施工。

各养护项目部每周将维修工作信息如实反馈至养护管理部，并同步在信息平台系统中进行回复。各片区设施巡查大队负责核实确认信息平台系统养护维修工作量。养护管理部定期组织对各养护项目部完成情况进行抽检。

各养护项目部将最终维修信息录入养护管理系统，并按规定时间组织报送计量周报、月报至养护管理部。养护管理部对养护维修质量及计量结果进行监督管理。

2）常规巡查维修模式

设施巡查大队按照公司级《城市市政基础设施巡查管理制度》组织养护日常巡查工作，所有日常巡查信息原则上应全部即时上传至信息平台。遇组织集中排查维修、环境复杂难以勘定或巡查采集设备故障等情况不能即时上传的，必须24h内与养护管理部设施主管人会商审核后补传，且不得因此贻误维修处置时限。

设施巡查大队对每日上报的日常巡查信息应在12h内进行审批，确定巡查信息属性（维修、观察复核、储备项目、退回修改或不通过）、维修时限（24h、72h或修复）和实施部门。

养护项目部应按批复的维修时限和附带作业指令维修。维修完成后，各养护项目部对作业班组反馈的维修工作信息上传至信息平台，设施巡查大队对信息平台维修工作信息进行复审。

养护项目部对经复审通过的维修项目，按规定定期报送计量周报、月报至养护管理部。

3）巡养一体化模式

各养护项目部按照公司要求组织巡养一体化作业班组，巡养一体化作业班组须随车携带巡养作业路线，严格按照指定巡养路线进行工作，并认真填写巡养日志。

巡养一体化作业班组发现病害后，做好道路病害修复工作并确保修复质量，修复完成后将病害修复信息进行记录，并留存现场施工前、中、后照片，修复信息及时上报信息平台。

巡养一体化作业班组做好道路普通病害的发现及记录工作，并及时将病害信息反馈至各项目部，各项目部根据病害情况合理安排修复工作。

设施巡查大队负责对巡养一体化修复病害进行复核、计量，并与信息平台进行确认。

养护项目部对确认通过的维修项目，按规定定期报送计量周报、月报至养护管理部。

（4）计划管理措施

1）实施计划编制

根据分公司养护资金情况，编制资金分解计划。结合养护重点工作计划、资金分解计划、设施养护状态、平台设施病害信息，初步编制养护维修工作计划。片区巡查、项目部道路养护工程师会商，确认养护维修计划的合理性。项目部将审定的养护维修计划报送分公司信息调度中心备案，组织施工，定期上报周、月完成情况、同步向信息调度中心报送进度情况。分公司根据养护维修工作完成情况以及重要时间节点进度计划，对全年养护工作计划进行分析、调整。项目部根据调整后的工作计划编制养护维修实施计划。定期上报完成情况，形成良性闭合计划工作管理体系。

2）阶段管理措施

计划编制应充分考虑重点工作任务，结合月度资金使用计划、道路等级及使用状态等情况，围绕以下项目计划开展：全年服务保障工作、精细化养护示范路段、重点区域通行系统综合治理、专项调查治理工作及专项治理工作。

计划审核采用两级管理措施，分别为项目部层级和分公司层级。

项目部层级是指养护维修计划编制以平台病害信息为基础，结合年度重点工作任务、设施等级状态情况进行编制。编制完成后由项目部道路养护工程师审核，审核计划编制的真实性、完整性、全面性。

分公司层级是指分公司组织设施巡查大队、信息调度中心、项目部道路养护工程师进行会商。根据《赤峰市中心城区市政基础设施养护服务合同》设施养护等级要求、道路 PCI 检测值、道路完好率情况，综合分析是否能够满足考核要求。

3）计划实施阶段

计划实施过程中进行跟踪、协调，严格控制计划实施量，单月各项完成量偏差不得相差 5%。当计划量与实际完成量偏差超过 5% 时，由道路养护工程师立即向分公司养护管理报告相关工作情况，并制定相关纠偏措施。

4）计划分析调整阶段

根据年度重点工作及重要时间节点进度情况，养护管理部会同项目部道路养护工程师对养护维修进度执行情况进行分析，判断是否符合年度养护工作目标、月度养护工作目标、重点专项工作目标，根据完成情况偏差分析，调整月度养护资金分解计划、工作任务、工作方向，满足考核目标要求。

（5）计划管理考核

养护管理部负责根据项目的实施进展对各项目部工作进行考评，并对下月重点工作提出计划要求。养护管理对月度、年度各项目部计划完成情况的考评结果经养护部长审核后下发各项目部，计划与计量管理体系图见图 2.2-1。

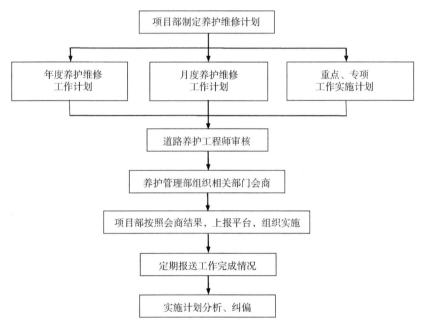

图 2.2-1　计划与计量管理体系图

2. 精细化调查管理的应用价值

数据调查应在市级养护规范的基础上继续深化和拓展，力争做到养护方案具有针对性，将养护方案具体化、精细化，针对不同等级病害，编制不同的养护规划，在管理养护整体提级的前提下，使养护资金使用和养护效果达到理想平衡，同时通过专业技术人员，对道路、排水、泵站、路灯、桥梁、绿化等结合投资效益分析，根据年度投资建议计划确定适当的养护定位，制定大修、中修及预防性养护工程的计划，确保工程项目计划科学、合理、技术可行，符合各专业养护管理目标。

结合管养计划形成一站式数据分析处理系统，以不同维度和不同数据主题表，对每个指标项进行数据分析处理，便于管理层进行科学决策，调度指挥。

2.2.1.3 规范化养护管理制度

管理制度是规范化管理的有效工具，可以很好地对各部门、岗位和职工的工作进行界定，它能够使整个单位的管理体系更加规范，使每个职工的行为受到合理的约束与激励，做到"有规可依、有规必依、执规有据、违规可纠、守规可奖"。因为用制度去管人，就少了感情用事，做到管理中一视同仁，从而调动广大职工的工作积极性，一改过去"多干少干一个样，干好干坏一个样"的现象。

参照已出台的市级养护规范，结合自身管理实际，根据科学性原则、系统性原则、实用性原则、规范性要求，全面推进日常养护工作标准化管理，逐一细化日常保养管理流程，规范和要求各类日常养护施工作业流程，形成一套行之有效的标准化养护管理制度，对管理考核的公平性、公正性进行约束，对城市市政基础设施养护管理实施监督、指导。首先，针对养护人员和管理人员协同性差的问题，应该制定高效和全面的统筹调度制度，并配合推行责任落实制度，以此保证管理人员和养护人员各尽其责、各司其职，防止出现城市市政基础设施养护管理工作混乱和难以开展的问题。其次，为保障城市市政基础设施养护管理工作的质量和效率，还要建立施工现场管理制度和监督制度，一是可以确保城市市政基础设施养护现场施工的有序性和规范化，二是可以提高城市市政基础设施养护施工的质量和效率。再次，配合有效的监督管理制度有助于实现规范化管理和施工目标，有效避免管理和养护施工过程中的不良现象。例如，针对养护施工实施全面监督，可以使施工人员、施工设备、施工材料和施工技术时刻处在一个规范和标准的施工环境中，从而达到强化城市市政基础设施养护管理规范化的目的。

2.2.2 智慧高效的运巡管理体系

2.2.2.1 养护管理标准化运行

通过赤峰市城市市政基础设施标准化养护管理体系的制定和执行，建立以现代化设施为基础、规范化管理为核心、人本化服务为支撑、科学化考核为保障的标准运行结构体系，以获得最佳管理秩序和管理效益，提高城市市政基础设施养护的满意度和公信力。主要包括以下四个方面的基本内容：养护管理标准化、养护班组标准化、养护作业标准化、养护安全标准化。

（1）养护管理标准化。按照"职责清晰化、业务程序化、形象统一化"要求，科学制定养护的基本制度以及各类管理作业流程，形成统一、规范和相对稳定的管理体系，实现规范化管理。

（2）养护班组标准化。优化人力、资产和信息资源配置及管理，制定养护人员培训及提升策略，打造一支标准化养护作业队伍，提高工作效能，实现集约化管理。坚持以人为本的理念，最大限度地激发职工积极进取的主观潜能，做到人文管理和人文服务，加大科技创新力度，推广应用养护新材料、新技术、新工艺，建立养护检测自动化、分析数字化、决策科学化和管理信息化的养护体系，实现科学化管理。

（3）养护作业标准化。依托信息化平台，实现案件自动流转派单，接单后按照案件紧急情况及修复时效制定合理的维修计划；依据养护技术标准及考核管理办法，统一由设施巡查大队对案件修复情况进行监督、考核，全面提升精细化养护水平。

（4）养护安全标准化。由安全管理部统一制定工程生产安全事故应急预案、交通安全专项应急预案、重要节假日及重大社会活动期间安全维稳专项工作预案、降雪降温紧急事件处置应急预案、市政园林设施易发积水点防汛应急预案、道路应急抢险预案、园林绿化管养应急预案体系、照明设施安全和应急预案以及特种作业有限空间实际操作安全等，并针对各项内容定期进行统一培训和演练，统一养护安全标准，加强对本单位施工生产安全事故的防范，及时做好安全事故发生后的救援处置工作，最大限度地减少事故损失。

2.2.2.2 养护管理巡查体系

在管理上转变"路坏了再修"的旧养护观点，将"预养护"作为日后的工作思路。通过巡查机制和网格化监管，区域平台设立专职巡查监导员岗位和专业检查队伍，负责对城市市政基础设施进行日常巡视，发现问题及时上报，确立巡查监管流程，即坚持主动发现问题→上报平台→平台统一调度→现场设施处置→平台监督→考核反馈。实现流程优化，形成闭环运行，努力实现常态化巡查与应急管理的有机整合。从道路病害发现到病害养护完成的闭环信息化管理巡查是城市市政基础设施运营管理工作开展的驱动力、监管措施和评价手段之一，推行"巡养分离""巡养一体化"的管理模式，并组建专业的巡查队伍，配备专业的巡查车辆和装备，实现巡查和养护工作互相制约、互相监督，共同提升城市市政基础设施的养护管理水平。

1.巡查管理模式

设施巡查大队有路政巡查与市政巡查两大职能。路政巡查主要负责穿跨越监管及私占私掘相关事项；市政巡查主要负责沥青路面巡查、人行道巡查、路灯巡查、桥梁巡查、泵站巡查、排水系统巡查等相关事项。设施巡查大队发现事件上传至调度平台，平台下达任务到养护项目部，各项目部完成养护作业后设施巡查大队进行巡查复核，整个流程闭合流转。在城市市政基础设施管理过程中，通过巡查发现问题、养护作业解决问题、再巡查复核解决问题的效果，基本上可以客观反映城市市政基础设施养护及管理工作水平。同时推行"巡养一体化"模式，集道路的巡查、日常保养、养护工程和应急抢险工作于一体，负责安全、养护、路巡和综合管理，做到道路管养空间上无死角、细节上无疏漏，应急抢险及时高效，既有专职巡查人员又有专业养护队伍的"巡养一体化"管理模式。

除此之外，为促使巡查质量提升，推行"多元巡查"管理模式，自主开发巡查系统，可实现车辆及病害定位、数据采集、管理审批、统计查询等功能。此外还开发了路拍宝、政府服务热线、行业管理平台案件推送等，实现全民参与、报送奖励、全程留痕、量化考核。

2. 建立养护巡查体系

养护巡查体系包括专业巡查队伍建设、配备专业巡查设备、完善巡查技术手段、规范巡查制度，使巡查工作制度化、规范化、标准化，做到及时发现、解决问题，为养护工作提供依据。

（1）专业巡查队伍建设

结合管养范围及市政基础设施情况，组建一支巡查队伍，并对巡查人员进行巡查作业、市政基础设施巡视、事件辨识及描述、施工过程监管、施工完工复核等业务进行统一培训及考核，从而形成专业化的巡查队伍。

（2）配备专业巡查设备

配备专业的巡查车辆和巡查病害上报手机，巡查车辆包括通用工程作业警灯与警报装置、影像记录存储设备、全方位照明设施、LED 情报显示系统、GPS 轨迹设备及其他控制装置等满足专业巡查需求；巡查病害上报手机通过安装 APP 软件将巡查病害情况事件进行上报。

（3）完善巡查技术手段

建立一套完善的巡查系统平台及手机 APP，巡查人员通过手机 APP 软件快速上报的病害数据会存储到道路养护巡查平台数据库中，内业处理人员可根据上报的病害情况在系统中进行数据审核、分拣、任务派遣等操作。

（4）规范巡查制度

1）实行三级巡查制度

一级巡查：由巡查员负责执行，进行日常巡查、夜间巡查、特殊检查等巡查工作。

日常巡查包括道路、桥梁、路灯及排水设施等相关项目，主要包括：道路病害或损坏进行检查，并通过手机 APP 软件进行上报，通过管理后台及时通知施工队伍进行修复；养护施工作业现场规范程度，养护施工项目工程质量情况，养护作业施工标准、操作规程执行情况，清扫工作业情况，道路畅通情况，紧急情况突发事件等；及时清除影响行车安全的散落物。夜间巡查包括：对影响道路安全性进行检查；清除影响行车安全的路面散落物；对施工现场标识、标牌等进行检查，发现倒伏、缺失等不规范现象及时纠正；对紧急情况突发事件及时上报和采取措施；特殊检查是指发生大的洪水、台风、地震等自然灾害和有可能对绿化造成较大破坏的异常情况以及对病害较为严重的绿化部分进行的检查。

二级巡查：由各个片区组织进行的巡查工作，通过巡查掌握辖管内的道路及市政基础设施情况，根据巡查结果，对所在片区内的巡查人员巡查质量进行检查，及时发现、解决问题，督导养护工作。

三级巡查：由调度中心进行随机抽查，对一、二级巡查执行情况进行检查，检查结果与月度考核挂钩。

2）养护巡查检查考核制度

养护工区应根据考核制度，以认真负责的态度做好各级、各类养护巡查工作，根据三级巡查的检查和抽查情况，结合月度养护工作考核，对工区巡查工作进行考核。对责任心强、业务熟练、能够及时发现问题、及时妥当处理问题的巡查人员予以适当表扬和奖励，对工作不负责任的巡查人员提出批评和指正，对造成严重后果的，视情节给予严肃处理。

3. 巡查管理系统

根据目前的管养模式，建立一套从巡查病害上报至修复完工，涵盖整个病害处理过程的管理体系，巡查管理流程图见图2.2-2。专业巡查人员日常通过手机APP软件完成任务报送及施工复核情况上报，同时，为了弥补巡查人员数量少、巡查频率间隔较长的缺陷，为巡查人员开发了AI智能巡查软件，作为专职巡查员的补充，确保案件上报及时有效，通过PC管理端进行派单及统计分析。

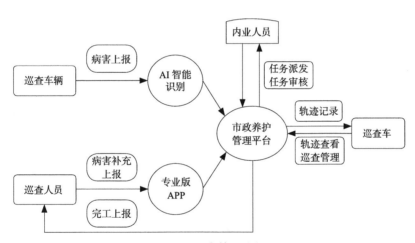

图 2.2-2　巡查管理流程图

（1）病害采集子系统

研发市政养护专业版APP软件及AI智能识别系统，实现信息采集、病害上报、自动定位、审核分发等便捷功能。巡查人员可通过专业版APP软件和AI智能巡查系统，将发现的病害上报到管理系统，内业人员可通过系统平台实现对病害的查看、审核、任务派发等操作，做到对巡查事件处置过程的全流程管理。

（2）养护管理子系统

按照PDCA循环的科学管理理念，研发市政养护管理平台，对处理市政道路、桥梁等病害事件采取闭环模式。巡查人员发现病害事件并采集病害信息上传，内业人员对事件进行任务派发，养护人员完成对病害事件的修复，最后巡查检查确认，完成整个过程。

平台系统对超时未处理的病害事件设有监测报警功能，方便内业人员及管理人员重点监督查看。此外，平台系统对当日或当月的巡查情况及各类数据信息进行自动分析、汇总，生成统计报表，为相关管理部门领导的决策部署提供准确的数据信息支持。

（3）巡查管理子系统

通过对巡查车辆、人员基本信息管理、GPS 定位，能够实时查看巡查人员位置，记录巡查轨迹，监督巡查计划的落实情况，并能够优化巡查路线，提高巡查效率。

养护管理巡查模式利用各项目部的专业性，充分将双方资源整合利用，优化了传统的运营公司和养护施工单位巡查主体责任，明确养护单位为巡查主体，使巡查体系更加完善，即可将更多的精力投入到管理中，为专心提高管理水平打下基础。同时，各养护项目部从专业角度进行巡查，做到及时发现、及时处理，采用信息化等多种管理手段进行监督管理，以不定期抽查、定期检查等方式对养护项目部进行监督，确保巡查工作监管到位，小修保养及时，将节省的精力用在养护管理水平提高和养护技术创新上。

2.2.3 稳定充分的支撑保障

赤峰市市政基础设施精细化管理平台与市住建智慧城管平台的全面打通，形成了目前的赤峰市智慧城管市政管理平台信息化体系，以数字赋能城市管理高质量发展，同时加上专业化养护团队及健全的安全保障体系，为"赤峰模式"提供稳定充分的支持保障。

2.2.3.1 信息化支撑

将信息技术与市政园林设施一体化管养模式进行融合，通过量化管理对象、规范业务流程，创新管理手段，支撑多元化巡查、标准化作业以及专业化服务的高效开展，为城市整体治理提供便捷、高效的管理服务模式。

赤峰市涵盖城市规划区内道路、桥梁、排水管网、照明设施、园林绿化及其附属设施的养护管理。由于涉及面积广、种类多，传统的市政基础设施养护管理模式已无法适应新形势下市政基础设施养护管理要求。为进一步提高市政基础设施的养护管理水平，推进数字化城市管理建设新目标，需运用"互联网+"思维，加大科技投入，加强市政园林设施数字化信息平台建设，为市政园林设施一体化管养提供支撑，将城市道路、桥梁、排水管网、照明设施、园林绿化等信息管理一并纳入数字化管理系统，为市政园林规划建设、管理养护、信息查询、应急抢险等提供科技助力，提升养护服务与管理效能。

前期进行卫星影像、设计图纸、查阅档案及工作人员现场普查等工作，并与主管部门和项目管理方进行三方确认，建成"一路一档"设施量综合管理系统，以实现市政园林"设施底数清"的管理目标。

同时，运用物联网技术及传感技术设计的"物联网管理系统"，对桥梁、路灯、检查井、绿化等设施实时监测设施故障，实时反馈测量数据，既能减少人员现场值守频次，又从以往的"经验说话"过渡到"数据决策"，大大提高了工作精准性，便于随时掌握设施的运行状态。

以实现数字化信息平台所支撑的大数据管养模式，即所有市政基础设施病害情况从发现、上报、处理到核查整个流程的闭环均通过系统流转，系统管理部门对所有案件处理状态进行追踪和统计，实时掌握案件处理情况，对案件实时状态、时间节点和修复工程量、人材机消耗进行统计、分析和存档。通过大数据分析可以对设施病害处理的质量和时效性进行及时统计，横、纵向分析，为制定养护计划和资金拨付提供依据。

2.2.3.2 安全保障

安全责任重于泰山，安全体系是系统正常运行的保障。近年来，我国经济发展迅速，市政基础设施的规模越来越大，要想保证市政基础设施在投入使用后的安全性，市政基础设施养护管理工作做到位是十分必要的。尤其是在信息技术飞速发展的时代，各种新技术出现蓬勃发展状态，安全技术也为了保护信息安全而不断发展，信息安全技术在网络时代可以说是十分必要的，市政工程必须拥有一个完整的信息安全保障技术。根据城市安全体系综合性、全方位、长期性工作的特点，提出着眼于大安全观、关注民生、注重时效的核心目标，构建以综合应急协同平台为核心、综合韧性空间与智慧应急系统为基础支撑的"高效能数字孪生"城市综合安全体系，形成空间模式、理念技术的协同创新。

安全标准主要指导城市管理行业领域安全生产监督管理工作，适用于城市管理领域及其所属的行业监管单位、维护管养单位。根据《中华人民共和国安全生产法》《企业安全生产费用提取和使用管理办法》及相关法律法规要求，落实整合优化应急力量和资源，形成应急管理体制。养护管理施工中严格使用安全文明生产费用，同时制定城市管理行业领域安全生产精细化管理标准，加强城市管理行业领域安全生产监督管理工作，提高安全生产基层基础和基本素质，保障城市管理行业领域安全运行。

2.2.3.3 信息化安全保障

随着市政管理业务的拓展以及信息化技术的高速发展，加强市政管理和新技术的衔接，从而健全信息安全体系，从应用软件到管理软件，不断地完善、提高其工作性能，以高效的无缝链接方式，使得该系统的管理不仅有开放的标准接口，还有利于各种业务的开展，同时提高信息化项目的投入资金，完善管理资金模式，合理优化效益分析机制，完善项目运营方案，以提高对项目监控的能力，确立信息化建设的总体方向，从而促进市政管理能够健康、稳定的发展。信息系统的安全保障包括诸多方面，如数据、硬件环境、软件环境及规章制度等。信息安全保障体系的建设，可以提高市政管理信息平台的安全性，提高容错控制的技术水平，同时优化故障恢复的功能，以体现数据处理的高效性、及时性。信息安全的基本组成部分是安全技术与安全管制，而基本要求和法律法规是市政工程采取的安全技术和安全管制的法律保障。基本要求的内容是关于国际与国内的信息安全要求，法律法规包括对自己私密信息的保护、数据保护以及知识专利等方面的保护。基本要求和法律法规既是保护信息安全的"利剑"，又是引导信息安全管制建设的"工程师"。

1. 数据安全保障体系

进行数据安全保障体系设计时，需要做好安全保障设计，满足智慧城市对于信息管理和使用的相关要求。在具体应用中，也需注意两项内容。第一，筛选恰当的安全技术手段。智慧城市的快速发展离不开丰富的数据支持，这些数据来源非常广泛，其中包含许多的保密数据，为了确保数据应用的安全性，也需要在数据应用前对其进行加密处理，满足信息传输时的安全要求。目前在信息加密处理过程中，经常使用的加密技术包括身份认证加密技术、文件加密技术等，从而升级传输信息的安全性与可靠性。第二，完善安全管理制度。对于以往安全保障制度进行梳理，确定相应的管理内容，如信息加密管理、信息安全等级划分、指挥调度要求等，同时也需要做好精细化管理，细化管理内容，这样也为智慧城市发展提供了良好的安全保障。

2. 数据安全管理制度

数据安全管理制度有着严谨的备份规章、授权要求。备份数据安全管制是为了在信息安全保障系统出现故障时能做出紧急应对，以缓冲组织机构遭受的损失。国家法律法规严格保护知识数据产权，未经授权的人员不能对信息数据越权操作。

3. 软件安全管理制度

软件主要包括应用软件、安全软件、系统软件等。一个组织机构想要保持良好地运转，上述软件都是重要的依靠，并且软件还是信息数据的重要载体，是组织机构核心能正常运转的基础。如其中某一个软件出现问题，都有可能影响到整体甚至造成严重的损失。

4. 硬件安全管理制度

随着技术的发展，硬件的革新速度大大加快，网络全面普及，对硬件设备的要求也越来越高，例如大型服务器、工作站等昂贵的设备。一旦服务器出现故障，信息数据有可能丢失，正在进行的各项工作也将停摆。制定硬件安全管理制度就是为了保障设备的正常安全运行，保障信息数据资源的安全。

5. 信息安全技术保障制度

信息安全技术是解决信息安全问题的重要手段，是值得市政单位重视的。相关市政部门用加密、防火墙等技术来保护市政工程信息数据，防止数据丢失、窃取、恶意删改；利用加密手段使得只有经密码访问授权才能浏览部分信息数据；使用追踪系统查询是否有人恶意攻击服务器、是否存在违反网络安全的恶意行为。

2.2.3.4 养护管理安全保障体系

城市市政基础设施在满足基本功能的同时，确保设施管理养护运行安全，构建养护管理安全保障体系的过程是指从组织架构、管理办法到应急及专项预案等确保设施、设备安全正常运行所采取的各种措施以及使措施得以有效施行的过程，杜绝安全事故的发生。

1. 安全生产管理组织

建立安全生产管理组织机构与现场安全组织机构，成立以项目经理为首的安全生产领导小组，坚持"管生产必须管安全"的原则，突出专职安全员的责权，健全岗位责任制，从组织上、制度上、防范措施上保证安全生产，做到规范施工、安全操作。安全生产管理组织机构及人员组织配置齐全后及时召开安全生产会议，逐级签订安全承包合同并明确各自的安全目标，制定各项安全规则，达到全员参加、全面管理的目的，充分体现"安全生产 人人有责"，并按"安全生产 预防为主"的原则组织施工生产，发现问题及时处理。

2. 安全生产管理制度及安全实施措施

建立健全安全生产保证体系，制定各项安全管理规章制度，使工程项目在施工中做到有章可循。同时涵盖城市市政基础设施各类安全施工措施，包含道路、路灯养护施工安全措施、交通导改设施、夜间照明设施、桥梁养护施工安全措施、排水管网和泵站养护施工安全措施等各专业安全施工措施。

3. 隐患排查和治理

建立重大危险源管理制度，明确辨识与评估的职责、方法、范围、流程、控制原则、回顾、持续改进等，同时建立隐患排查治理管理制度。

4. 职业健康及其他

按照法律法规、标准规范的要求，建立企业职工职业健康管理制度，并建立安全生产应急管理机构或指定专人负责安全生产应急管理工作，明确职责。

根据安全生产标准化的评定结果和安全预警指数系统，对安全生产目标与指标、规章制度、操作规程等进行修改完善，制定完善安全生产标准化工作的计划和措施，实施 PDCA 循环，不断提高安全绩效。安全生产标准化的评定结果要明确下列事项：系统运行效果；系统运行中出现的问题和缺陷，所采取的改进措施；统计技术、信息技术等在系统中的使用情况和效果；系统各种资源的使用效果；绩效监测系统的适宜性以及结果的准确性；与相关方的关系。

2.3 人力资源管理及绩效考核体系

2.3.1 人力资源管理

随着城市市政基础设施建设和城市现代化管理的迅速发展，公众对居住环境需求不断提高与释放，城市市政基础设施管理与养护工作直接关系到社会公共利益和人民生活质量，该行业大多数是依靠政府财政支持运作的非营利性单位，基于政府责任和义务为城市和居民提供有偿或无偿的公共服务。面对如此强大的社会责任，客观上也对城市市政基础设施管理与养护从业人员的管理提出了更高要求：能通过人力资源的管理，深化员工培养，提高工作效率，完善激励措施，激活市场机制，把公司变成一个卓有成效的经济实体，以适应现代化管理的速度，跟上新经济的发展脚步。

2.3.1.1 城市市政基础设施管理与养护行业人力资源管理现状

作为传统的劳动密集型行业，由于多方面原因，城市市政基础设施管理与养护行业目前人力资源管理水平参差不齐，从而给城市市政基础设施养护服务标准化带来阻力。

1.管理观念相对陈旧，员工对改革承受能力不足

很多单位缺乏完整的人力资源管理体系，人力资源管理以"事"为中心，"单位人""官本位"观念根深蒂固，普遍存在"不患寡而患不均""工资分配大锅饭，干多干少一个样"的现象，员工培养不到位，激励考核不到位，岗位管理、聘用管理、绩效管理难以实施，员工工作效率和热情被不断削减，企业活力、效率得不到有效保证。

2.缺乏科学的运营管理，人力资源战略性不足

更多的单位存在组织结构与企业发展现状不匹配，机构设置不科学，权责不清晰，造成流程割裂或权责缺失，组织发展受到束缚；制度和流程建设相对滞后，直接导致工作落实不到位、流程僵化、决策失灵，内部矛盾越来越多，企业竞争优势逐渐被消磨殆尽。

目前很多城市市政基础设施管理养护单位在与劳动者的相处中还留下了诸多问题，例如员工的合规聘用、劳动纠纷的解决、员工矛盾的协调，如何保证竞争和分配的公平，如何增强员工的服务意识，如何提高员工职业素养和执行能力，如何培养合适的干部，这些问题尚未在城市市政基础设施管理养护单位人力资源管理部门中得到有效解决。

目前随着科技与信息的进步，新的经济环境下城市市政基础设施管理养护单位对人力资源管理的要求也逐渐提高，对相关管理措施不断进行探讨与革新，使之与单位整体战略发展目标相契合，使选拔培养的人才充分发挥作用，使之为组织的发展服务，才能使得单位的整体实力日趋强大，使组织实现持久发展。

2.3.1.2 "赤峰模式"人力资源管理的新探索

北京养护集团在赤峰市成立独立核算、非法人实体的赤峰分公司（以下简称赤峰分公司），北京养护集团授权赤峰分公司全权处理赤峰市市政养护、应急抢险及中修、大修、新改建项目的相关事宜。在当下环境中的人力资源管理，主要围绕组织职能体系、薪酬激励体系和职业发展体系，突出关键管理和核心业务，优化业务流程，伴随着经营管理目标考核、构建学习型组织、团队建设等理念的普及，形成

高效的管理体系。

1.组织设计，守正创新"三层机构"赢得结构优势

组织结构的本质是企业为了实现战略目标，通过对组织内各个要素和部门进行分工与协作的安排，把这些要素和部门有机地结合起来，使整个组织协调运作。组织结构的设计受到企业发展战略、内外部环境、人员素质、企业生命周期等因素的影响，在不同发展时期、不同内外部环境、不同任务使命下将有不同的组织结构模式。因此，只要能实现企业的战略目标，增强企业对外竞争力，提高企业运营效率，就是合适的组织结构。

组织结构的设计不是一张部门结构图那么简单，其中包含职能结构、层级结构、部门结构、权责结构和管理流程五大方面：职能结构考虑实现组织目标所需的关键控制职能与辅助职能工作区分，以及比例和关系；层级结构考虑管理层次的构成及分管职能的相似性、管理幅度、授权范围、决策复杂性、指导与控制的工作量；部门结构是指各管理部门的横向结构，其考量维度主要是分工协调、目标统一、指标均衡、制约监督；权责结构是指各层级和部门之间权力和责任的分配和统筹，以达到集中统一、上下左右协调配合；管理流程需要与组织结构相配套，与业务结构和形态相匹配，组织中各层级、各部门需要统一、标准化的操作规范将事务流程衔接闭环，也有利于预防一些不正当和不规范的行为。

城市市政基础设施养护组织结构的设计是一项复杂的系统工程，必须要稳妥地处理好局部与全局、个体与整体、近期与长远等方面的关系。既要考虑系统功能发挥，促进城市经济的发展，又要考虑整体效能，在具体措施上要按照"提高养护质量、降低养护成本，适度提高职工收入"的原则。只有根据城市市政基础设施的养护目标和发展方向，把组织职能各要素和各部门归并到合适的位置，使其纵向汇报关系、横向协调监督关系得以明确，形成顺畅的管理流程，使组织结构既能够保持相对稳定，又能自动适应外在环境及组织发展的变化，才能发挥组织的整体效应。

按照赤峰项目工作需要和下一阶段发展需求，基于养护机构设置的组织理论原理，结合城市市政基础设施养护工作的分类，项目运营机构设置三级结构：六个机关部室、三个直属单位和七个基层单位。六个机关部室，分别为综合办公室、人力资源部、财务审计部、工程管理部、养护管理部、安全管理部；三个直属单位按职能分为调度中心、技术中心、巡查大队；七个基层单位按照业务类型划分为绿化所、路灯所、泵站所、桥梁所、红山项目部、新城项目部、公路养护项目部。机关部室承担整体管理服务职能；直属单位为组织的大脑和眼睛，负责业务指挥调度与数据监管；基层单位为组织的手脚，执行具体任务实施。

人员组织机构图如图 2.3-1 所示。

各部门按照各自的行政目标、业务范围和权利责任自成体系，按照一定的原则相互协调配合、相互监督落实，共同完成城市市政基础设施养护目标。

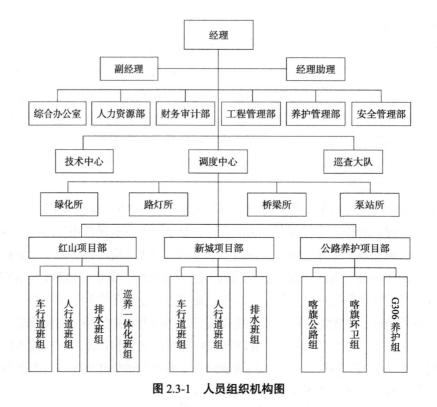

图 2.3-1　人员组织机构图

2.激励配置，建立一套以薪酬体系为基础的员工管理"四象限"模式

激励和配置是战略性人力资源管理的核心职能，构建与组织结构相匹配的员工结构和科学有效的激励约束机制，是城市市政基础设施管理养护单位"招人、用人、育人和留人"的关键，有利于实现企业关键部门或岗位、高绩效员工、高贡献者的价值识别。建立一套以薪酬体系为基础的员工管理模式，不仅涉及企业分配制度是否公平，而且对员工执行力、凝聚力及职业发展均有很大影响。

在赤峰项目中，员工主要由三种来源构成：一是公司按改制要求接收的原有三区养护单位事业编制人员，并按照自愿原则派驻到养护单位，确保实现员工的平稳过渡，薪酬不低于原标准，并按照相关规定和社会发展水平逐年提高薪酬标准，并为职工缴纳五险；二是为了迅速将首都先进的养护技术及管理理念应用到项目中，北京养护集团每年培养大量的优秀青年干部充实到项目中；三是企业发展要不断汲取进步和创新力量，需要招聘一些符合组织发展需要、认同企业文化的高素质、高能力优秀人才来充实团队力量。在企业中，此三类人员根据所属岗位及能力的不同特点，按照横轴为管理权限、纵轴为部门层级，形成了各自体系的"四象限"结构。人力管理"四象限"示意图如图 2.3-2 所示。

（1）左上象限：机关职员

主要接收员工中原有事业单位机关部室工作人员，对管理类事务具有一定的基础工作经验，对团队中的其他员工也相对比较熟悉，有利于开展工作。机关职员以

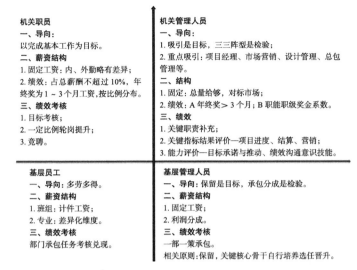

机关职员
一、导向：
以完成基本工作为目标。
二、薪资结构
1. 固定工资：内、外勤略有差异；
2. 绩效：占总薪酬不超过10%，年终奖为1～3个月工资，按比例分布。
三、绩效考核
1. 目标考核；
2. 一定比例轮岗提升；
3. 竞聘。

机关管理人员
一、导向：
1. 吸引是目标，三三阵型是检验；
2. 重点吸引：项目经理、市场营销、设计管理、总包管理等。
二、结构
1. 固定：总量给够，对标市场；
2. 绩效：A 年终奖＞3个月；B 职能职级奖金系数。
三、绩效
1. 关键职责补充；
2. 关键指标结果评价—项目进度、结算、营销；
3. 能力评价—目标承诺与推动、绩效沟通意识技能。

基层员工
一、导向：多劳多得。
二、薪资结构
1. 班组：计件工资；
2. 专业：差异化维度。
三、绩效考核
部门承包任务考核兑现。

基层管理人员
一、导向：保留是目标，承包分成是检验。
二、薪资结构
1. 固定工资；
2. 利润分成。
三、绩效考核
一部一策承包。
相关原则：保留，关键核心骨干自行培养选任晋升。

图 2.3-2　人力管理"四象限"示意图

完成基本工作为目标，执行目标绩效考核。企业需要以保障员工基本生活为基础，并根据员工岗位、技能、经验评定，给付员工与其工作劳动相匹配的固定薪酬待遇，同时根据绩效考核结果按比例（"四步法"）兑付年终绩效，绩效总额不超过薪酬总量的10%，标准为1～3个月工资。另外以激励和提升为导向，通过轮岗、培训、竞聘的方式等提升高效能人才。

（2）右上象限：机关管理人员

以吸引人才、助力组织在行业和地域的发展需要为目标，经过多次尝试检验，赤峰团队最终形成了机关管理团队的"三三阵型"，构成来源包含集团正式员工、接收人员中已有或成长起来的管理人员以及外部中央企业引进的管理人员，以项目经理、市场营销、设计管理、总包管理为主要引进对象。机关管理人员薪资参照市场中同类行业同等岗位标准，保证一定的竞争力，并以关键绩效考核指标为导向，目标承诺推动绩效达成。

正式员工：固定薪酬执行集团薪资体系；年度绩效总额整体以公司利润总额的15%为标准，经理根据生产经营管理责任书月度考核、年度兑现，个别使用经理奖励基金进行奖励。

接收管理人员：固定薪酬参考原有工资体系，辅之岗位工资和一定补贴，日常薪酬横向可对比其他两类人员的固定薪资，年终奖金依据生产经营管理责任书考核发放，原则上日常薪酬和年终奖金比例不超过1：1。

社会招聘人员：固定薪酬参照行业水平和岗位重要性制定，年终奖金依据生产经营管理责任书考核发放。

（3）左下象限：基层职员

主要接收员工中原有基层单位一线工作人员，具有丰富的养护工作经验，且有热情、有能力为养护事业服务。基层职员固定薪资以保障员工基本生活为基础，根据员工部门、岗位、技能、经验、工作量进行评定，按照收入公平、公正、公开的原则，绩效工资逐步引入工日制和计件考核，鼓励多劳多得、奖优罚劣，以保证团队绩效目标的实现。

（4）右下象限：基层管理人员

基层管理人员主要是接收人员中已有或成长起来的项目经理以及外部中央企业引进的管理人员，明确管理编制，参照原有工资体系制定工资标准，增加岗位工资，固定薪酬对比当地同行业水平相对平衡；执行一部一策承包方案，分部门核算，由分公司与各部门签订经营管理责任书约定完成的事项指标，具体指标及考核办法由经营管理部及养护管理部共同商定，以考核利润兑现年终绩效奖金，各部门正职最终薪酬、奖金由分公司经理办公会决定，部门内奖金分配由部门正职决定。基层激励配置方案根据公司经营战略的变化灵活调整，充分验证和吻合"企业考核激励什么，员工就做什么"的定律。

打破平均主义，建立以岗位、业绩为主要依据的薪资制度，作业人员标准薪资或计件工资、管理人员谈判岗薪、特聘人员独立议薪等多种分配形式，在此基础上健全完善全员绩效考核机制，建立一岗一薪、易岗易薪的公司内部宽带薪酬分配体系，让薪资更多地向一线核心人员倾斜，聚焦价值创造、绩效贡献、胜任能力体现。

3. 创建"三库"，打通人力资源管理

市政养护行业人力资源综合服务平台以"三库"为基础，打通人力资源规划、招聘与配置、培训与开发、绩效管理、薪酬福利管理及劳动关系管理六大人力资源管理模块，通过招聘服务，线上收集人才、岗位信息、智能推荐及岗位匹配可实现企业与个人快速联系、快速合作、快速就业。通过政策服务，提供就业、创业的政策发布通道，以互联网平台高效直达的特点精准地传递给企业和个人。通过人社服务，组织线上培训、交流会、招聘会等，建立政府、企业、个人之间的"联系"，直接触达，高效实用。新的时代特点要求人力资源管理要对员工进行必要的培训，包括技能培训、理论知识培训、企业精神文化培训等，不断发挥培训的价值和作用。

市政养护行业"三库"包含岗位信息库、人才信息库、服务供应商资源库。岗位信息库是以各专业工种为基础，通过任职资格的梳理及界定，明确各岗位名称和所需具备的专业技能及专业等级提升路径，形成养护专业工种岗位信息库。人才信息库是将经过标准化、体系化培训的各类人才按照岗位信息库要求纳入人才信息库中，打造可跨区域、来之即用的标准化专业梯队，为集团外埠业务拓展提供支撑。服务供应商资源库主要聚集优质服务供应商，强化交流沟通，为供应商向集团输送各类专业人才提供模式参考，并以此为基础，根据各供应商特点形成符合集团业务要求的特色人才输送模式。

人才培训及开发以行业协会和培训学校为广泛依托，以现代科技手段为强力支撑，梳理市政养护各专业工作任职资格，形成统一的培训课程体系，为打造跨区域、专业化、体系化行业人员梯队提供路径。培训体系由线上培训、线下培训及职业认证三大部分构成，辅以平台互动及运营推广功能，将各类专业能力参差不齐的"准员工"塑造成为符合集团业务及发展要求的标准化专业技术人员。线上培训以各专业岗位任职资格为基础，开发针对性课程，规范作业流程，将作业标准贯穿于课程的各个环节，同时以标准化＋游戏化课程形式，加强学习体验。线上培训除针对"准员工"进行技能培训外，还针对老员工开发与之岗位任职资格相对应的衔接训练课程，巩固优化专业能力，提升综合能力，为标准化人才队伍建设把好"入口关"。线下培训以技能实操为核心，将理论与实际进行连接，切实感受各类专业设施的使用及操作规程，并就未来工作环境进行体验，提升工作感性认识，为更好地把握各项技能理论提供感性认识。"准员工"通过标准化专业技能培训后，对其所学专业技能进行职业认证，通过理论与实操考核，达到上岗所具备的各项要求，也为集团标准化人才队伍建设把好"出口关"。

通过在职培训、继续教育等方式，不断提高员工的综合素质能力，打造一支善于学习、经验丰富、知识储备深厚的新型团队，让员工在工作的时候树立学习意识，对理论知识、技术实践等进行良好的积累，为高效率工作奠定良好的基础。这对提高员工素质和增强核心竞争力有着重要的促进作用，不断强化组织机构的管理能力，在实际竞争中立于不败之地。对每一名员工都会及时展开相对应的入职培训及安全培训，并积极响应上级单位号召，组织公司对应部门或人员参加专业技能、经营管理等方面的培训。

4. 人本管理，把控人力资本规划开发

随着社会的不断发展，人对生产的重要性越来越突出，人可以创造出无限的价值，提升组织机构的经济效益和核心竞争力，让企业拥有长足发展的能力。因此，要在人力资本的开发上做足功夫，盘点企业人力资源现状，有效预测组织对人力资源的需求方向，做好发展和实施策略，提前进行培养和配置。

（1）引进人才，组建高质量队伍

企业战略目标的实现需要构建一支知识领先、各具专长的高级管理人才队伍，引进高智商、高情商、高胆商、具有多元文化素养的高能力人才能够源源不断地为企业注入活力，整体扩建技术队伍、管理队伍和科研队伍，适度扩大员工规模的同时，逐步优化员工结构。选择一批具有战略眼光的员工队伍，培养一批引领企业不断向前发展的带头人，形成一个团队协作能力强、凝聚力高的高质量创新团队。以团队为基础，重点培养精干队伍，集中优势力量为实现企业发展目标服务，同时，通过团队规模和声誉继续吸引优秀人才，调动员工工作积极性，形成企业发展的后备军。不同价值的人才形成优势互补，为优秀员工的成长创造更高的平台，增强组织和个人的优势竞争力。

（2）营造环境，传播企业文化

工作环境包括工作现场环境、文化氛围、生活环境以及制度体系环境等。工作环境的好坏影响员工的工作热情、工作效率以及对企业的认可度，良好的工作环境是员工持续为企业创造价值的前提条件，不仅对员工具有较强的吸引力，对企业战略目标的实现也有一定的促进作用。在改善企业工作环境的同时，更需要企业文化的正确引导，企业文化是企业在经营管理过程中长期形成的具有本企业特色的精神财富的总和，对企业成员有感召力和凝聚力，最大限度地统一员工意志、规范员工行为、凝聚员工力量，激发员工开拓创新、建功立业的斗志，为企业总目标服务。北京养护集团有一个响亮的口号："服务政府、服务业主、服务社会"，全公司都在这一口号下行动，不断彰显公司的价值观、员工的价值。在这种工作环境中从事工作，在全体员工同心同德的努力和支持下，企业自然会走向成功。

（3）考核竞争，选拔人才

结合战略性人才成长特点，以工作能力为重点，以工作成果为考核目标，建立一套涵盖员工自身能力、参与积极性、发展潜力等方面的考核评价体系。要求考核评价能够全面反映每一名员工的工作状况，考核结果能够对员工工作过程产生一定的约束，同时也有一定的激励作用。注重选拔人才，给予员工未来公平的定位和平等全面的发展机会。赤峰项目在员工职业发展通道上进行规划，通过对典型岗位序列职业发展通道的设计，建立管理、技术、营销三类职业发展等级评定办法，为员工的职业发展设计标准模型，为能干事、想干事、会干事、干成事的员工在职位和待遇方面提供上升空间，激励员工在实际工作中更加健康稳定地走下去。

2.3.2 绩效考核管理

为了提升组织机构内员工的积极性，促进竞争意识的树立，需要设置合理公平的激励措施。在公平的基础上，将激励措施与考核制度相融合，不断提高员工绩效水平、工作效率，引发良性的竞争意识，从而发挥巨大的创造力，完成公司战略目标。突出绩效管理对关键管理岗位和核心业务的激励作用，同时完善考核项目，细化考核内容，重点强调绩效考核的公平性与激励性。

2.3.2.1 绩效考核的实施

1. 成立赤峰分公司绩效考核管理委员会

绩效考核管理委员会是公司绩效管理最高决策机构，负责建立、完善公司薪酬管理制度、绩效考核管理制度；确定分公司年度经营目标，并签订《生产经营绩效责任书》；负责对绩效考核申诉作出最终裁决等重大事项的审核批准工作。

2. 明确各部室职责

人力资源部：负责组织起草、修订员工绩效考核管理规定和通用考核标准；组织、监督、检查绩效考核的实施；负责分公司绩效考核档案的建立、归档、存放等工作。

其他各部室职责：负责制定所属各岗位绩效考核标准；负责所属员工绩效考核结果的汇总、公示、上报；负责所属员工绩效考核档案的建立、整理，并每月按时报送人力资源部。

3. 确定绩效管理原则

与生产经营绩效责任书相结合的原则：确保年度生产经营目标在各部门、各岗位层层分解、落实。

定量与定性相结合的原则：以定量考核为主，辅以定性指标。

4. 确定绩效考核评价项目及内容

绩效考核内容包括个人工作完成情况（重点工作、日常工作）、工作态度评价、加减分项、否决项四部分。

员工绩效考核指标及权重如表 2.3-1 所示。

员工绩效考核指标及权重表　　　　　　　　　　　　　　　表 2.3-1

考核指标		考核分数	考核标准
个人绩效	重点工作	自定	依据部门每年重点工作，由各部门自行确定，原则上不超过 4 大项，每月可以调整
	日常工作	自定	依据本部门重点工作、飞行检查、岗位职责等，原则上不超过 5 大项
	工作态度	20 分	从工作积极性、主动性、责任心、团队合作等方面考核
加分项、减分项		10 分	经绩效考核管理委员会通过，突出贡献或严重工作失误等可酌情加、减分
否决项		0 分	重大事故、违规行为等直接扣除全部考核分数

员工月度绩效考核原则上满分为 100 分。

重点工作、日常工作考核项目，依据人力资源部下发的模板，由各部门依据业务侧重点，自行确定考核指标及赋分办法。

5. 执行考核程序

考核按照日考、月结、周期总评、建立员工绩效考核档案的方式进行。

日考：按照岗位绩效考核标准进行日对标考核，做好员工日常绩效考核增减分的记录。

月结：每月汇总员工日常对标考核结果，报人力资源部备案。

周期总评：全年为 4 个周期（季度）；每个考核周期进行一次考核结果的综合总评，部门按员工周期内各月绩效考核平均得分、员工缺勤情况、员工提出的合理化建议采纳情况等综合表现进行排序，按照比例划分周期绩效考核等级。

周期绩效考核等级在部门内按比例划分，具体等级划分如表 2.3-2 所示。

		绩效考核等级划分表（样表）	表 2.3-2
绩效等级	状态	标准	比例（自定，合计100%）
A（A+/A）	优秀	超越组织期望，优秀业绩，团队成员中的优秀者，是公司员工的标杆	≤ 20%
B（B+/B）	良好	任务与要求均达到期望，绩效略高于团队平均水平	≤ 30%
C（C+/C）	基本称职	主要工作任务达成，基本达到组织期望，绩效达到团队平均水平	≥ 50%
D	待改进	出现下列情形的人员： （1）工作出现重大失误，造成严重后果。 （2）消极怠工，拒不服从领导的工作安排，耽误工作进程。 （3）严重违反公司规章制度等	自定

备注：1. 各等级人数 = 被考核人数 × 比例，并作四舍五入处理。例如，总人数为 6 人，则 A 等级人数 =6×0.15=0.9≈1。

2. 对于被考核总人数为 3 人及 3 人以下的情况，考核人视实际情况分配各等级人数，但 A 等人数需≤1，B 等人数需≤1。

6. 月度绩效考核得分计算

各项绩效考核指标均按 100 分计算，月度绩效考核结果计算公式为：

员工月度绩效得分 = 重点工作考核得分 + 日常工作考核得分 + 工作态度得分 + 加分项得分 + 扣分项得分。

7. 核定绩效工资

月度绩效工资：根据《北京市政路桥管理养护集团有限公司赤峰分公司薪酬管理制度》中有关绩效工资的规定，确定个人绩效工资。

绩效二次分配方案：由各部门内部进行二次分配，二次分配依据员工当月工作完成情况，通过绩效考核分数进行绩效工资分配，由各部门根据自身情况，编写内部绩效工资二次分配方案。

绩效工资二次分配原则如下：

（1）每年各部门制定绩效工资二次分配方案，报人力资源部审核、汇总后经绩效考核委员会通过后执行。

（2）各部门必须将绩效二次分配方案进行公示，二次分配方案必须组织本单位全体员工进行宣贯、培训。

（3）员工绩效工资二次分配：上限按 200% 标准绩效工资封顶，下不设"保底"。

（4）绩效工资二次分配不能突破部门绩效工资总额，当月剩余不得窜月使用。

（5）严重违反公司员工手册、触及管理红线、否决项、工作出现重大失误、造成实质性损失及负面舆情等情况，可扣除当月全部绩效工资。

8. 反馈绩效

月份考核：月份考核结束后，各部门于每月 24 日将本月员工的绩效考核结果上报人力资源部，并保证员工能够在考核结果上报前了解考核信息，并有时间提出问询。

周期总评：每个考核周期结束后，各部门于次月 10 日前将 1 个考核周期总评结果及 A 级、D 级人员上报人力资源部备案。

人力资源部将每周期总评结果报绩效考核管理委员会审核、确认、批准后备案。

9. 应用绩效考核结果

周期绩效考核等级与员工的调薪、年终绩效、晋级、岗位调整、培训机会、参评先进等连挂。

绩效考核为 A 级的员工：

（1）考核周期内列位在 A 级的人员，具有选拔后备干部、参评各级先进的资格。

（2）考核周期内列位在 A 级的人员，有优先参加公司提供的外部培训的机会。

（3）连续 2 个周期绩效考核为 D 级的员工，可采用以下方式处理：

①集中学习培训，期间发放基本工资。

②调整至基层单位岗位，薪随岗变。

③轮岗学习，分配到其他部门负责临时性工作。

④集中学习培训、调岗、轮岗后仍不能胜任相关工作的予以辞退。

通过绩效考核的实施，一方面，赤峰分公司市政养护、应急抢险及中修、大修、新改建项目的养护工作保质保量、有条不紊地推进，得到政府、业主的充分肯定。赤峰分公司始终贯彻养护集团"服务政府、服务业主、服务社会"的宗旨。另一方面，对员工的日常工作有了监督、考核，为员工的晋升、奖惩等提供真实的依据，在职位调整、薪资调整方面起到激励作用，充分调动了员工的积极性。

2.3.2.2 绩效考核工资发放

由人力资源部及工程管理部划定年度绩效总额，分为两次发放，每年年终发放70%、年中发放 30%。

绩效激励采用"四步法"原则，按照第一步全员整体、第二步部门评议、第三步班子成员评议、第四步经理奖励基金执行绩效发放。

第一步全员整体。由人力资源部以参照工种 12 月份实发工资作为参照标准，拟定年终绩效发放第一步方案。在方案制定时全勤人员以 1 个月工资作为发放基数，同时以年度工作时长作为评定依据。入职时间满 3 个月的人员，以 0.25 作为工作时长基数；入职时间少于 3 个月的人员，不参与本次绩效分配；入职不足 1 年的人员按月份核减。有工作内容或岗位变化的人员、涉及工资大幅增加并未满半年的人员、有缺勤、个人原因年度休假时间过长，原则上不参与该步绩效分配。

第二步部门评议。由工程管理部、养护管理部协同制定机关（五部一室）、各基层单位年度绩效资金切块方案，由各部室及各单位负责人根据切块方案制定具体发放细则上报经理办公会批准后发放。

原则上人员数量不能超过第一步全员整体数量的 40%，本步部门人员平均绩效额为绩效系数。各部门筛选人员时要依据员工岗位重要性、工作完成情况、工作贡献度 [贡献度分为三级，一级人员为工作为积极努力，能够较好地完成本职工作的人员，占参选比例的55%（取整），0.7倍绩效系数（共同分配本部门绩效的38.5%）；二级人员为能够整体考虑本部门工作，对本部门其他人员起到帮助、对工作起到推动作用的人员，占参选比例的30%（取整），1.1倍绩效系数（共同分配本部门绩效的33%）；三级人员为能够进行管理，提供工作方向或建议，推进本部门多项工作开展，良好实现部门之间工作配合的人员，占参选比例的15%（取整），1.9倍绩效系数（共同分配本部门绩效的28.5%）。部门负责人根据本部门人员数量确定三级人员人数，原则上二级人员数量少于一级人员数量，但多于三级人员数量；二级人员人均绩效多于一级人员人均绩效，但少于三级人员人均绩效。各部门负责人可根据本部门人员数量，对是否设立全部三级人员做调整，并对应调整人员绩效分配额，调整绩效分配不能超出部门绩效资金切块]。

第三步班子成员评议。由人力资源部根据各部室绩效完成情况及工作成绩，提出在工作中起到关键作用、为公司带来较大收益的人员名单报经理办公会，由经理办公会成员统筹考虑年终绩效发放。

原则上人员数量不能超过第二步部门评议参选人员总数量的40%，本步人员平均绩效额为绩效系数。由班子成员根据其对公司贡献程度分为三级，一级人员为能够很好地完成本职工作并协同其他部门工作，能够树立工作榜样的人员，占参选比例的55%（取整），0.5倍绩效系数（共同分配本步绩效的27.5%）；二级人员为能够推进工作开展，有效解决问题并取得成绩的人员，占参选比例的30%（取整），1.1倍绩效系数（共同分配本步绩效的33%）；三级人员为做出突出贡献，为公司带来较大收益的人员，占参选比例的15%（取整），2.6倍绩效系数（共同分配本步绩效的39.5%）；班子成员可根据公司情况对三级人员数量做调整，并根据人员实际工作情况对应调整人员绩效分配额。

第四步经理奖励基金执行绩效发放。由经理使用经理奖励基金直接奖励有突出贡献的人员。

以上"四步法"累计构成员工个人绩效。

2.3.3　绩效责任书

绩效考核管理中，与岗位具体工作密切相关的是绩效责任书，绩效责任书是根据公司整体战略部署、年度经营指标，按高层、中层、基层三层逐步细分的经营指标。绩效责任书需要尽可能地对员工的工作进行量化描述，根据实际情况分配权重，全体员工的绩效责任书合力体现公司整体的战略目标。

2.3.3.1　第一层级绩效责任书

第一层级绩效责任书是科技检测处（上级单位）与赤峰分公司班子整体签署的经营管理责任书。

1.考核主体

经营管理责任书的考核评价工作由科技检测处专职督察部门实施，每月一次，每季度通报一次。年末由经理参照年度考核结果明确绩效兑现。考核要求及考核结果及时上传至钉钉，做到公开透明，切实指导工作改进。

2. 考核实施

经营管理责任书的考核指标围绕财务经营指标考核、信息平台及日常工作考核、外业飞行检查及内业核查、参照业主考核结果及集团排名考核、客户回访五个方面进行。

3. 考核指标

（1）财务经营指标考核（年底财务出数据）。

（2）信息平台及日常工作考核（调度中心抄报考核组）。

（3）外业飞行检查及内业检查（考核组现场检查打分）。

（4）参照业主考核结果及集团排名考核（政府通报、集团通报）。

（5）客户回访（客户回访纸质材料、电话记录、微信记录等）。

2.3.3.2 第二层级绩效责任书

第二层级绩效责任书是由赤峰分公司经理与赤峰分公司班子成员签署的生产经营管理责任书。

1. 考核主体

生产经营管理责任书的考核评价工作由分公司经理主导，考核指标及内容由科技检测处检查组负责，分公司综合办公室、人力资源部、调度中心等部门配合实施。

2. 关键考核指标设计

（1）主管业务经营指标。

（2）主管业务生产指标。

（3）主管业务管理指标。

3. 考核实施

考核分值满分100分，经营指标每年度考核一次，分值15分；生产指标及管理指标每月考核一次，分值85分，季度及年终取各月平均分。生产指标及管理指标考核得分为绩效发放依据，按得分比例进行发放。经营指标考核得分与生产指标及管理指标年终考核平均分相加得分为年度绩效考核总分。

2.3.3.3 第三层级绩效责任书

第三层级绩效责任书是赤峰分公司班子成员根据主管或分管职责，与对应部室、单位负责人签订（其中班子成员兼任相关部室或单位负责人的，不再重复签订）的生产经营管理责任书。

1. 考核主体

生产经营管理责任书的考核评价工作由分公司经理主导，考核指标及内容由科技检测处检查组负责，分公司财务审计部、综合办公室、人力资源部、调度中心等部门配合实施。

2.关键考核指标设计

（1）部室经营指标。

（2）部室生产指标。

（3）部室管理指标。

3.考核实施

考核分值满分100分，经营指标每季度考核一次，分值10分；生产指标及管理指标每月考核一次，分值90分，季度及年终取各月平均分。生产指标及管理指标考核得分为绩效发放依据，按得分比例进行发放。经营指标考核得分与生产指标及管理指标年终考核平均分相加得分为年度绩效考核总分。

2.4　全面预算管理及业财融合

对经营管理者来说，要想企业持续稳定发展，就必须做好全面管理和精细化管理。管理者的经验和思维不能局限在自己的专业范畴内，而是要拥有更全面的思维能力，例如财务思维能力就是管理者不可或缺的。在数字化管理的今天，管理者具备了财务思维，在企业管理中就会用更宽阔的视野审视企业，从而游刃有余地管控资金、成本、费用等要素，使企业竞争力更强。实现企业精细化管理，就需要基于业财融合的管理理念，加强与落实企业全面预算管理体系、绩效考核体系。基于业务特点、财务目标制定企业全面预算；基于业务、财务的融合，可以确保绩效评价有据可依、有标准可循。本章节重点对全面预算管理与业财融合管理模式的实现路径进行构思。

2.4.1　全面预算管理

全面预算管理过程中普遍存在"本位主义盛行""预算编制内容与执行过程中虚假行为辨认成本较高"等问题，同时预算战略指标下达的计划事项与员工日常工作相关度低，这就导致员工对于本位工作更为重视，而对于需要配合的预算工作不予置理，业财部门之间协调起来也比较困难。因此，通过预算组织人员优化整合以及完善相关月度预算分析内容，使具体财务人员加入到预算编制队伍中，参与月度预算差异分析和纠偏措施制定，提供财务假设，不仅强化了财务人员与经营事业部之间的互通与关联度，使财务人员更加了解业务，业务人员更加具有财务意识，同时对预算执行过程起到监督作用，使预算评价信息得到有效落实，项目运营管理也更加高效。对于整个项目运营来说，全面关注各个阶段可以控制成本和费用的环节，加强了资金利用和流动性，在项目预算编制、数据分析、执行上有了财务人员的深入指导，管理人员对整个项目所处阶段、进度快慢原因及其财务状况有了更加清晰的掌握，增加了决策的准确性，从而实现项目全过程精益化管理，提升项目整体运营效益。

2.4.1.1 预算组织

建立公司全面预算管理体系，以"量入为出、综合平衡""全面、全额、全员"和"相互衔接"为主要原则，科学、合理地确定公司预算总体目标。全面预算管理体系的组织结构自上至下分为三个层次：第一层次是公司预算管理委员会，属于预算决策层，由公司负责人、公司经营班子、各职能部门第一负责人、预算专家组成，负责审议公司预算制度、程序、方法、预算目标、预算编制与调整方案、预算考核决策。第二层次是预算管理办公室，属于预算实施支持机构，配备财务专职人员负责公司各部门日常预算管理，并代表公司预算管理委员会组织公司各部门年度预算的编制、实施、审核及考核监控；根据上级管理单位下发的年度预算编制指引和要求，编制并下发公司预算编制指引，组织各部门开展预算编制。第三层次是由各业务部门、各职能部门组成，属于执行机构，接受预算管理办公室的预算管控，负责本部门预算编制、预算执行控制、预算调整申请，并设立兼职预算管理员，对接、传达与宣贯预算事务。全面预算组织体系图如图 2.4-1 所示。

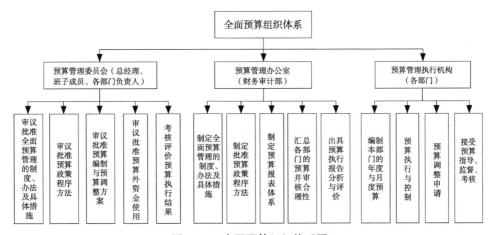

图 2.4-1　全面预算组织体系图

2.4.1.2 预算编制与执行

预算编制是以"提质增效"为目标，按照"以收定支，以支定收，收支配比"的原则进行。企业经营活动中基于业务、财务、资源三个要素的内在逻辑与规律，可以将各类预算内容进行表单化，形成标准的业财融合预算报表体系，统一预算管理口径与标准。预算编制内容包括业务预算、专门决策预算、财务预算三个方面。其中业务预算包括营销、生产、采购、成本费用等预算，专门决策预算包括投资决策、融资决策预算，财务预算包括资产负债表、利润表、现金流量表预算。业务预算、专门决策预算产生的预算数据汇总后形成财务预算，让业务预算有效支撑财务预算，实现需求平衡与资源的有效配置。预算编制工作要基于业务活动，各项业务活动要与企业经营目标相匹配，分层审批。同时，预算编制工作为公司内各部门与预算部门的共同职责，促使企业全体员工主动接受预算任务、了解预算责任，以确保预算管理目标的顺利实现，实现预算管理业务与财务的融合。

预算执行依托信息化系统实施动态预算管理，以钉钉系统发起的费用报销、成本确认、合同审批等信息作为预算控制的载体。将钉钉系统审批结束的实际业务数据，实时回传对接至预算管理系统，对于成本费用预算、资金收支预算基于实际管理颗粒度，设定以实时、月、季、年为控制周期。对各级预算责任部门从控制周期、预警方式、控制方式三个维度设置控制策略，实现灵活的预算控制功能。预算管理执行机构责任人对本部门预算的执行负全责，做到责权利相统一。预算管理执行机构根据大数据分析平台出具的预算执行结果，采用定期与不定期相结合的方式对预算执行情况进行监督与检查，编制月度、季度、半年度、年度预算执行分析报告并提交公司预算管理委员会，定期召开公司年中预算工作会议和年底总结会议，对预算执行情况进行探讨、通报及汇报，辅助公司预算管理委员会进行公司战略及经营决策。

2.4.1.3　预算考核

预算管理办公室采用定期与不定期相结合的方式对预算执行情况进行监督与检查，编制月度、季度、半年度、年度预算执行分析报告并提交公司预算管理委员会，定期召开公司年中预算工作会议和年底总结会议，对预算执行情况进行探讨、通报及汇报，辅助公司预算管理委员会进行公司战略及经营决策。预算执行结果接受上级管理单位考核，考核结果由人力资源行政部负责实施应用。各业务部门与职能部门应当对部门内部各岗位的预算绩效数据进行分析，结合分析结果改进岗位预算管理工作，以便调整部门接下来的预算行动计划。将公司预算执行结果应用于员工考核，根据公司绩效考核方案，加强公司激励机制，提高员工工作的主动性、积极性，发掘员工潜能，为公司的人员选拔、岗位调动、薪资调整、奖惩等提供信息依据。全面预算管理流程图如图2.4-2所示。

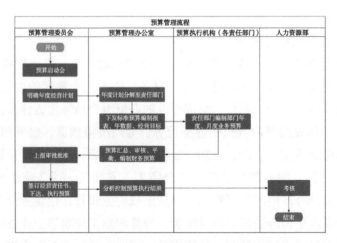

图 2.4-2　全面预算管理流程图

2.4.2 业财融合管理模式实现路径

为了紧迫提升企业内部管理，快速实现企业数字化转型，解决企业管理侧重点偏失、财务管理水平落后、经营风险防范不到位等问题，需要企业主动融入业财融合管理模式的队伍当中。为了保障业财融合管理模式的有效落地，需要由掌握公司核心材料和数据的财务管理人员，深入参与公司的各个运营环节，坚持战略导向、深度融合，积极建立适应企业自身需求的业财融合管理模式。业财融合是指业务和财务部门利用现代化信息化技术手段，实现信息流、资金流、业务流等数据资源的共用共享，基于企业战略目标共同进行规划、决策、控制和评价等业财管理活动，最终目的是为企业内部各方面和各环节的管理者与员工提供据以做出决策的信息。让财务人员掌握财务目标的同时，了解企业运作状况，与经营者达成同种意识，将财务职能、管理制度、流程梳理与业务融合得更加紧密，财务部门在对业务实施管理的同时，向业务部门提供服务并支持业绩目标达成、挖掘业务增长潜力，助力企业经营管理提质增效。对于如何实现业财融合管理模式的应用，建议企业可以从顶层设计的视角出发，形成一套适应企业经营管理的经营报表体系，可以从 4 个体系建设和 2 个信息化"中台"支撑的角度设计，最终保障业财融合管理模式的落地与应用。4 个体系建设原理图如图 2.4-3 所示，2 个信息化"中台"支撑原理图如图 2.4-4 所示。

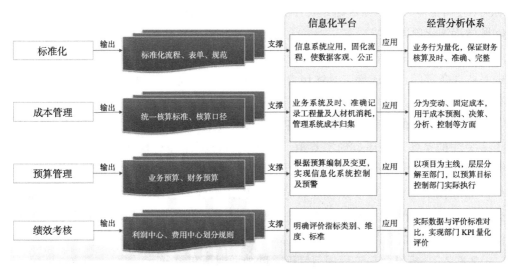

图 2.4-3 4 个体系建设原理图

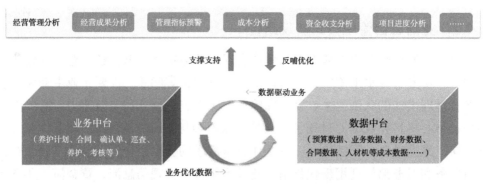

图 2.4-4 2 个信息化"中台"支撑原理图

2.4.2.1 搭建经营报表体系，实现业财融合顶层设计

信息是企业科学决策的基础，随着内外部经营环境的复杂变化，对企业精细化管理的要求提高，进而对经营管理信息的质量有了更高要求。管理者要深入业务，了解企业经营情况，实时掌握经营过程的动态结果，满足业务信息与财务信息的深度融合，需要企业构建一套决策有用的经营报表体系。基于企业各个管理层级人员关注的重点和角度不同，企业经营报表体系可以划分为领导层、经营层、业务层三个方面。设计报表过程中要明确各报表层级使用人的目的、关注的层面、指标维度等。

面向领导层的报表目的是分析对比实际完成情况与预期目标差距，评价各业务部门或分公司的经营情况。更多关注的是公司整体的经营结果，具体包含的分析内容为：公司整体关键指标目标完成分析、各部门以及各业务板块关键指标完成分析、问题指标细化原因分析。

面向经营层的报表目的是评价各业务部门的收入、成本、利润情况。更多关注的是各业务部门经营成果，具体包含的分析内容为：收入及利润的对比分析、预实分析、趋势分析。

面向业务层的报表目的是评估各环节业务执行过程与效率，找到流程优化点。更多关注的是各业务环节预实差距、业务执行过程监控与管理，具体包含的分析内容为：采购业务预实差异分析（根据差异分析结果，分析现有流程的改善空间）、生产业务预实差异分析（定额差异分析，优化流程、工作方式等，做到成本最小化）、产值量价分析（优化营销策略，延长信用期或价格调整等）、质量分析（客户满意度、投诉举报等）等。

2.4.2.2 标准化与流程规范管理，助力业财语言统一

1. 统一费用类别，保障业务、财务、预算同口径

费用类别统一围绕成本费用归集展开，成本分为直接成本和间接费用两类。其中，直接成本主要核算与生产作业直接相关的各类费用，如人工费、材料费、机械费、安全生产费等；间接费用主要核算为了生产作业而发生的共同性耗费，即生产作业部门在组织管理施工过程中发生的、不能直接归属于某个产品或者项目

的各项开支，如办公费、差旅费等。同时财务核算系统、业务系统、钉钉系统、预算管理系统同步更新，信息化系统费用类别与会计科目类别全部统一标准，可实现经营数据及时、准确、规范地进行分析。费用类型与标准如表 2.4-1 所示。

费用类型与标准 表 2.4-1

一级会计科目	二级会计科目	包括内容
间接费用	工资	正式员工工资
	职工福利费	食堂、零食角及分公司正式员工各项福利费支出
	社会保险	正式员工保险，包括养老、医疗、失业、工伤、生育、补充医疗、企业年金、大额互助、长期护理险等
	住房公积金	正式员工住房公积金
	工会经费	根据正式员工工资计提的工会经费
	职工教育经费	订购的各类报纸、书籍及各类专项培训支出等
	办公费	办公用品、物业费、水费、电费、供暖费、通信费、图书资料费、邮寄费、技术服务费等
	差旅交通费	员工外出培训学习及交通费用
	租赁费	员工宿舍租赁费等
	修理费	因实际办公消耗需要维修发生的费用
	低值易耗品摊销	电脑、打印机硒鼓、桶装水、办公室绿植及各类办公软件会员费等各类低值易耗品支出
	审计咨询费	实际发生的各类审计、咨询费用
	招标投标费	实际发生的各类招标投标费用
	劳务费	实际发生的各类辅助用工工资
	数字化系统费	信息化中心发生的各种系统建设费用
	设施巡视费用	巡查车辆租赁、设施普查等其他相关辅助设施
	其他	上述未涵盖内容
直接成本	人工费	分公司养护服务实际发生的所有劳务费支出
	材料费	包括苗木、电缆、路缘石、水泥、砂、沥青混凝土、步道砖等所有养护服务需要的材料、燃油费等
	机械费	分公司养护服务实际发生的所有机械费支出
	其他直接费	水费、电费、试验费、技术服务费等
	安全生产费	安全管理部人员薪酬、采购的防汛、防暑、防疫物资及施工现场防护用品等

2. 统一业务流程，规范企业管理

为加强企业精细化管理，通过预算管理的手段实现业务、财务的有效融合。从优化流程、规范核算入手，保证预算、核算口径标准化、统一化，支撑企业经营业务不同维度分析。完整流程的业务以项目或产品为主线，以城市市政基础设施养护业务为例，一个项目包含项目立项审批、项目管理、合同管理、预算管理、项目实施、项目验收、项目收付款、项目分析等阶段。为了监控项目管理工作进展，及时发现管理过程中存在的问题，明确责任人，需要制定标准的项目运营流程，如图 2.4-5 所示。

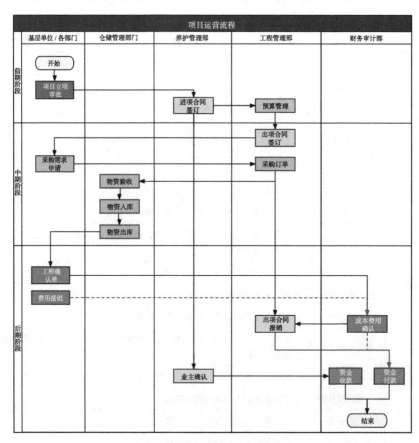

图 2.4-5　项目运营流程图

企业财务管理人员需要从企业管理的主流程、关键业务节点出发，从核心业务管理、预算管理、财务核算、经营分析等方面，制定标准的管理要求和操作规范指引，最终保证经营数据及时、准确、规范地采集，约束各节点工作人员提升效率、注重效果。以城市市政基础设施养护为例，业务核心模块包括项目管理、合同管理、采购管理、成本管理、人力资源管理、安全管理、日常管理等。《业财融合背景下的业务操作规范指引》可明确各核心业务模块涉及的主要流程、信息化系统支撑路径、操作要求、注意事项、责任判定等内容，以此实现经营数据规范、准确统计与应用。

2.4.2.3　全面预算管理在经营报表体系中的应用

业财融合下的预算管理体系，将预算全流程与业务进行融会贯通，将年度预算绩效目标分解，明确各责任部门生产经营责任状。通过经营报表体系中涉及的全面预算管理指标，根据管理需求以日、周、月、季等划分最小分析周期，及时掌握各指标预实差距，以因素分析的方式锁定问题影响主要因素，寻找改进措施，最终保证战略目标与经营目标的有效实现，形成从业务到预算的全流程管理循环，用预算管理推进企业业务经营活动。最后，业财融合的预算管理体系实现了从公司到部门、从决策层到管理层再到执行层的有效统一，是支持企业实现经营目标的总抓手。

2.4.2.4 绩效考核管理在经营报表体系中的应用

业财融合管理模式下，各部门基于业务特点制定预算。企业在全面预算管理下，基于经营报表体系的整合分析，有效协调平衡、组织企业生产经营活动，为责任部门绩效评价制定依据，可以确保绩效评价有据可依、有标准可遵循。另外可以通过经营报表体系数据反馈结果、深入基层与工作人员沟通可获取更真实的反馈信息，快速找到绩效考核体系中的不合理之处，同时收集动态建议，参与调查工作，进行绩效管理合理改进，调整绩效考核体系，确保绩效考核体系能够满足不同业务特点以及管理职能的个性化需要，实现企业绩效考核体系科学化、合理化。

2.4.2.5 应用经营报表体系保障成本精益管理

随着企业间的竞争压力逐渐增大，各行业价格相对透明，为了提升企业的竞争实力，需要将重点放在成本管理上，试图通过控制成本来获取客户渠道、提升利润，稳定自身企业发展。为了实现高精度、高质量、高成效地控制公司运营成本，汲取"阿米巴经营模式"，把各专业内部组织划分为独立的"阿米巴"，各"阿米巴"组织执行独立核算机制，让全体员工参与经营管理，追求企业"效益最大化、费用最小化"的低成本经营理念。"阿米巴"管理流程分为"启动—费用使用及控制—总结及考核"三个主要过程。首先以预算编制与预算控制作为成本控制的抓手；其次在经营报表体系中增加成本分析报表，及时掌握预算执行情况及成本控制效果，异常事项预警，及时向相关管理人员反馈；最后管理人员通过数据反馈与考核核定各项预算的执行情况与成本控制成效。

2.4.2.6 信息化平台实现经营分析客观公正、提升效率

随着互联网、大数据、云计算、智能化等技术的发展，业财融合的实现路径也发生着重大改变。构建信息化平台是实现业财融合的重要切入点。通过信息化中心，对企业主要业务流程进行梳理和再造，确保业务数据的规范化、准确化和标准化，在不断优化管理制度、提升系统适用性的同时，确保业务、实物和价值信息在各个环节传递的高度同步，有利于节省人力成本，从源头进行数据管控并进行分析，发挥信息化平台中心这个强大数据库和信息系统的作用。

预算管理过程高度依赖信息化技术的应用，特别是在预算编制、执行与考核环节。其一，在前期的数据收集与分析工作中进行大数据挖掘，信息技术在有效信息捕捉与筛选、前景预测与趋势模拟、变量分析等方面效果显著，为业务计划、财务计划、战略分析、部门专项报告的制定做出极大的贡献，也为预算编制提供更加清晰的思路和更加可靠的数据。其二，通过业财融合的信息平台，让业务部门与财务部门能够及时、准确、便利地上传和调取所需的数据，预算执行流程清晰可见，有效减少人工操作的疏漏，还会根据预算额度变化发出提醒，实时反馈预算数和实际

数，便于预算调整。其三，平台可以全面搜集整理业财数据，为预算考核打下基础，并且能够结合预算执行反馈、预算考核结果生成可视化的分析报告，为下一年的预算管理提供改进思路。

专业化预算管理平台的建设，统一预算编报格式，规范预算编报、审批程序，明确各责任部门预算管理责任，实现线上战略目标分解和预算全过程管理；同时将预算考核嵌入绩效模块，实现预算与绩效目标的同步上报、评审及批复，收集预算绩效数据，根据系统中建立的绩效指标库、专家库、成果库等，进行横向、纵向对比，形成企业的业务数据标准。

通过信息化平台，打通系统前端，实现手机端的移动申请提交，借助智能费控软件与费用系统集成预定，让员工能够随时随地用手机提交费用报销申请，充分利用碎片化时间，提高效率，缩短审批时间，使得整个费用报销流程全部实现线上打通。还通过完善采购到付款环节的人工匹配、纸质传递单据以及销售到收款环节初始业务信息错误无法立即更改等问题对应的系统功能，同时补充相关制度规范容易发生冲突矛盾的环节，尽量借助信息系统来让业务和财务之间完成对接，减少人工操作带来的失误，使整个工作流程变得更加简洁顺畅。对于财务部门来说，共享系统流程更加智能化，财务人员工作程序大大简化，减轻了部分工作量，不仅系统中的业务数据信息更加完备准确，还提高了工作质量和效率，同时能节省更多时间来完成除核算等基础审核工作之外的分析管理等创造价值的活动，例如通过智能统计处理单据情况了解这一天的工作量以及待办事宜，合理安排计划，思考如何高效工作，及时查看预警，有效管控出现的问题，进而更加有效率地完成财务工作，共享中心财务人员工作处理的技能提升有力地促进了业务项目的财务管理和日常运转。

智能技术和信息系统的应用，完善的信息系统不仅为财务共享的搭建提供基础，还是进行业财融合的有力保障。基于信息系统造就的流程管理与优化能够防范风险、提高效率、规范作业、标准化数据、实时共享信息，有利于分析决策信息，改善经营管理。信息化平台在获悉业财融合信息需求基础上开发相应业务信息系统权限，实施业财系统集成，构建一体化运行平台。同时，需充分结合应用并不断迭代先进信息技术手段，与时俱进，强化数据信息支持，与财务信息系统实现高度集成，促进数据共享联通。借助信息化平台中心数字化转型升级，实现业财系统深度互联互通，消除信息孤岛，提供更加实时、便捷、详尽的业财信息获取保障。

2.4.3　业财融合模式典型应用结果

本节主要以城市市政基础设施养护项目应用结果为例，其他行业可结合自身行业特点总结一套适应本企业的、可落地应用的经营报表体系。

2.4.3.1　定额管理

以实际工程量、养护成本数据为基础，推算养护业务的定额标准，并通过多年养护数据的积累与分析处理进行不断的验证与完善，以此评价养护工作的效率、效果。定额管理示意见表 2.4-2。

定额管理示意

表 2.4-2

项目类别	班组	工程量单位	工程量	成本构成	成本类别	单位	数量	金额（元）	单耗	养护单价（元）
绿化养护	桥北片区	万 m²	4.8	材料	油锯锯链	个	5	700	140	6.96
				材料	火花塞	个	10	400	40	
				材料	编织袋	个	350	525	1.5	
				材料	打草绳	盘	42	2730	65	
				机械	长租水车	台	30	205095	6836.5	
				机械	自卸汽车 6t	台班	96	59121.6	615.85	
				机械	电动三轮车	台班	60	3390	56.5	
				机械	打药车	台班	14	2056.6	146.9	
				人工	绿化防寒施工劳务	工日	316	60040	190	
	松山片区	万 m²	10.24	材料	聚乙烯防寒布	m	19000	20900	1.1	7.13
				材料	木方骨架 3cm×2cm	捆	5700	119700	21	
				材料	透翠 500ml	瓶	70	10010	143	
				材料	树崇净 20ml	瓶	140	1260	9	
				材料	石硫合剂 1000ml	瓶	308	2772	9	
				机械	挖掘机	台班	1	1450	1450	
				机械	打药车	台班	15	2203	146.9	
				机械	临租水车 12t	台班	650	440700	678	
				人工	工人	工日	689	130910	190	

2.4.3.2 班组效率分析

通过分析班组实际工程量与实际成本，计算班组的养护效率（实际工程量 ÷ 实际成本），一个单位成本可完成的工程量越多，则班组效率越高。2022 年度市政养护班组执行分析图见图 2.4-6。

班组效率：即一个单位成本可完成的工程量。

通过对养护单价构成及变化趋势的分析，找出养护单价的主要影响因素，进行有针对性的优化调整，实现养护成本的精细掌控。

养护单价：即完成一个单位标准的工程量所需的成本。

应用：

（1）通过班组效率排名，结合管理制度的奖惩机制，鼓励班组提升工作效率。

（2）通过养护单价分析，实现养护成本的精细掌控，有效降低养护成本。

图 2.4-6　2022 年度市政养护班组执行分析图

2.4.3.3　关键指标预警

选定现金流、合同执行控制、工程量进度、成本进度、班组效率等作为预警指标，设定标准值或合理范围，对超标准、超范围、异常指标等警示提醒，以便管理者及时进行调整处置，减少项目运营管理亏损情况的出现，保障公司良好运转。预警分析模型（数据分析平台）见表 2.4-3，合同执行情况分析模型（数据分析平台）示例市政养护出项合同情况分析见表 2.4-4。

预警分析模型（数据分析平台）　　　　　　　　　　　　　　表 2.4-3

专业	经营现金流净额（万元）	出项合同经费控制	工程量进度	养护成本进度	低效率班组
道路	-78	-106.15%	105.96%	84.28%	—
排水	71	87.42%	111.98%	93.96%	—
泵站	12	91.87%	106.61%	91.43%	泵站一组
绿化	-125	-122.80%	110.40%	73.50%	松山片区
桥梁	6	67.93%	100.25%	92.77%	—
路灯	24	-103.25%	109.76%	85.75%	—

市政养护出项合同情况分析　　　　　　　　　　　　　　表 2.4-4

项目简称	在手合同额（万元）	经费类型	经费比例	经费额度（万元）	合同签订（万元）	合同签订进度	合同确认（万元）	合同确认进度
道路	7961.37	养护/专项	80.00%	6369.10	8070.28	126.71%	4976.14	61.66%
排水	1192.43	养护/专项	80.00%	953.94	1054.68	110.56%	1006.17	95.40%
泵站	658.33	养护/专项	80.00%	526.66	487.59	92.58%	677.11	138.87%
绿化	8360.47	养护/专项	80.00%	6688.38	8821.30	131.89%	6916.78	78.41%
桥梁	395.8	养护/专项	80.00%	316.64	465.37	146.97%	513.53	110.35%
路灯	817.47	养护/专项	80.00%	653.98	483.29	73.90%	307.85	63.70%
合计	19385.87		80.00%	15508.70	19382.50	124.98%	14397.58	74.28%

应用：

（1）以进项合同额度控制出项合同额度，以合同签订控制合同确认，过程中进行监测预警，保障公司盈利。

（2）以进项合同收款条件控制出项合同付款条件，以保证现金流的良好运转。

（3）对工程量、养护成本预实进度设置合理范围，对于范围外进度实时监测，保证项目按时保质完成。

（4）对低效率班组状态实时掌握，便于项目管理人员决策控制。

2.4.3.4 经营成果可视化

项目管理人员可实时掌握关键指标经营情况、完成进度、项目分布、完成趋势等信息，分析其成因，进行有针对性的调整，以确保对养护进度、养护成本、养护质量的有效监管与把控。经营成果可视化示意图见图2.4-7。

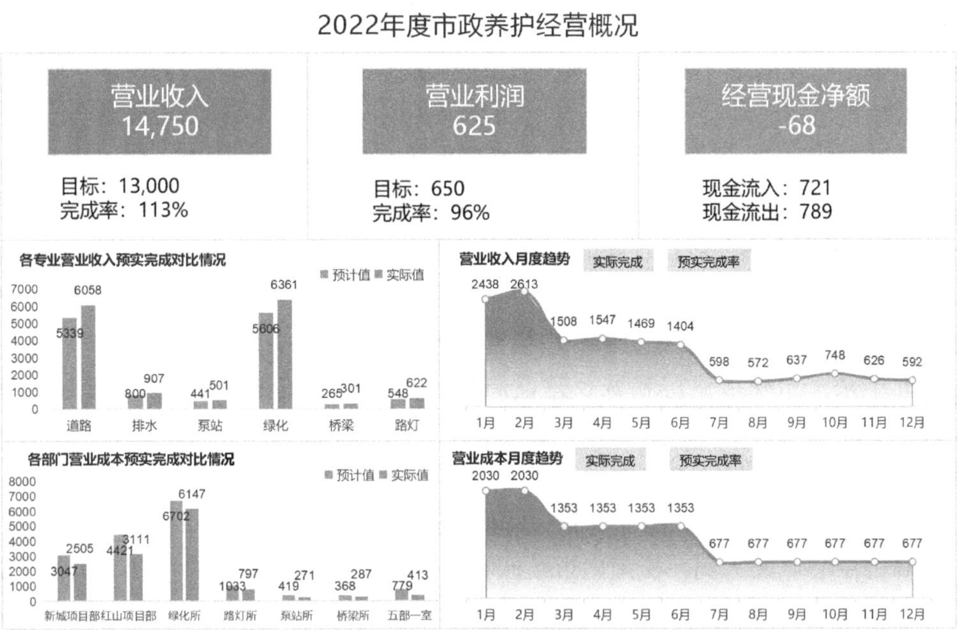

图2.4-7 经营成果可视化示意图

3

城市物业智慧管家养护管理方式

　　随着城市化的快速发展，城市人口不断涌入，接踵而来的发展失衡不均也给城市市政基础设施带来"健康"隐患。城市化的建设少不了相应的市政基础设施，而城市市政基础设施的有效建设能够为城市居民的日常生活提供较大的便利，同时也能够维持城市的正常运行。但是，在长时间的应用过程中，市政基础设施会产生一定的"城市病"。为了营造一座空气新鲜、生活便利、低成本付出、高收获幸福的绿色城市，就需要相关单位对其进行有效的管理养护，并且要针对不同市政基础设施的特点，采用合适的养护管理措施，保障设施应用效果。只有把道路、排水、绿化、市容市貌等这些与居民息息相关的市政基础设施一一建设到位，才能使得城市干净整洁，生活在其中的人们才会因城市精神凝聚、创造更加美好的未来。

　　近年来，赤峰市住房和城乡建设局按照习近平总书记"一流城市要有一流治理，要注重在科学化、精细化、智能化上下功夫"的指示精神，认真落实自治区和赤峰市城市精细化管理有关要求，推进城市精细化管理是进一步提升城市服务水平的重要内容，市政园林管养一体化模式是城市精细化管理的一种新的尝试。以赤峰市中心城区为例，梳理出市政园林设施一体化管养模式的特点和优势，提出信息化支撑、智能化巡查、标准化作业、专业化服务、规范化考评五项构建赤峰市市政园林设施一体化管养模式的主要内容，通过在赤峰市推行过程中产生的实际效果进行总结分析，以期为提升市政园林行业管养水平和创建整洁优美的城市环境提供思路。

　　北京养护集团以其"信息化＋精细化"的全产业链服务优势，推广北京市成熟的标准规范、管理技术和养护经验，通过整合当地原有人员装备，建立长效管养机制，进行规范化的考核评价，并经闭环迭代，提升了城市市政园林设施的管养服务水平和风险承受能力，是市政园林设施一体化管养模式的践行者和推动者。

3.1 设施底数清

城市精细化管理就是要量化管理对象、规范业务流程、创新管理手段，而摸清城市市政基础设施的数量、实现信息化管理是精细化管理的首要条件。建设"多图合一、一数一源、一路一档"的设施资产综合管理系统，涵盖市政道路、桥梁、园林绿化、泵站、路灯、排水等设施资产静态数据和动态数据，以实现"设施底数清"的管理目标。

为方便管理人员随时随地地查询城市市政基础设施数据，设计了市政园林设施、环卫保洁及城市停车统计系列图册，明确设施数量、管理权属及空间信息，以期为管理人员提供更好的设施数据服务。市政基础图册主要包括赤峰市市政园林设施的基本信息，图册中以红山区、松山区、喀喇沁和美工贸园区为单位进行设施数量统计汇总。

3.1.1 管养"一张图"

城市管理理念的持续进步，以"技术＋机制"双结合的智慧治理逐步出现，而信息化技术是其中不可或缺的支撑力量之一。如何加强信息技术与城市治理的紧密结合，更好地实现城市资源与公共需求的精准匹配，已成为一个具有挑战性的现实难题。

数据支撑现代城市治理已经是必不可少的管理手段，地图则是一种数据驱动型应用，它能够解答所有与位置相关的问题，为空间行为做支撑，在现代城市治理中需要一张能够搭建起数据与业务之间桥梁的地图。然而，网络上公开发布的电子地图，均面向大众的衣食住行提供服务，无法满足行业应用需要，因此，设计一张满足城市市政基础设施养护行业应用的"高德地图"是非常有必要的。

本书所述城市市政基础设施管养"一张图"的设计与实现，将使管养一体化平台的建设与应用变得更加容易。"一张图"主要是以空间位置要素为核心，将二维地图及遥感影像、设施空间基础数据、路网三维数据和设施专题数据等资源进行高度融合，实现多源数据在空间坐标、属性信息、表现形式等要素的一致性协调组合，建设行业"高德地图"，为行业系统建设提供标准、统一的贴身化地图服务，为政府决策管理和企业业务应用信息化工程建设共享开放使用，逐步实现精细化和动态化管理，使城市决策更具科学性，促进城市管理效果和社会治理水平的提升。

3.1.1.1 "一张图"内涵

城市市政基础设施管养"一张图"是落实精细化管理的一张数字底板，是设施一体化管理系统建设及应用的核心与基础。通过地图离线、坐标转换、数据获取、三维脱密等技术，将二维离线地图、设施空间数据、道路三维数据和专题数据等多源图层高度融合，通过标准统一的数据应用接口，为业务系统提供便捷的本地化地图服务。

二维离线地图初步选用高德地图，通过专业软件，按照一定的地图投影、坐标系、比例尺和控制点下载地理数据等信息，包括丰富的POI、道路形态、河流水系背景数据、注记等，通过叠加行业设施基础图层和专题图层，无缝融合成一张行业二维电子地图。

设施空间数据是按照城市市政基础设施管理范围，依据一整套基础数据获取工艺流程，建立一路一档设施矢量数据库和属性数据库，包括城市道路、桥涵、排水、绿化、照明、公共娱乐设施、文明建设设施、城市建设公用设施等内容。

道路三维数据用于模拟真实环境下的道路结构，特别是具有立体交叉的道路桥梁、隧道、围栏、交通设施等附属物，增强道路沿线红线范围设施的可视性，三维数据相对精度0.1m，满足交通行业应用，可为道路的养护管理提供辅助决策，提升道路养护施工的作业效率。最后通过三维数据安全处理，为行业互联网用户提供逼真的场景可视化服务。

专题数据是为了满足设施精细化管理需要，根据行业、国家和地方性标准，针对专题应用建立，内容侧重于某一专项业务的数据库，其数据内容经过扩充可发展为综合数据库，如城市路网单元格数据等。多图合一示例图见图3.1-1。

（a） （b） （c）

图 3.1-1　多图合一示例图

（a）道路三维数据；（b）绿化基础数据；（c）检查井专题数据

本书所述内容不仅是多图合一的数据融合，更针对融合过程中缺失的数据资源进行补充和健全，信息化建设是"三分技术、七分管理、十二分数据"，在城市市政基础设施管养信息系统数据获取能力的基础上，实现城市市政基础设施一路一档综合查询及管理。

3.1.1.2 "一张图"建设及应用

城市市政基础设施管养"一张图"，是集二维电子地图、遥感影像、设施空间数据、道路三维数据和专题数据等多源数据为一体的数字底板，不同数据源具有不同的建设特点，本书应用地理信息技术，依据地方、国家及行业设施管理及数据库建设标准，获取设施位置、数量、规格及外在特征等信息，并为每类设施生成"电子身份证"，通过设施身份 ID 将空间数据、属性信息及其他媒体资料等进行关联，形成设施综合数据库，力争打造行业"高德地图"，实现城市市政基础设施底数清、权属明的目的，为下一步整体治理掌握现状数据。

1. 设施分类

城市道路及附属设施数据建设涵盖 5 个大类、24 个小类、108 张子表。城市道路及附属设施数据建设体系框架图见图 3.1-2。

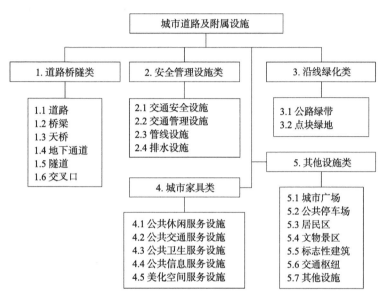

图 3.1-2　城市道路及附属设施数据建设体系框架图

2. 设施编码

（1）道路桥隧类

城市道路桥隧类设施 ID 由设施编码和所属行政区划码两部分组成，以道路为主线，其他设施编码在道路编码的基础上进行编制，其中道路编码由道路等级代码和道路序列号组成，道路代码结构图见图 3.1-3，桥隧类设施代码结构图见图 3.1-4。

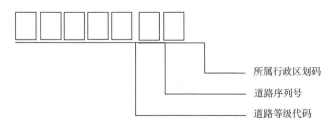

图 3.1-3　道路代码结构图

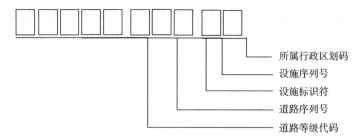

所属行政区划码

设施序列号

设施标识符

道路序列号

道路等级代码

图 3.1-4　桥隧类设施代码结构图

（2）其他类设施

其他类设施 ID 由道路编码、设施编码和所属行政区划码三部分组成，统一为 14 位，如图 3.1-5 所示。

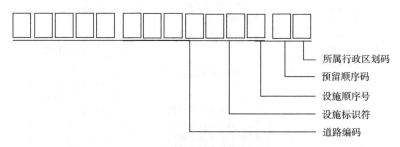

所属行政区划码

预留顺序码

设施顺序号

设施标识符

道路编码

图 3.1-5　其他类设施代码结构图

注：其中管线设施、排水设施以及沿线绿化类、城市家具类、其他设施类等，共用所属道路代码，不独立编码。

3. 数据获取及建库

（1）二维地图及影像获取

通过专业下载软件，选取地图类型、范围、坐标系等参数，输出下载结果，形成本地服务的二维电子地图；根据不同需求，影像地图可网络下载，亦可共享交换或购买。

（2）设施空间数据实测

本书所述城市道路及附属设施空间数据库包括空间数据、属性数据及其他数字化资料等，按照市政设施管养类型及数据普查的高效性，将设施调查分为道路及其附属设施调查、桥隧及其附属设施调查、园林绿化及其附属设施调查和专项调查四类。

1）道路及其附属设施调查

采用智能采集车、航测影像相结合的方式获取道路信息，经内业处理后，形成设施空间数据库，包括路面、人行步道、交通设施、其他（城市家具、园建设施）等。智能采集车时速 40 ~ 80km，覆盖两侧 10 ~ 15m 的半径范围，按照城市道路车道数及等级，制定道路采集规则，确保设施采集全覆盖。

2）桥隧及其附属设施调查

采用360°全景相机、便携式近景摄影测量系统、原始设计资料相结合的方式，人工进行桥梁、隧道影像资料拍摄、信息采集、多维数据生产及建库工作，形成桥梁、隧道空间数据库、全景照片、三维模型数据和数字化电子档案数据等，实现桥梁、隧道等复杂结构设施的精细化表达。

3）园林绿化及其附属设施调查

采用接养档案、设施普查移动APP端和航空影像相结合的方式辅助人工实地调查。通过制定绿化普查方案及普查流程，自主研发绿化普查APP移动端，以道路为单位，按照接养档案信息核查、实地位置采集（APP端）、绿化矢量图施绘、属性信息录入等工序，建设园林绿化及其附属设施数据库，为园林绿化管理与养护提供支撑。

4）专项调查

通过以上三类调查无法满足全范围覆盖采集的设施，需进行专项普查，如检查井专项、排水专项等。采用全景及激光多维数据采集车、便携式采集设备、手持式采集终端相结合的方式采集检查井矢量数据和部分属性信息，检查井盖位置（X、Y）确定后，依据《室外排水设计标准》GB 50014—2021及原始设计资料，结合GPS定位、人工拍摄、专家分析的方式，判定管线走向、管径和材质等信息，建立检查井及排水管网现状数据库。

（3）道路三维数据生产

基于智能采集车、人工拍摄、图纸资料等方式获取的外业数据，以航空影像作为背景参考，经内业专业软件解算、建模、集成、存储和发布等一体化数据制作及整合入库的工艺流程，得到满足交通行业应用及管理需要的道路三维数据，主要包括影像采集车载数据、定点人工采集数据、桥梁数字化档案数据和道路三维模型数据，实现地上、地下各种设施的精细化管理。

（4）专题数据建设

按照《城镇道路养护技术规范》CJJ 36—2016要求，依托道路三维数据，运用GIS数字化技术，经过平台出图、坐标变换、图形绘制、属性采集、质检验收等环节精确施画单元格边界，将道路及其设施划分为一个个精确的单元网格，并根据设施类型为每一个单元格采集属性信息。通过单元格图形绘制和属性信息采集，形成单元格专题图和属性库。通过业务应用平台建设，使其与巡查、养护事件进行关联，实现巡查和养护工作按单元格进行单独评价。

（5）数据安全处理

实地测量的数据精确性较高，为加强地图统一管理，维护国家主权、安全和利益，结合《公开地图内容表示若干规定》和《导航电子地图安全处理技术基本要求》GB 20263—2006等国家相关法律法规要求，对实测的设施空间数据和属性数据进行安全处理工作（简称脱密），包括抽稀涉密图形、删去不能表示的路构造、统一铺设路面材质以及删除涉密属性内容等工作。数据安全处理内容见表3.1-1。

数据安全处理内容　　　　　　　　表3.1-1

序号	内容	几何特征	主要说明
1	道路	线、体、属性表	含桥梁匝道及道路连接线
2	桥梁	点、体、属性表	含互通式和分离式
3	隧道	点、体、属性表	可通车的隧道
4	天桥	点、体、属性表	人行天桥
5	通道	点、体、属性表	地下通道
6	路产设施	点、体、属性表	含安全管理设施、其他设施类

说明：点、线指二维空间几何特征，体指三维空间几何特征。

安全处理后的数据，通过格式转换、软件编译、数据加密后，配置到一体化数据服务平台中，为其他设施业务应用系统提供数据展示浏览、查询和定位服务，禁止立体测量、坐标获取、下载等服务。

4.多图合一

通过空间数据集成、匹配、融合消除多源数据间的差异，建立同名实体在不同数据集中的对应关系，重组、整合出比原数据可用性更好的新数据集，使其具有更好的几何精确性、逻辑一致性、完整性及现势性。

（1）空间数据集成

本书所述多图数据源的空间基准和数学基础不一致，其中道路三维地图数据采用WGS84坐标系，UTM平面投影，若将三维地图转换为其他投影坐标系，会影响其数据几何精度，故需将二维离线地图、遥感影像、设施空间数据和专题图进行相应的坐标转换，以确保多源空间数据的空间基准和数学基础的一致性，实现逻辑空间上的统一。

（2）空间数据匹配

将集成后的空间数据分别按照点、线、面及拓扑相似性进行度量，识别不同空间数据集中的同一地物（即同名点），通过参数偏移，建立同名地物间的联系，然后统一将矢量数据进行符号化显示，实现二、三维多源地图的一体化展示。

（3）空间数据融合

通过对集成和匹配后的空间数据加工抽取、简化整合、关系处理、符号化表达等融合策略的实施，使得设施空间数据发生质的变化，同时建立标准统一的设施属性数据库，建立空间实体与数据库记录的对应关系，实现空间数据和属性数据的融合，产生更好的新数据集，发挥其新数据集更大的优势。而二维离线地图、遥感影像数据则以参考文件的形式写入整体设计文件中，与符号化的空间矢量数据进行叠加显示，形成"一张图"。

5. 基于"一张图"的精细化管养平台的实现

以精细化管养平台为例，基于"一张图"的设计，建设城市市政基础设施精细化管养平台，实现市政设施资产管理、养护巡查管理、养护工程管理、养护状况评定、检查考核管理等业务的一体化分析与应用。通过"一张图"的表达，可清晰地掌握每个养护事件、评定状况、考核结果的处置状态及分布情况。

（1）"一图"查询

基于本次设计融合形成的综合地图及设施基础数据库成果，开发二维场景下区域设施查询分析和兴趣点周边查询分析功能，并实现三维场景下独立物体的图属互查及电子卡片资料展示等功能，同时可针对用户查询习惯，生成兴趣点，为下次查询提供便利条件，满足市政道路、桥梁、排水、路灯、泵站等设施从建设、管理到养护的全面质量管理。"一图"查询功能示意图如图3.1-6所示。

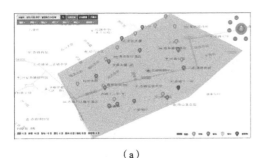 

|（a）| （b）|

图 3.1-6 "一图"查询功能示意图

（a）二维地图区域查询；（b）三维地图图属互查

（2）综合搜索

该平台借鉴大型网络购物平台的查询和搜索方式，实现市政基础设施管理分层、分区，从大类到小类、从区域到单位的快速查询和关键字搜索，搜索结果可直接导出报表，并通过图形化方式直观表达抽象的数据结果。设施资产数据综合搜索界面图如图3.1-7所示。

数据支撑现代城市治理已是客观存在，地图则是一种数据驱动型应用。笔者将GIS信息技术与城市市政基础设施管养数据进行高度融合，建立了城市市政基础设施管养"一张图"，是城市市政基础设施一体化管理平台建设的重要突破，为空间决策支持提供服务。本书所述"一张图"设计方案适用于中等城市市政基础设施全覆盖管理，不仅有利于健全设施基础数据，还可为现代城市市政基础设施精细化管养充当直观高效的信息展示工具，该套方案率先在赤峰市市政精细化养护及管理中得到应用，待系统高效、稳定运行后，将积极推动"一张图"在其他城市的普及应用。

图 3.1-7 设施资产数据综合搜索界面图

3.1.2 一路一档

城市精细化管理就是要量化管理对象、规范业务流程，创新管理手段，而摸清城市市政基础设施数量、实现信息化管理是精细化管理的首要条件。如何充分发挥大数据的特性，建立一个丰富、动态的"设施信息数据库"，记录城市中每一个市政基础设施各个时期的动态数据信息，为将来的数据分析提供全面、真实、有效的数据源，建立市政基础设施一路一档的市政基础设施管理大数据库，实现分类查询、统计、动态管理、数据可视化及辅助决策的功能，使得市政基础设施管理数字化、信息化，管理过程由静态变为动态，实现基础数据、检测评价、养护过程、巡查管理、辅助决策、应急联动等工作的数据数字化、可视化，大大增加市政基础设施管理过程中各类数据的时效性和直观性。本节介绍如何建设"一路一档"，为进一步提高城市市政基础设施精细化管理水平，实现城市市政基础设施全要素、全生命周期的精细化管理，发挥城市市政基础设施使用功能。

3.1.2.1 一路一档的内涵

城市市政基础设施管理"一路一档"建设将会使得城市市政基础设施管理数字化、信息化，管理过程由静态变为动态，通过统计汇总养护范围内的市政基础设施工程量及分布情况，在不打破现有行政区划和管理格局的前提下，设计并制作了《赤峰市市政基础设施"一路一档"图册》，结合各片区管理架构将赤峰市中心城区划分为八个网格，每个片区网格切分为详细的单元格，每个单元格以数字命名与图册页码相对应，方便查找。根据实际情况，按照主干路、次干路、支路及其他划分层次，将道路、桥梁、排水、泵站、路灯及园林绿化具体设施量以表格与图相结合的方式统计汇总，做到"底数清、情况明"，将与百姓息息相关的市政基础设施融入网格，落到人头。每个片区配备专业的管理人员、养护作业队伍及巡查人员，以网格化管理为载体，以差异化职责为保障，以信息化平台为手段，促进条块融合、联动负责，形成片区管理、服务和自治有效衔接、互为支撑的治理结构。

3.1.2.2 一路一档的建设及应用

1. 设施普查

城市道路设施主要包括车行道、人行步道以及道路附属设施，是城市市政基础设施管养的重点内容，具有养护内容多、养护量大、涉及范围广、养护频率高等特点，因此更需要通过信息化手段对其进行精细化管养，以保障公众安全、顺畅出行。通过建立专项信息化系统，借助其设施普查功能，实现道路设施基础属性的普查，以摸清设施底数。同时借助全景采集设备、激光测距设备采集主路及沿线设施影像，结合数字高程影像、卫星正射影像、三维图形技术和 GIS 地图，建立城市道路设施仿真地图，实现道路设施更为精准、形象化的管理。城市道路设施仿真地图如图 3.1-8 所示。

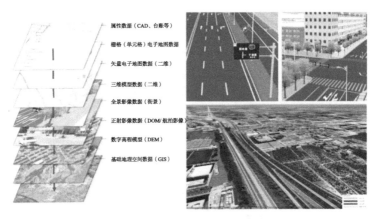

属性数据（CAD、台账等）
栅格（单元格）电子地图数据
矢量电子地图数据（二维）
三维模型数据（二维）
全景影像数据（街景）
正射影像数据（DOM/ 航拍影像）
数字高程模型（DEM）
基础地理空间数据（GIS）

图 3.1-8　城市道路设施仿真地图

2. 数据处理

对赤峰市中心城区道路设施进行现场数据普查，根据外业采集数据，结合道路路面正射影像，绘制道路设施单元格。现场数据普查作业图如图 3.1-9 所示。

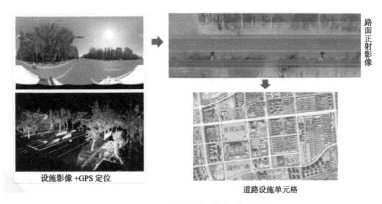

设施影像 +GPS 定位

路面正射影像

道路设施单元格

图 3.1-9　现场数据普查作业图

3. 汇总计算

根据单元格，汇总统计算每条路的检查井数量、管线长度等道路设施数据。

4. 形成基准数据

基于市、区两级主管部门提供的台账，通过内业地图绘制＋现场核实的方式，形成完整的设施分布图，经各主管部门确认，形成较为准确的设施基础数据台账。车行道单元格分布图及人行步道单元格分布如图 3.1-10 所示。

图 3.1-10　车行道单元格分布图及人行步道单元格分布图

通过道路设施普查建档后，摸清设施底数，建立"一路一档"台账。同时结合 GIS 地图和单元格图层数据，实现基于 GIS 地图的单元格分布展示与信息查看，实现道路设施的精细化管理。

通过构建一套较为完善的城市市政基础设施管理系统，实现了城市市政基础设施一路一档信息化的管理，城市市政基础设施管理大数据统计达到预期的分类查询、动态管理、数据可视化要求。通过管理平台的运行，能够进一步规范作业流程，使各项工作流程标准化、规范化，又通过长期积累的运维数据对城市市政基础设施改造维修提供经验支持，进而为管理决策提供依据。

3.2　运行现状清

运行现状清主要包括养护计划完成工程量及每年、每月、每周完成情况，还有各物联网监测设备对设施运行监测的反馈数据呈现，通过日常巡检、定期检测、专项巡检、特殊检测以及物联网监测，对城市市政基础设施运行状况进行巡查、检测、监测，以摸清城市市政基础设施运行现状。本节简要介绍道路、泵站、路灯、桥梁设施运行情况。

3.2.1　道路专业设施运行情况

道路主要包括日常巡检、定期检测及专项检测等，道路日常巡查主要应对路面坑槽、拥包、翻浆、步道砖缺失等需 24h 修复的紧急病害，以及较严重的路面沉陷、车辙、松散、检查井周边路面破损等危及通行安全和严重影响通行质量的病害。针对赤峰地区道路空洞进行探地雷达无损专项检测。

3.2.2　泵站专业设施运行情况

市政设施中泵站管理，除日常设施巡检外，还包括设备监测，即在泵站中布设水位探测雷达及泵站内部监控设备，水位到达排水阈值，雷达传感发送预警警报，同时安装监控探头，可实时监测泵池和积水点的水位。值守人员结合监控画面，准确掌握排水情况，实现汛期水位监测预警，便于汛期对突发事件进行良好的处置。

泵站出水口附近安装环保视频监控设备，可避免排放污水至河道从而污染水源，实现污水排放实施监控。

泵站中变压器进行定期检测及专项检测。定期检测主要是预防性试验，包括变压器本体试验接地电阻测试、绝缘电阻、直流电阻测试、交流耐压试验、变压器本体除尘清扫、高低侧连线螺栓紧固、接线组别测试、电压比误差试验等。

3.2.3　路灯专业设施运行情况

路灯专业设施运行主要通过自主研发的市政设施巡查管理系统（APP 采集与 PC 管理系统）、面向非专业巡查人员使用的公众投诉舆情交流平台——路拍宝以及政府服务热线、市民举报、智慧城管案件推送等进行巡查，发现问题及时修复。同时路灯专业设施运行情况借助智能化监控终端，实现精准监控。

路灯专业设施运行逐步开始使用远程监控终端，采用光照度检测仪和经纬度测试仪相结合的方式控制路灯的开关灯时间，同时监测被控对象的实时电压、电流、收发信号和参数等数据；对路灯远程监控终端通信模块进行全面升级，由 2G 升级为 4G，相继完成控制箱更换工程，力争实现路灯智能监控设施全城覆盖，为智慧市政平台管理工作和路灯设施养护工作提供更加完善、全面的服务支撑。

3.2.4　桥梁专业设施运行情况

针对赤峰市现有桥梁情况，组建专业巡检队伍对桥梁进行检测，按照《城市桥梁养护技术标准》CJJ 99—2017 及其他相关要求对桥梁进行全面检查，分为初始检查、经常性检查、定期检查及特殊检查。新建、改建或加固后桥梁应进行初始检查。经常性检查是由技术人员对一条线路或一定区域内的桥梁进行的快速扫视检查。通过初始检查，可确定桥梁各构件的基础技术状况，便于对后期发现的桥梁缺陷和病害进行对比分析，确定病害或缺陷成因及发展程度，为桥梁进一步养护工作提供依据。特殊检查主要分为应急检查和专门检查两类。在特定情况下，对桥梁技术状况进行鉴定，以查清桥梁结构、水下基础病害成因、破损程度、承载能力、抗灾能力，确定桥梁的技术状况。根据检查结果对桥梁的技术状况进行评定及病害发现，提出相关的养护措施，为及时、全面、客观、真实地了解桥梁安全运营状况以及对桥梁进行更有效的养护管理提供科学依据。

通过分析病害产生的原因、部位，提出处理建议或措施，使养护人员能够准确掌握桥梁状态带来的影响，为养护人员进行下一步桥梁养护工作提供理论依据，使改造、养护和管理工作更有计划性、针对性。

3.3 管养规则清

管养规则清是结合管理流程与权责清单，在摸清设施底数和运行现状后，通过全面预算管理、管养计划书的形式明确道路设施的管养目标和实施方案，之后通过养护管理部、基层单位的两级职能结构，确保管养目标与方案的落地实现，同时通过业财融合预警、内外监管考核保证实现质量。

1. 规则内容

全面预算管理：利用预算指标对企业内部各部门、各单位的各种财务及非财务资源进行分配、考核、控制，以便有效组织和协调企业的生产经营活动，完成既定的经营目标。

管养计划书：编制设施管养计划书，明确管养范围、管养内容、管养标准要求、管养考核验收标准等内容，以保证设施管养工作的有序开展。

2. 规则运行

一级职能：按照标准化原则，对职能以企业价值链为主线进行环节式的分解，由养护管理部统筹道路各项管养工作的开展，并对管养制度、规则、规范等抓总修正。

二级职能：按照以流程为中心的原则，对职能进行独立的模块化分解，由调度中心统筹各项管养制度、规则、规范落地实施，对经营管理工作进行指挥调度。

三级职能：按照职能搭接原则，形成任务式的工作清单及 PDCA 职能闭环，由基层单位根据制度、规则、规范等要求保量、保质、安全、高效地完成道路设施管养任务。

3. 规则落实

业财融合预警：实行业财融合一体化管理，利用大数据建立分析模型，预警指导业务开展。

内外考核监管：设置内外双考核机制，双管齐下保障道路设施管养安全生产与养护质量。

关于业财融合及全面预算，前文已有介绍，在此不再赘述，固然坚持高标准、严要求原则，建立健全行业标准规范，进一步制定和完善市政园林行业标准和作业规范，强化行业管理及安全监管，规范设施运行秩序，明确责任目标，实现管养精细化、标准化、长效化。下面主要围绕内外考核进行阐述。

3.3.1　外部考核

城市市政基础设施按照考核体系，对年度或历史养护质量和管理效果进行综合评估，从投入产出的角度厘清城市市政基础设施系统与社会、经济和环境系统之间的复杂作用关系，揭示城市市政基础设施投入产出效益的现状、发展趋势及存在的问题，提出更具操作性的城市市政基础设施效益提升策略，为改善和提升公共设施系统的运营管理创造条件。建立明确清晰的管理养护及考核标准，全面推行目标管理，进行严格的量化考核，客观、真实地反映道路管网养护情况。

加强市政设施、园林绿化养护管理工作，考核管理按照 PDCA 循环开发了城市市政基础设施管理系统，实现全流程闭环管理。全市制定统一的考核办法，各区原事业单位改制为考核单位，市级考核主体为赤峰市住房和城乡建设局，区级为赤峰市红山区城市管理综合行政执法局、赤峰市松山区城市管理综合行政执法局、原赤峰市喀喇沁经济开发区管理委员会（现为赤峰和美工贸园管理办公室），上述三区按照属地管理原则，成立考核队伍对承接主体进行考核。对养护作业采用日常检查和抽查相结合的方式进行千分制考核，50 分以内不扣款、50 ~ 200 分每分扣相应经费、超出 200 分停止支付经费，以此方式不断推进市政养护水平的迭代提升。

外部考核系统的建立，主要方便属地管理部门、业主单位的考核人员考核工作，包括考核扣分、考核评定、汇总和标准依据模块。外部考核系统操作图如图 3.3-1 所示。

图 3.3-1　外部考核系统操作图

考核事项包括养护作业、内业资料、安全等，考核人员通过手机 APP 上报考核案件，包括整改时限、案件地点、对应扣分标准及分值，考核系统实现了考核有依据、反馈及时，督促养护者，为业主单位监管提供了有效工具。

3.3.1.1 考核方式

区级负责日常考核，考核采取周反馈、月计分的考核方式。

考核发现问题后，考核方以信息化方式明确通知被考核方，在规定时间内（以推送记载时间为起始时间，下同）整改完毕的，不予扣分；未整改完毕的，填写《考核确认单》（表 3.3-1），经考核人员与被考核方现场负责人签字确认后，扣除相应分值，并保留扣分项影像证据。

考核确认单（样表） 表 3.3-1

发现问题	年 月 日 时 分
整改后时间	年 月 日 时 分
地点	
扣分数	
扣分依据	
考核方签字	
被考核方签字	
是否有争议	
附件	影像资料附后

考核结果按本月考核扣分累计计分。

考核时间以上月 16 日至本月 15 日作为本月考核计分时间段。区级考核单位每月 20 日前，将考核结果经被考核单位书面确认后，报市住房和城乡建设局汇总确认。因考核方原因未上报考核结果的，由市住房和城乡建设局进行约谈或书面通报。赤峰市中心城区市政基础设施标准化养护考核结果确认单（样表）见表 3.3-2。

××××年××月赤峰市中心城区市政基础设施标准化
养护考核结果确认单（样表） 表 3.3-2

	检查项目（分值）	考核得分
考核情况	制度、资料及安全管理（200分）	
	车行道（150分）	
	人行道（100分）	
	园林绿化（200分）	
	桥梁（50分）	
	泵站（50分）	

续表

考核情况	检查项目（分值）	考核得分
	路灯（70分）	
	排水（80分）	
	管理类项目（100分）	
	总分	
	付费金额（元）	万元（大写：　　　　　整）
	属地城市管理部门（管委会）意见	年　月　日
	北京市政路桥管理养护集团有限公司赤峰分公司意见	年　月　日
	市住房和城乡建设局意见	年　月　日

备注：每月20日前，由属地城市管理部门（管委会）负责将本表（属地城市管理部门、管委会和北京市政路桥管理养护集团公司赤峰市分公司盖章后）报市住房和城乡建设局，本表一式三份，属地城市管理部门、北京市政路桥管理养护集团公司赤峰市分公司、市住房和城乡建设局各一份。

对扣分有争议的内容，双方提供有效证据，由市住房和城乡建设局组织书面审核，具体争议样表见表3.3-3。以市住房和城乡建设局审核结果作为最终考核成绩。因被考核方主张错误导致争议的，就争议事项两倍扣分；因考核方考核人员主张错误一个月内导致三项以上（含三项）争议的，由考核单位调整其工作岗位。

××××年××月赤峰市中心城区市政基础设施标准化
养护争议事项确认单（样表）　　　　表3.3-3

争议情况	争议项目（分值）	争议分值	确认分值
	制度、资料及安全管理（200分）		
	车行道（150分）		
	人行道（100分）		
	园林绿化（200分）		
	桥梁（50分）		
	泵站（50分）		
	路灯（70分）		
	排水（80分）		
	管理类项目（100分）		
	总分		

续表

属地城市管理部门（管委会）盖章	年　月　日
北京市政路桥管理养护集团有限公司 赤峰分公司盖章	年　月　日
市住房和城乡建设局意见	年　月　日

备注：存在争议情况的，每月 20 日前，由属地城市管理部门（管委会）负责将本表（属地城市管理部门、管委会和北京市政路桥管理养护集团有限公司赤峰市分公司盖章后）报市住房和城乡建设局，相关影像资料和证据附后。本表一式一份，市住房和城乡建设局确认分数后，本表反馈至属地城市管理（管委会）部门，依据确认分数填写《考核结果确认单》报市住房和城乡建设局。

　　主管单位不定期组织全面评估，评估结果用于完善考核办法。

3.3.1.2　考核内容

1. 制度管理（50 分）

具体制度管理考核样表见表 3.3-4 。

制度管理考核样表 表 3.3-4

项目名称	考核内容	扣分标准	修复要求
编制全年及各片区养护工作方案（10 分）	无工作方案	2 分	及时制定并补充工作方案
	无设施整体养护目标	2 分	
	无单路、单桥年度养护目标，无各阶段工作重点任务分解	2 分	
	无 D 级桥保障方案，无 C 级桥提级计划	2 分	
	未按照协议要求缺少相关内容	2 分	
建立养护责任制和考核制度（10 分）	落实责任并有效执行	未建立的每项扣 10 分，未执行或未落实的一次扣 5 分	按照业主要求及相关规定及时改正
建立有效的质量管理体系和考核制度（10 分）	落实责任并有效执行		按照业主要求及相关规定及时改正
建立完备的计划管理体系（10 分）	落实责任并有效执行	未建立的每项扣 10 分，未执行或未落实的一次扣 5 分	按照业主要求及相关规定及时改正
建立巡查管理规章制度和工作流程（10 分）	落实责任，并有效落实	未建立的每项扣 10 分，未执行或未落实的一次扣 5 分	按照业主要求及相关规定及时改正

2. 资料管理（50 分）

具体资料管理考核样表见表 3.3-5。

资料管理考核样表　　　　　　　　　　　　　　　　　表 3.3-5

项目名称	考核内容	扣分标准	修复要求
基础资料管理（30分）	排水管道台账，并建立电子数据库	缺一项扣2分	及时建立并存档
	建立竣工资料等工程资料台账	缺一项扣2分	
	市政设施养护、材料检验、实验等资料	缺一项扣2分	
穿跨越监管资料（10分）	组织机构合理，制度健全，人员到位	有一处不合格扣2分	按照业主要求及相关规定及时改正
	在施地下穿越工程监管台账更新及时，监管月报准确翔实		
	审查"四项方案"，安全监管协议报备及时		
	落实监管工作方案，填写监管巡查记录，按时报送监管工作月报，收集、整理、分析第三方监测数据，发现问题及时处置、上报		
	及时处置穿越工程设施引起的设施隐患问题		
	及时发现、制止违规穿越工程，按程序处理上报		
新改建接养市政设施资料（10分）	建立设施台账，专人负责，台账基础数据全面完整、翔实准确、规范完整	有一处不合格扣2分	按照业主要求及相关规定及时改正
	台账数据真实、可靠、依据充分		
	报送台账更新季报、年报及时		
	对拟接养或拟变更管养单位的设施提出整修和接养意见，符合规范和养护实际		

3. 安全制度建设及管理（100分）

具体安全制度建设及管理考核样表见表 3.3-6。

安全制度建设及管理考核样表　　　　　　　　　　　　表 3.3-6

项目名称	考核内容	扣分标准	修复要求
安全管理制度建设（30分）	制定生产安全事故及调查处理报告制度；建立事故档案，发生事故及时报告	有一处不合格扣1分，如有整改不及时情况加重处罚；发生一次轻微的工伤责任事故扣10分，出现重大责任伤亡事故扣20分	按照业主要求及相关规定及时制定并落实
	制定安全检查制度；明确定期、日常、专项安全检查时间；检查记录清晰，资料齐全、闭合管理		
	制定各类现场应急处置方案；有针对性地开展应急培训、演练；按要求配备应急队伍和物资		
	制定安全技术交底制度；逐级交底记录清晰、真实，内容可行		
组织制度建设（30分）	建立安全管理机构；明确各级安全管理人员职责及责任人；逐级签订安全生产责任书	有一处不合格扣1分，如有整改不及时情况加重处罚；发生一次轻微的工伤责任事故扣10分，出现重大责任伤亡事故扣20分	按照业主要求及相关规定及时制定并落实

续表

项目名称	考核内容	扣分标准	修复要求
组织制度建设（30分）	安全管理人员持"三类人员"考核培训合格证书上岗，证书有效并与对应岗位人员身份相符；配备专（兼）职安全员；特种作业人员持有效资格证书上岗；全员劳动用工登记；施工现场从事危险作业的人员应办理意外伤害保险；为单位职工缴纳工伤保险	有一处不合格扣1分，如有整改不及时情况加重处罚；发生一次轻微的工伤责任事故扣10分，出现重大责任伤亡事故扣20分	按照业主要求及相关规定及时制定并落实
	制定教育培训制度和计划；明确项目经理、管理人员、安全专（兼）职人员、特殊工种、转岗、新进场从业人员安全教育培训学时、内容、方法等要求，并按要求开展教育培训；培训时间、培训内容、参加培训人员记录清晰		
经费保障（40分）	制定安全生产费用管理制度。制定安全生产费用使用计划，根据批准计划落实到位。建立安全生产费用管理台账	无制定扣30分，未执行扣除20分	及时建立并执行

4. 养护作业

养护作业根据不同专业对应不同的考核事项。排水专业考核样表见表3.3-7。

排水专业考核样表　　　　　　　　　　表3.3-7

项目名称	考核内容	扣分标准	修复要求
管道养护巡查（10分）	根据巡查制定排水管线清掏计划，排水管线清掏后，允许积泥深度小于管径的1/5	发现后未在规定时间内及时修复扣1分	5日内完成
检查井盖、雨水口定期维护（10分）	维护后的雨、污水井盖标识清晰，井盖的标识必须与管道的属性一致。发现井盖缺失或损坏后，必须及时安放护栏和警示标志，并应在24h内修复	发现未维护一处扣1分	井盖缺失24h内修复，其余2个工作日内修复完成
日常抽查施工过程中作业质量（30分）	制定管道清掏计划，管道按计划定期清掏后积泥深度小于管径的1/5；每年雨期来临之前清掏雨水口及连接管	未制定清掏计划和未清掏雨水口及连接管，发现一处扣1分（在雨期来临之前）	5个工作日完成
资料管理（10分）	维修方案、维修计划、维修过程记录、竣工资料、安全内业资料等	资料不全每发现一处扣1分	立即整改
安全管理（20分）	下井作业前对井下作业内容、环境等方面进行风险评估，根据风险评估的结果制定相应的控制措施；下井作业人员进行安全教育，熟悉现场环境和作业安全要求，并经考核合格；作业严格遵守"先通风、再检测、后作业"的原则。未经通风和检测合格，任何人员不得进入作业。作业时采取相应的安全防护措施，防止中毒窒息等事故的发生	安全基础数据的管理	立即整改

3.3.1.3 考核结果应用

考核总分为 1000 分。三区每月考核得分 ≥ 950 分时，不予扣款；当考核得分 800 ~ 950 分时，每扣一分扣款 2000 元。

每月考核得分 < 800 分时，确定为不合格，三区可暂扣当期服务费不予支付。待整改后，考评总分 ≥ 800 分，扣除不合格月份应扣罚的金额后，将剩余服务费延至下一期一并支付。

三区考核平均分连续两次或每年累计三次不合格，主管单位有权提前终止合同。

因工作不力或配合不力的，被市级、区级政府或市住房和城乡建设局书面通报批评的，每发生一次当月考核额外扣款 20000 元；因工作不力或配合不力引发群体性事件或环保事件的，一次性扣款 20 万元。上述扣款从当月服务费中扣除。

在国家园林城市、全国文明城市等重大创建活动获得通过并做出重大贡献的，当年奖励服务费 50 万元；获得国家级奖项的，每项奖励服务费 50 万元。承接主体每年年底提出奖励申请，经市住房和城乡建设局、三区考核部门审核确认，各区财政按比例在下一年度统一上报市财政局，由市财政局拨付。

3.3.2 内部考核

根据市政基础设施管理内容及特点，制定"考核机制、共识机制、激励机制"，其中将漏巡、24h 未及时修复的，以及市民反映、领导批转和媒体曝光等作为重要考核指标。通过 APP 实地检查，上传检查及扣分影像资料，做到养护考核客观公正、奖惩透明，以加强市政设施、园林养护的管理工作，规范养护作业行为。

3.3.2.1 考核人员

组建考核小组，养护管理部作为牵头部门，分公司安全管理部、财务审计部、工程管理部作为项目考核的协作部门。

3.3.2.2 考核方式

考核小组不定期组织全面考核，考核中发现的问题，通过"赤峰—市政养护"软件上传，单项问题责令限期整改；整改不符合要求或拒不整改的，扣除相应的分值；该问题进入第二次责令整改期，在期限内仍整改不符合要求或拒不整改的，将进行双倍扣分处罚，同时由赤峰分公司扣除相应的养护经费，并指定第三方完成养护。

依据调度中心考核软件相关数据，采用"周统计、月汇总"的方式生成周统计表和月度考核确认单，由养护管理部相关专业负责人于每周经理办公会公示周统计表。月度考核确认单经考核人员与被考核方负责人签字确认，作为各基层单位每月申请养护经费的重要支撑附件。月度考核确认单见表 3.3-8。

赤峰市市政基础设施排水 ××××年××月考核确认单　　表3.3-8

年　月　日—　年　月　日

考核情况	检查时间	存在问题（项）	扣分分值（分）	核减金额（元）
	第　周			
	第　周			
	第　周			
	第　周			
	合计			
基层单位负责人				年　月　日
养护管理部专业负责人				年　月　日
养护管理部负责人				年　月　日
安全管理部负责人				年　月　日
分管领导				年　月　日

注：依据分公司领导带班周次确定检查时间，本确认单一式四份，基层单位、养护管理部、工程管理部、财务审计部各一份。

3.3.2.3　考核内容

1. 安全考核

安全生产现场考核发现违章作业直接扣除相应分数，违章作业单位必须立即整改，整改后仍未达标或拒不整改的进行双倍扣分处理。安全生产考核表见表3.3-9。

赤峰市市政基础设施＿＿＿安全生产考核表　　表3.3-9

序号	内容	基本要求	扣分标准
1	劳动保护	（1）进入施工工地必须佩戴好安全帽，并系好帽带；施工现场安全带、安全网的使用、设置是否符合要求	不规范佩戴安全帽每人扣0.1分/次；安全带、安全网的使用、设置不符合要求扣0.2分/次
		（2）进入施工作业区内不准穿拖鞋、凉鞋、高跟鞋	不规范穿劳保鞋每人扣0.2分/次
		（3）进入施工现场不准穿短裤、背心、裙装，严禁赤膊、光背	不规范着装每人扣0.2分/次
		（4）安全防护用品应经常检查，发现破损应及时更换	安全防护用品破损不及时更换每人扣0.2分/次
		（5）各区域消防器材完备，有否专人负责并定期检查保养	未配备或未进行定期保养/次扣0.2分
2	安全用电	（1）电源布置应符合电工安全用电要求	电源不符合电工安全用电要求扣0.3分/次
		（2）严禁电线、电缆破损，发现隐患应及时处理	不及时处理扣0.3分/次
		（3）所有用电场所禁止使用裸线搭接电源	使用裸线搭接电源扣0.3分/处
		（4）严禁电源线路浸泡在水中，应将线路架空	施工电线路浸泡在水中扣0.3分/次
		（5）严禁非电工人员进行电气作业	非电工人员进行电气作业扣0.3分/次

序号	内容	基本要求	扣分标准
2	安全用电	（6）危险部位要设警示标志	危险部位未设警示标志扣 0.3 分 / 次
		（7）照明应满足施工要求	照明不满足施工要求扣 0.3 分 / 处
		（8）开关盘漏电保护器应完好，并经常检查，发现损坏应及时处理	不及时处理扣 0.3 分 / 处
		（9）严禁施工电源线、电缆、把线与钢丝绳接触，必须架空通过钢丝绳	不架空通过钢丝绳扣 0.3 分 / 处
		（10）打扫卫生、擦拭电气设备、移动电器时，必须切断电源，并不得用水清洗	考核中发现扣 0.3 分 / 处
3	高处作业	（1）防护是否符合要求，是否严密，临边防护安全警示标志设置是否符合要求	防护不严密，警示标志设置不符合要求扣 0.3 分 / 处
		（2）严禁高空作业不系安全带或不使用安全带	高空作业不系安全带或不使用安全带每人扣 0.3 分 / 次
		（3）高空作业时，仔细检查操作架、平台、跳板、楼梯的搭设是否牢固、可靠	操作架、跳板、楼梯的搭设不符合要求的扣 0.3 分 / 处
		（4）高空作业时，是否有 2 人以上在场，实施安全防护，防护人员和作业人员不得同时作业	违章操作扣 0.3 分 / 次
		（5）雨天、雪天高处作业，采取可靠防滑、防寒和防冻措施	未采取措施施工的扣 0.3 分 / 次
4	文明施工	（1）严格执行安全生产管理制度和操作规程，严禁违章指挥、违章操作、违反劳动纪律	未执行管理制度和操作规程的扣 0.2 分 / 次
		（2）设备摆放合理整齐	设备乱摆放扣 0.2 分 / 处
		（3）施工现场不乱堆放垃圾，应及时将垃圾清理到规定堆放地点	施工现场清理不整洁扣 0.2 分 / 处
		（4）各类材料堆放整齐、平稳，不得乱堆乱放（包括成品、半成品）	堆放不整齐、不平稳扣 0.2 分 / 处
		（5）在存在危险因素的场所和设备设施，设置明显的安全警示标志，警示、告知危险种类、后果及应急措施	未按要求设置安全警示标志，扣 0.2 分 / 处
		（6）不得任意拆除和挪动各种防护装置、设施、标志	拆除和挪动防护装置、设施、标志，不及时恢复的扣 0.2 分 / 处
		（7）安全通道不得摆放材料，应保持畅通	安全通道摆放材料扣 0.2 分 / 处
		（8）在施工现场严禁流动吸烟，乱扔烟蒂	在施工现场流动吸烟、乱扔烟蒂每人扣 0.2 分 / 次
		（9）上班期间必须统一穿戴配发的工作服、劳保鞋等劳保用品	不按规定着装每人扣 0.2 分 / 次
		（10）是否对班前安全教育进行记录	现场检查，未进行班前教育记录扣 0.2 分 / 次
5	机械设备	（1）养护机械作业时，必须设置明显的安全警告标志，并应设专人站在操作人员能看清的地方指挥	未设警告标志和专人指挥扣 0.2 分 / 处
		（2）操作人员在工作中是否做到不擅离岗位，不操作与操作证不相符合的机械，不得将机械设备交给无本机种操作证的人员操作	违反操作规程扣 0.2 分 / 次

续表

序号	内容	基本要求	扣分标准
5	机械设备	（3）操作人员是否按照本机说明书规定，严格执行工作前的检查制度、工作中注意观察以及工作后的检查保养制度	违反检查制度扣 0.2 分 / 次
		（4）驾驶室或操作室内是否整洁；是否做到严禁存放易燃、易爆物品	存放易燃、易爆物品扣 0.2 分 / 处
		（5）车辆和驾驶员证件齐全；车辆维修、保养记录齐全	证件、记录不齐全扣 0.2 分 / 次
6	有限空间作业	（1）作业人员应系好安全绳或安全带，应佩戴呼吸器或软管面具等隔离式呼吸保护器具	检查发现未正确佩戴的每人扣 0.3 分 / 次
		（2）作业前，应采取充分的通风换气措施	未进行通风，盲目作业的扣 0.3 分 / 次
		（3）通信设备、应急通信报警器材完好有效	未配备通信器材扣 0.3 分 / 次
		（4）有限空间出入门口应设置防护栏、盖和警示标志，夜间应设警示红灯	未按要求设置扣 0.3 分 / 次
		（5）安排监护人员，密切监视作业状况，不得离岗，确保操作规程的遵守和安全措施的落实	未遵守原则或采取相应措施扣 0.3 分 / 次

2. 质量考核

考核内容：

（1）排水管道设施的巡查：

①为排水养护畅通，排水管道应定期巡视，巡视内容应包括污水冒溢、晴天雨水口积水、井盖和雨水箅缺损、管道塌陷、违章占压、违章排放、私自接管以及影响管道排水的工程施工等情况。

②管道、检查井和雨水口内不得留有石块等阻碍排水的杂物，其允许积泥深度应符合表 3.3-10 的规定。

管道、检查井和雨水口的允许积泥深度　　　　表 3.3-10

设施类别		允许积泥深度
管道		管径的 1/5
检查井	有沉泥槽	管底以下 50mm
	无沉泥槽	主管径的 1/5
雨水口	有沉泥槽	管底以下 50mm
	无沉泥槽	管底以上 50mm

（2）检查井日常巡视检查内容应符合表 3.3-11 的规定。

检查井日常巡视检查内容　　　　　　表 3.3-11

部位	外部巡视	内部检查
内容	井盖埋没	链条或锁具
	井盖丢失	爬梯松动、锈蚀或缺损
	井盖破损	井壁泥垢
	井框破损	井壁裂缝
	盖、框间隙	井壁渗漏
	盖、框高差	抹面脱落
	盖框凸出或凹陷	管口孔洞
	跳动和声响	流槽破损
	周边路面破损	井底积泥
	井盖标识错误	水流不畅
	其他	浮渣

（3）井盖和雨水箅的选用应符合表 3.3-12 的规定。

井盖和雨水箅技术标准　　　　　　表 3.3-12

井盖种类	标准名称	标准编号
铸铁井盖	《铸铁检查井盖》	CJ/T 511—2017
混凝土井盖	《钢纤维混凝土检查井盖》	JC 889—2001
塑料树脂类井盖	《再生树脂复合材料检查井盖》	CJ/T 121—2000
塑料树脂类水箅	《再生树脂复合材料水箅》	CJ/T 130—2001

（4）在车辆经过时，井盖不应出现跳动和声响。井盖与井框间的允许误差应符合表 3.3-13 的规定。

井盖与井框间的允许误差（mm）　　　　　　表 3.3-13

设施种类	盖框间隙	井盖与井框高差	井框与路面高差
检查井	＜8，+5	−10，+15	−15
雨水口	＜8，0	−10，0	−15

（5）井盖标识必须与管道属性一致。雨水、污水、雨污合流管道的井盖上应分别标注"雨水""污水""合流"等标识。

（6）铸铁井盖和雨水箅宜加装防丢失的装置，或采用混凝土、塑料树脂等非金属材料的井盖。

（7）当发现井盖缺失或损坏后，必须及时安放护栏和警示标志，并应在 8h 内恢复。

（8）雨水口的维护应符合下列规定：

①雨水口日常巡视检查内容应符合表 3.3-14 的规定。

雨水口日常巡视检查内容　　　　　　　　表 3.3-14

部位	外部检查	内部检查
内容	雨水箅丢失	铰或链条损坏
	雨水箅破损	裂缝或渗漏
	雨水口框破损	抹面剥落
	盖、框间隙	积泥或杂物
	盖、框高差	水流受阻
	孔眼堵塞	私接连管
	雨水口框凸出	井体倾斜
	异臭	连管异常
	其他	蚊蝇

②雨水箅更换后的过水断面不得小于原设计标准。

对存在安全隐患的，第一时间做好安全措施，及时上报赤峰分公司相关部门审核，审核确为赤峰分公司养护范围内的予以修复；及时发现区域内市政管理范围内的违规行为，采取有效措施进行劝阻和处理；对无法处理的，与赤峰分公司相关部门联系或联系执法部门。

养护区域内做好市政排水设施日常检查、疏通以及清淤工作，确保排水畅通，积淤不超过管道截面的 1/3。

区域内暴雨防汛等突发事件的应急处理，以及政府部门交办的其他临时性任务，应按照赤峰分公司养护要求认真及时地完成。

3. 业务案件时效性考核

巡查大队、项目部作为数据收集、上传主体，根据平台自动化数据生成、流转程序，产生业务案件时效性考核单。维修时效性考核标准样表见表 3.3-15。

排水设施维修时效性考核标准样表　　　　　　　表 3.3-15

设施	病害大类	病害小类	修复时效	扣分标准
排水	管线	管线设施疏通清捞	2日内	未完成扣1分
		堵井、返水	2日内	未完成扣1分
	方井箅	方井箅丢失	立即整改	未完成扣1分
		方井箅破损	2日内	未完成扣1分
		方井盖移位	1日内	未完成扣1分

设施	病害大类	病害小类	修复时效	扣分标准
排水	圆井盖	圆井盖丢失	立即整改	未完成扣1分
		圆井盖破损	2日内	未完成扣1分
		圆井盖移位	1日内	未完成扣1分

4. 工程量考核

根据各基层单位平台备案的年度养护计划，结合平台数据中心出具的当月实际完成量，得到工程量考核参数——工程量实际完成率。

计算公式：当月平台实际完成标准的工程量 / 年度计划该月的计划完成量 = 当月工程量实际完成率（%）。

工程量考核要求当月案件实际完成率达到95%以上。

3.3.2.4 考核结果应用

赤峰分公司安全管理部负责安全考核，按照每扣1分罚款1000元处理，安全管理资料考核采用100分制，结果≥90分不予罚款，<90分每扣1分罚款1000元，在结算中扣除。

考核平台采用"周统计、月汇总"的方式生成周统计表和月度考核确认单；按限期整改扣分原则（每扣1分罚款1000元），在结算中扣除。

同时，为保证养护质量，进一步提升管理效率，针对赤峰市道路养护现状推行城市道路养护状况评定系统，即基于城市道路单元格数据，结合道路养护状况的阶段性检查、年度普查的病害和缺陷的数据，对日常性养护及道路运营状况进行评定，计算道路各设施合格率和综合完好率，分析得到各类设施的养护状况等级，从而制定相应的养护方案。主要针对车行道、人行道（含路缘石）、路基与排水设施、其他设施的破损状况进行评定，为年度检查评价报告编制、城镇各设施养护资金投入测算提供依据。

3.4 信息化支撑

3.4.1 总体架构

围绕设施底数清、运行现状清、管养规则清的管养理念，按照国家、内蒙古自治区和赤峰市的相关标准和要求，并充分考虑各级政府的管理需求，建设市政园林标准化养护管理平台体系，利用地理信息技术、移动测绘、物联网、云计算、大数据、人工智能等新一代信息技术，支撑城市市政基础设施精细化管理。

借助信息化手段，按照"一中心、两平台、N系统"的总体思路，建立城市市政基础设施管养作业平台、内部管理平台、数据服务中心，以及物联网管理、资产管理、养护状况评定、巡查养护管理、检查考核管理、投资管理、劳务管理、经营分析、指挥调度等多个业务应用系统,实现城市市政基础设施的全生命周期、全要素数据管理和设施状态的实时动态感知,支撑资产普查、资产管理、病害巡查、病害修复、内部考核、外部考核等业务场景的应用。

3.4.2 业务应用

内部管理平台具有模块化、便捷性、可扩展性特点,可实现业务应用的快速搭建、调整、变更,主要实现合同管理、预算管理、工程量确认、核算支付等业务的信息化管理,为用户提供数据的录入、修改、查询、导出等服务,同时可随时调整业务审批流程,以快速适配内部管理业务的申请、审批、变更需求。城市市政基础设施管养项目管理业务架构图见图 3.4-1。

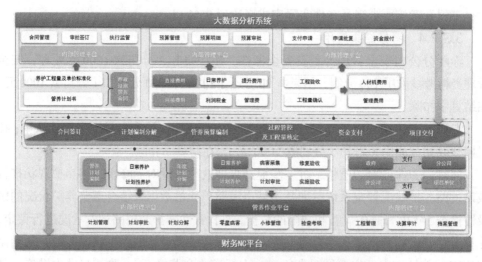

图 3.4-1 城市市政基础设施管养项目管理业务架构图

1. 合同管理

合同管理分为进项合同管理、出项合同管理,为用户提供合同信息的录入、修改、删除、查询、导出等在线维护管理服务。

进项合同即城市市政基础设施管养项目的项目合同,明确了项目的养护范围、养护内容、养护标准、养护资金等内容,是各项市政基础设施管养业务开展的前提和二次预算、养护计划书的编制依据。

出项合同依据项目预算、养护计划书,以及管养作业所需的人力、物力资源,与各劳务企业以及材料、设备供应商签订的购置合同,是项目成本核算、工程核量支付的依据。

2. 预算管理

预算管理实现项目预算的在线编制、审核,为相关部门用户提供数据的录入、修改、删除、查询、导出等在线维护管理服务,以及预算信息的抄送、审批、签字等业务的在线办理。

预算管理是将公司未来的收入、成本、现金流入与流出等以计划的形式系统地反映出来，通过预算管理来监控经营目标的实施进度，有效协调组织经营活动，保证经营目标的达成。

预算管理以生产经营业务活动为出发点，对涉及资金活动的经营行为进行预算控制，逐层分解落实经营目标和经营责任，预算指标分解到最低一级的责任单位，逐级编制，统一汇总。以进项合同为起点，形成从人材机采购→养护作业修复→收入成本确认→资金收支、利润等全面的预算管理。城市市政基础设施管养项目全面预算管理流程图见图 2.4-2。

3. 养护计划

养护计划分为年度养护计划、月度养护计划管理，实现养护计划的在线编制、审核，为各级养护单位提供数据的录入、修改、删除、查询、导出等在线维护管理服务，以及养护计划的抄送、审批、签字等业务的在线办理。

相关养护单位以进项合同要求为标准、以全面预算为依据，结合管养范围内的市政基础设施管养内容，编制本单位的年度养护计划、月度养护计划，明确管养标准、施工流程、组织机构划分、管养范围设施量、人员设备管理、养护目标、任务分解安全管理、考核管理等内容，指导后续养护管理工作的规范性开展，保障城市市政基础设施管养质量。

4. 核量支付

核量支付包括工程量确认管理、报销管理等业务功能，为用户提供核量支付业务的在线办理。

工程量确认管理即对工程量确认单的在线管理，为相关单位提供数据的录入、修改、删除、查询、导出等在线维护管理服务，以及工程量确认单的抄送、审批、签字等业务的在线办理。

报销管理即对费用报销申请单的在线管理，为相关单位提供数据的录入、修改、删除、查询、导出等在线维护管理服务，以及费用报销申请的抄送、审批、签字等业务的在线办理。

核量支付过程如下所示：

（1）核算工程量：项目部根据业务平台汇总的人材机消耗及维修工程量，结合出项合同约定价格，核算项目已完成工程量。

（2）工程量确认单审批：依据核算工程量，项目部负责人线上填写工程确认单并提交审批，确认单审批完成后方可发起报销流程。

（3）报销审批：报销流程经部门负责人审批、工程管理部、财务审计部、主管副经理批准后汇总，工程管理部复核后由经理审核批准，要逐级审批，不能出现越级现象。

（4）财务审计部支付：财务审计部依据报销流程审批结果及工程量确认单、发票等相关纸质票据，据实支付，并形成财务账簿记录。

3.4.3 作业平台（N系统）

作业平台由物联网管理、资产管理、巡查养护管理、养护状况评定等多个业务应用系统构成，实现资产管理、病害巡查、病害修复、监管考核等业务的全过程、全要素信息化监管，提升各业务的精细化管理水平。

3.4.3.1 物联网管理系统

1. 管理服务思路

城市市政基础设施物联网管理系统是为了加强对城市市政基础设施的综合管理，能够使用户第一时间获悉设施当前的运行状况，同时物联网管理系统可作为资产管理模块中外场设备基础信息来源。

外场设施监测管理系统建设包括云计算数据中心和物联网设备。云计算数据中心提供计算处理服务、网络应用服务、业务应用服务及其他服务。同时建设泵站及积水点、路灯、桥梁、井盖、绿地等基础设施的物联网感知设备，实现包括实时故障、实时监测信息、监控视频信息、水位数据、绿地湿度监测预警信息发布等功能。通过物联网管理系统建设，可为城市市政基础设施可持续应用提供可借鉴的依据，以减少人员现场值守的频次，提前发现问题，提高人员工作效率，以便管理层及时掌握设施的运行状态。物联网管理系统架构示意图见图3.4-2。

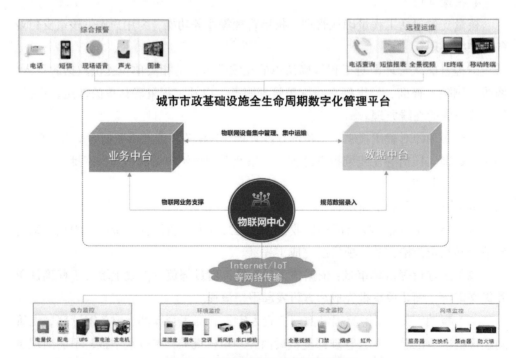

图3.4-2　物联网管理系统架构示意图

2. 业务功能

物联网管理系统包括绿化监测、桥梁检测、泵站及积水点监测、人员车辆监测、智慧锥桶等功能，实现物联网设备基础数据、监测数据的统一管理，并可根据业务需求设置预警规则，以实现监测目标健康状况的实时监测预警、处置。

（1）绿化监测

绿化监测分为土壤湿度、水车液位、车辆 GPS 等监测内容，用以监测重点绿化设施区域的土壤湿度、浇水车内的液位变化以及浇水车辆 GPS 轨迹，为用户提供监测设备基础信息的维护管理、监测预警数据的查询和查看等服务，以及车辆历史行驶轨迹的查询、历史轨迹回放。

绿化养护的重要工作之一就是植被的日常灌溉，土壤的干湿度监测可及时了解绿化带的灌溉需求，使绿化养护人员准确制定灌溉计划。通过灌溉中对用水量的监控，可以有效控制用水量，减少水资源浪费，同时通过长期的数据积累，为后续的绿化养护工作提供有价值的参考依据。水车监测可以对水车、打药车等绿化作业车辆的使用情况、燃油消耗、任务调度进行有效监管，提升车辆工作效率。

（2）桥梁监测

桥梁监测根据实际养护作业需求，分为结构应力变形、桥梁振动监测、桥基监测，用以监测桥梁的健康运行状态，包括监测设备台账管理、监测预警数据管理等功能，为用户提供设备基础信息的维护管理以及监测预警数据的查询、查看服务。

桥梁监测是在传统桥梁检测技术的基础上，运用现代化传感设备、监控设备光电通信及计算机技术（表 3.4-1），实时监测桥梁运营阶段在各种环境条件下的结构响应和行为，获取反映结构状况和环境因素的信息，由此分析结构健康状态，评估结构的可靠性，为桥梁管理与维护提供科学依据。

桥梁监测常用传感器及典型安装位置 表 3.4-1

序号	监测项目	常用传感设备	典型安装位置
1	结构应力变形监测	自补偿应变计、高精度表面式应变计、埋入式应变计、钢筋计、温度计	塔梁结合部、跨中、1/4 跨中、3/4 跨中箱梁内部上下表面。其中埋入式应变计、钢筋计在施工过程中埋设
2	温度分布监测	表面式温度传感器、埋入式温度传感器	结构温度安装在塔梁结合部、跨中、主跨 1/4 跨、索塔 1/2 高度处；空气式温度计安装在塔梁结合部外部、跨中箱梁内外部
3	索力变化监测	测力环	边索、中间索以及其他典型索
4	缝隙监测	测缝计、位移计	伸缩缝
5	桩基监测	渗压计、钢筋计 / 埋入应变计、温度传感器	桩基及周边环境
6	桥梁震动监测	加速传感器	索塔、主梁
7	交通流量监测	视频监测、微波监测	桥梁入口、中部的侧位
8	监控广播设备	情报板、摄像机、扩音器	桥梁引桥前、桥梁入口处及桥梁中部侧位

（3）泵站及积水点监测

泵站积水点监测主要分为积水点分布管理、水位预警管理、积水分析管理，用以监测积水点、泵站蓄水井的液位变化，为用户提供监测设备基础信息的维护管理以及监测预警数据的查询、查看等服务。通过对监测数据的统计分析，为泵站日常值守、巡检养护提供数据支撑。

积水点分布管理结合地理信息系统和物联网感知设备，在线上地图中进行积水点的部署和监测，雨期时可全面掌握积水情况，可有效支撑防汛保障等调度工作。水位预警管理将根据水位监测情况设置预警阈值，通过道路现场大屏幕、移动通信、指挥中心大屏等使市民及相关人员能及时了解积水和排水情况，及时做出应对处理，保障人民财产生命安全。

（4）智慧锥桶

智慧锥桶包含工程管理、锥桶管理、导航预警等功能模块，实现对当前养护作业工程信息、智慧锥桶基础信息的维护管理，以及监测预警数的查询、查看服务。

借助常见的 GIS 地图，基于智慧锥桶的实时坐标反馈，实现锥桶位置的导航，以便作业人员、监管人员快速到达施工位置，协助市民避让施工路段，使得管理人员了解施工情况。

3.4.3.2　资产管理系统

1. 管理服务思路

以实现城市市政基础设施资产"一图、一库"管理信息化建设为目标，对城市市政基础设施进行信息化管理，并为各级政府管理部门、养护主体单位和项目管理单位提供城市市政基础设施资产台账信息综合管理与统计查询服务，主要包括基础数据、综合查询、多图合一等功能模块。

城市市政基础设施资产管理模块作为其他业务子系统的基础，为其他子系统共享基础数据，包括地理信息数据、设施基础信息数据、设施历史数据等。按照面（区域）、线（路线）、点（具体设施）及综合的思路进行展示设计，实现资产多维度信息查询及调阅，满足不同用户对资产管理及应用的需要。

2. 业务功能

（1）基础数据

基础数据管理主要实现城市市政基础设施基础信息的在线维护管理，为巡查养护、监管考核等业务提供统一的、标准化的基础数据，是各项业务开展的基础。

基础数据管理分为设施基础台账及设施普查台账两大模块。

设施基础台账主要实现道路、桥梁、排水、绿化、路灯、泵站、六大专业基础数据的在线管理，为用户提供数据的新增、修改、删除、查询、导入、导出等数据维护服务。

设施普查台账主要记录路灯、配电箱、变压器、取水点、排水设施、检查井、绿化苗木等市政基础设施普查数据，为用户提供数据的新增、修改、删除、查询、导出等数据维护服务。

（2）综合查询

综合查询功能以基础数据为基础，实现道路、桥梁、排水、绿化、路灯、泵站、广场七大专业基础数据的横向多选、纵向多级的数据查询功能，为用户提数据的查询、导出服务。

（3）多图合一

基于二维 GIS 地图，融合市政基础设施的 BIM 模型数据、单元格数据、卫星影像数据，实现各类市政基础设施的一图查询、展示，为用户提供更为形象、直观的资产查询、查看服务。多图合一管理功能示意图见图 3.4-3。

图 3.4-3　多图合一管理功能示意图

3.4.3.3　巡查养护系统

1. 管理服务思路

城市市政基础设施巡查养护管理系统是城市市政基础设施养护管理的核心业务系统，按照精细化管理养护的要求和 PDCA 循环的科学管理理念，实现了城市市政基础设施从病害发现、任务审批、养护施工、完工上报到维修复核全流程的闭环管理。同时支持巡查及养护事件的痕迹化管理，以便于问题追溯和巡查养护工作执行情况考核。

城市市政基础设施巡查养护管理系统是养护管理作业的核心业务系统，主要包括病害采集、病害修复、监管考核、GPS 管理、统计分析、系统设置等业务功能。

2. 病害巡查业务功能

巡查是设施运营管理工作开展的驱动力，为保证设施病害巡查的及时性、全面性，按照"三检一监"体系，设置定期巡检、日常巡检、专业检测、物联网监测四类巡查形式。

（1）定期巡检

定期巡检即定期组织开展的专项普查、专业巡查等任务，主要对城市市政基础设施的运行状况进行一次全面的摸底普查，以获知设施整体运行状态，主要由巡查班组使用专业病害 APP 采集，为用户提供病害信息的采集、查询、查看服务。专业 APP 采集病害示例图见图 3.4-4。

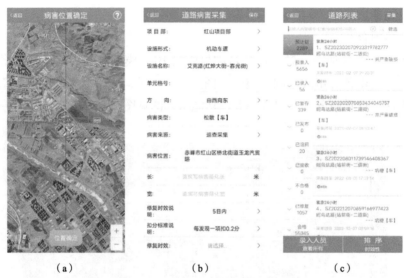

（a）　　　　　　　　（b）　　　　　　　　（c）

图 3.4-4　专业 APP 采集病害示例图

（a）病害位置信息采集；（b）病害信息采集；（c）病害列表

（2）日常巡检

日常巡检作为专业巡检的补充手段，主要依靠车巡（AI 采集）、步巡（专业 APP 采集）、城管下派（系统同步）、公众举报（小程序）等方式，对城市市政基础设施的运行状况进行更为细致、全面的巡检，为用户提供病害信息的采集、查询、查看服务。日常巡检示例图见图 3.4-5。

（a）　　　　　　　　　　　　（b）

图 3.4-5　日常巡检示例图

（a）人工巡查；（b）AI 车巡

（3）专业检测

根据城市市政基础设施管养相关标准规范，对养护施工过程及作业质量进行专业检测，如沥青路面的平整度、抗滑性、厚度、弯沉程度检测等，通过专项检测查找缺陷、不足之处，并及时整改，以确保养护质量，同时将相关采集信息录入业务系统中，为用户提供检测的录入、查询、查看服务，辅助养护作业计划的制定与实施。

（4）物联网监测

在重点设施上安装物联网监测设备，实时监测城市市政基础设施的运行状态并进行预警。同步物联网监测数据与预警信息至物联网管理系统（参见本书物联网系统章节内容），为用户提供监测预警数据的查询、查看和短信通知等服务。根据预警规则，及时推送至相关负责人进行核实处置，以减少因设施损坏造成的公众生命财产损失，保障公众出行安全。物联网监测示例图见图3.4-6。

图3.4-6　物联网监测示例图

3.病害修复业务功能

根据病害量化以及病害类型，对已采集病害进行分类修复，分为零星修复、计划修复两类。

（1）零星病害修复

零星病害修复为道路、桥梁、排水、绿化、路灯、泵站、广场七大专业提供病害处置业务的全过程、全要素闭环监管，为用户提供病害基本信息的维护管理、病害处置业务的在线办理，实现了病害采集、录入、发布、接收、暂存、退回、修复、验收（合格、不合格）等业务的留痕化管理，支持病害详情、业务流转、修复工程量等信息的查询、查看和历史数据可溯，从而为各项监管考核机制的落地执行奠定基础。

病害来源主要分为巡查采集（人工采集、AI采集）、上级下派、公众报送三大类。因来源不同，其修复过程也存在些许差异。其中AI采集病害、上级下派案件以及公众报送因原始数据信息较少，需先在预录入节点对数据进行补充完善，再进行后续的处置修复；而巡查采集案件则可直接进行修复。零星病害修复流程图见图3.4-7。

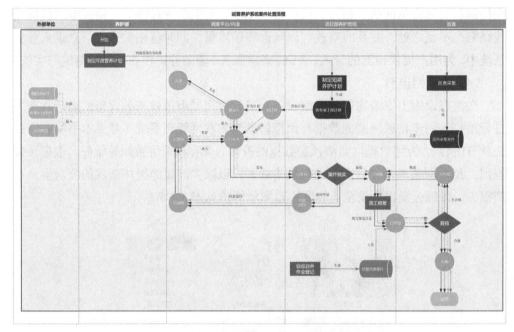

图 3.4-7　零星病害修复流程图

（2）工程计划管理

工程计划管理为道路、桥梁、排水、绿化、路灯、泵站、广场七大专业提供小修工程业务的全过程、全要素闭环监管，为用户提供工程计划基本信息的在线维护管理，以及工程计划的编制、审批、执行、验收等业务的在线办理服务，实现了工程计划编制、上报、核验、初审、会商、修复、验收（合格、不合格）等业务的留痕化管理，支持工程计划详情、业务流转、修复工程量等信息的查询、查看和历史数据可溯，从而为各项监管考核机制的落地执行奠定基础。

依据病害巡查结果，按照破损程度、养护等级制定市政基础设施的整体管养计划，优先处置破损程度严重、养护等级要求高的道路病害，集中管养资源尽快解决一批重大、紧急的难点、痛点问题，以实际管养成果获得业主及公众认可，为后续养护工作的开展提供一个更为宽松的经营管理环境。工程计划执行流程图见图 3.4-8。

（3）养护质量验收

市政设施病害修复后，巡查人员需进行现场核验，实地测量实际病害维修量，以作为最终工程量计量标准；调度中心通过业务平台对病害的修复信息、核验信息进行检查对照，确保其填写规范、完整，为后续的核量支付提供标准、准确的数据支持。养护计划执行、验收监管见图 3.4-9。

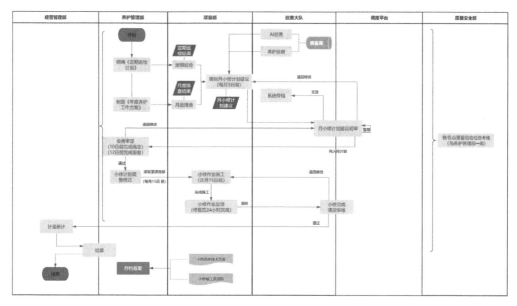

图 3.4-8　工程计划执行流程图

图 3.4-9　养护计划执行、验收监管图

3.4.3.4　监管考核业务功能（内部考核）

养护作业监管包括时效性考核、安全生产考核、养护质量考核等模块功能，用以对病害修复的时效性、养护作业期间的安全生成、养护作业过程中的施工工艺、标准等项目进行考核，为用户提供考核时效数据的查询、查看，安全生产考核、养护质量考核业务的在线办理服务，实现了考核记录的新增、确认、反馈、审核、整改等业务的留痕化管理，支持考核记录详情、业务流转等信息的查询、查看和历史数据可溯。

为保证设施病害处置的及时性、养护作业期间的安全、规范生产以及养护作业的完成质量，建立时效考核、安全文明生产考核、养护质量考核机制。通过考核扣分与核量支付的联动，督促各级养护单位认真、细致、规范作业，以保障设施病害修复的质量。

（1）时效考核：根据病害类型及病害的影响，设置各类病害对应的修复时效，自病害上传至系统开始计时，直至病害完成修复结束。若在规范时效内未及时修复，则按照对应扣分规则，扣除对应分值，作为核量支付的参考依据。

（2）安全生成考核：主要从文明施工、安全施工、规范施工等方面入手，对养护作业过程的不文明行为、安全保障措施缺失行为、施工及管理过程中的不规范行为进行监管，按照考核标准对相关行为进行扣分，作为核量支付的参考依据。

（3）养护质量考核：按照专业及病害类型，对养护施工工艺、标准进行监管，对施工工艺不到位、作业标准不合格、不规范等行为，按照考核标准进行扣分，作为核量支付的参考依据。

辅助支撑业务功能：

（1）GPS 管理

该功能主要是对巡查养护作业期间的人员、车辆的 GPS 数据进行记录、监管，支持当前人员、车辆在线状态、当前位置的查询、查看，并可按时间查询人员、车辆历史轨迹，支持历史轨迹的回放。在查看历史轨迹的同时，展示异常停留点及停留时长等信息，以监督人员、车辆的规范作业。

（2）统计分析

对道路、桥梁、排水、绿化、路灯、泵站、广场七大专业的病害数量、病害量化、修复工程量、人材机消耗等指标进行多维度统计分析，为用户提供数据的查询、查看、导出服务。

①病害数量统计：按病害类型、处理状态、养护片区等统计病害数量，用以分析展示病害的发生频率、修复效率、易发位置等信息，以辅助养护决策的制定；

②病害量化统计：按照项目部、班组统计病害修复工程量、人材机消耗，支撑项目部、班组的工程量及养护成本核算。

（3）系统设置

系统设置主要为病害巡查、病害修复等模块提供底层数据支撑，包括病害分类管理、统计结构管理、监管考核管理等功能模块，为用户提供数据的在线维护管理服务。

①病害分类管理：实现代码管理、专业分类、病害大类、病害小类类别、病害小类、时效扣分标准、折算标准、工程计划维修方案等底层数据的在线维护管理，支撑病害零星修复、工程计划处理、时效考核等业务的办理。

②统计结构管理：实现项目部、养护班组、养护片区等底层数据的在线维护管理，支持病害巡查、病害修复、统计分析等功能的调取应用。

③监管考核管理：实现考核类别、考核大类、考核小类、扣分内容、扣分标准等底层数据的在线维护管理，支撑安全生产考核、养护质量考核等业务功能的调取应用。

3.4.3.5 检查考核系统（外部考核）

1. 管理服务思路

检查考核系统主要是为客户提供的外部监管手段，包括考核评定、汇总统计、标准规范等功能模块。客户可通过本系统对养护单位的养护作业、制度资料及安全、城区重点防汛、项目管理等工作进行全面监管，依据进项合同中的考核标准，对养护单位的项目执行、完成情况进行评价，并作为最终项目验收的参考依据。

2. 业务功能

（1）考核评定

考核评定主要实现养护作业、制度资料及安全、城区重点防汛、项目管理等工作考核评定业务的全过程、全要素闭环监管，为客户及养护单位提供考核案件基本信息的维护管理，考核案件处置业务的在线办理服务，实现了案件上传、发布、接收、申诉、整改、验收（合格、不合格）、考核扣分、扣分申诉等业务的留痕化管理，支持案件详情、业务流转、整改工程量等信息的查询、查看和历史数据可溯。

①养护作业：对车行道、人行道、桥梁、排水、绿化、泵站、路灯的养护作业过程及完成质量进行监管，为客户提供案件的编辑、上传及整改验收服务；为养护单位提供案件的发布、接收、整改服务。

②制度资料及安全管理：对养护单位的制度管理、资料管理、安全制度建设及管理工作进行监管，为客户提供案件的编辑、上传及整改验收服务；为养护单位提供案件的发布、接收、整改服务。

③重点区域防汛管理：对养护单位的重点区域防汛相关工作进行监管考核，包括预案制度、防汛演练、人员安排、物资设备配备、备勤监督、资料管理等考核项目，为客户提供案件的编辑、上传及整改验收服务；为养护单位提供案件的发布、接收、整改服务。

④管理类项目：对养护单位的项目协调管理工作进行监管考核，包括交通设施恢复、桥梁工程师团队管理、市政基础设施巡查等考核项目，为客户提供案件的编辑、上传及整改验收服务；为养护单位提供案件的发布、接收、整改服务。

⑤汇总统计：对考核案件和考核扣分情况进行汇总、展示，为用户提供数据的查询、查看、导出服务。

（2）标准规范

实现考核类别、考核项目、考核详细及扣分标准等底层数据的在线维护管理，支撑养护作业、制度资料及安全、城区重点防汛、项目管理等考核评定功能的调取应用。

3.4.3.6 劳务专项管理系统

1. 管理服务思路

劳务管理系统包括基础数据、出勤管理、班前讲话、系统设置等模块功能，用以实现人员的招聘、入职前安全教育、入职后的岗前培训、人员出勤打卡、进出场管理的全过程监管，监督各项安全管理制度的落实，以保障劳务人员的生命安全，保证市政管养业务的安全生产。

2. 业务功能

（1）基础数据

基础数据管理包括单位管理、合同管理、代码管理、安防用品管理、超龄预警设置等模块，为用户提供养护单位、劳务企业、劳务合同、安防用量、劳务人员基本信息的在线维护管理服务。同时可设置超龄预警规则，对劳务人员的年龄情况进行实时监测，对于重点人员、超龄人员进行及时预警，以便人事管理用户对人员及时进行退场。

①单位管理：实现养护单位、劳务单位基本信息的在线维护管理，为各级人事管理人员提供数据维护管理服务，支持人员管理的调取、应用。

②合同管理：实现劳务合同基本信息的在线维护管理，为各级人事管理人员提供数据维护管理服务，支持人员管理功能的调取、应用。

③代码管理：实现单位、班组、工种等类型的代码设置，为系统管理员提供代码数据的维护管理服务，支持单位管理、人员管理、班组管理等功能的调取、应用。

④安防用品管理：实现安防用品基本信息的在线维护管理，为系统管理员提供数据维护管理服务，支持班前讲话功能的调取、应用。

⑤人员管理：实现人员实名制信息的采集，为各级人事管理人员提供数据维护管理服务，并根据人员的在职及重复入场情况，对人员进行入场、退场管理，以保证人员信息的准确性，为各业务应用提供精准的人员信息。

⑥超龄预警设置：根据相关政策规范，对于年龄较大的人员进行重点关注，分为重点管理人员和超龄人员。其中重点管理人员，需定期上传健康检测资料；超龄人员需清退离场，以避免养护作业过程中出现人员自身健康突发风险，保障劳务人员生命安全。

（2）出勤管理

出勤管理包括班次设置、人脸识别打卡（APP端）、打卡报备管理、出勤统计等模块，以人脸识别为基础，借助专用APP完成劳务人员的在线打卡、报备，进而监管劳务人员的到岗及时性。

①班次设置：实现打卡班次信息的在线维护管理，为用户提供数据维护管理服务，用户可根据不同专业、不同班组、不同部门的需求，制定自己的打卡班次和打卡时段，实现差异化、定制化打卡，支持人脸识别打卡功能的调取、应用。

②人脸识别打卡：包括人脸注册、人脸识别打卡、打卡报备三个功能，实现人脸信息（照片）的采集、人脸识别打卡、异常报备（无法完成人脸打卡时的补充措施），通过当前采集影像与注册时存储影像的对比识别打卡人员，完成人脸识别打卡；若因客观原因，无法完成人脸识别打卡，可及时使用打卡报备进行出勤登记，支持打卡记录查询、查看。

③出勤统计：基于人员打卡记录，按时段统计各班次的打卡数、缺卡数、报备记录数，为人员的工时计量提供数据支持。

（3）班组讲话

劳务人员入职前应先完成公司、项目部、班组的三级安全教育，之后才能进行实名制登记、进场。

为进一步加强劳务人员安全意识，在施工作业前，班组长需组织班前安全讲话，对相关安全事项逐一进行讲解，以确保劳务人员按照规范流程作业，保证劳务人员人身安全。

班前讲话包括班组班前讲话、班长临时委任两个功能模块，为用户提供班前讲话信息的采集功能，包括班组作业内容、到场人员、安全注意事项等信息，通过拍照、录音以及在线签字，保障采集信息的准确性，以保障安全管理制度的严谨执行。

①班前讲话：借助专用 APP，为班组长提供班前讲话信息的采集功能，并可在 PC 端查看班组作业内容、到场人员、安全注意事项等班前讲话详情信息，为用户提供数据的查询、查看服务。

②班长临时委任：为避免因班组长无法到岗而设置了权限临时委任功能，班组长可临时指定班组成员为当前会议组织者，由其完成班前讲话信息的采集。

3.4.3.7 排水专项治理系统

1. 管理服务思路

城市排水系统是否正常运转，直接影响公众生命财产安全，是市政管养中的重中之重，借助排水专项治理系统对城市排水设施的运行状态进行探查与疏通。通过对设施基础信息、淤堵情况进行普查，获知排水系统运行情况。根据普查结果，制定合理的疏通计划，对淤堵设施进行清淤，对疏通结果进行核验，保障城市排水系统的良好运转和公众生命财产安全。

2. 业务功能

（1）基础数据

对排水设施基础数据进行管理，建立排水设施电子档案，为用户提供排水设施基础信息的在线维护管理服务。

（2）普查管理

根据排水专项治理需求，按任务派单模式，定期对设施的基础信息及淤堵状态进行普查，采集设施基础信息、淤堵信息，并对采集数据进行核验，保障采集数据的规范性。

普查管理分为普查计划管理、普查任务管理、普查台账管理等功能，为用户提供普查计划、普查任务、普查设施信息的在线维护管理和普查审核服务。当普查任务涉及的排水设施全部合格后，形成本任务的普查台账，并同步更新排水设施基础台账，为疏通工作的开展奠定基础。

（3）疏通管理

通过分析普查合格设施的淤堵情况，根据淤堵的严重程度制定相应的疏通计划，合理分配人力、物力资源，对淤堵设施进行疏通。疏通完成后，作业人员可根据实际的人员、机械、材料消耗，填写工程量信息，业务主管可对作业人员的疏通成果进行疏通质量验收。

疏通管理分为疏通计划管理、疏通任务管理、疏通台账管理等功能，为用户提供疏通计划、疏通任务、疏通设施信息的在线维护管理和疏通审核服务。当疏通任务涉及的排水设施全部疏通合格后，形成本任务的疏通台账，并同步更新排水设施基础台账，以支持下一次的普查工作开展。

3.4.3.8 窨井专项治理系统

1.管理服务思路

当前窨井的养护主要作为排水设施病害其中一类进行管养，且很多窨井存在权属不清、权责不明的现象，严重影响了窨井病害的处置效率，对人民群众生命财产安全构成潜在的隐患与威胁。因此建立窨井专项治理系统，对窨井基础信息进行普查、确权认领、病害处置，进行专业化、系统化、规范化的管理。

2.业务功能

（1）基础数据

基础数据管理包括窨井台账、窨井道路台账，实现窨井基础信息、道路基础信息的统一管理维护，为用户提供基础数据的在线维护管理服务。同时建立窨井信息维护审核机制，对窨井信息的维护操作进行审核，以保障数据的真实性。

（2）普查管理

借助窨井专项治理系统专业APP，按照任务派单的模式对窨井基础信息进行全面普查，为用户提供数据的采集、查询、查看服务。通过APP采集窨井基础信息、井盖病害信息，并进行逐一编号，建立窨井数字档案，实现"一盖一编号、一井一档案"。

（3）确权管理

窨井确权工作是专项治理工作中的重点，需由政府相关部门牵头，协调多方单位共同完成。通过制定窨井确权计划，发布窨井确认任务，由各方单位按任务对已普查窨井进行确权认领，为用户提供窨井计划、窨井任务、窨井信息的查询、查看、认领服务。通过窨井确权，明确窨井的权属单位、管养责任单位，为后续窨井病害治理工作提供支撑。

（4）窨井治理

建立窨井病害统一治理机制，实现窨井病害采集、修复、验收的全过程信息化管理，为用户提供窨井病害基本信息的维护管理、病害处置业务的在线办理，实现病害采集、委托、修复、验收（合格、不合格）等业务的留痕化管理，支持病害详情、业务流转等信息的查询、查看和历史数据可溯。

权属单位或管养单位可按照病害上报、修复、验收的流程自行处置病害，或对窨井进行管养委托，由被委托单位完成权属窨井的病害治理工作，保证窨井都能得到有效的管养，减少由窨井病害引起的安全事故的发生。通过专业化、集约化养护，确保窨井病害得到及时处置，保障公众出行安全。

（5）窨井地图

窨井地图即基于 GIS 地图展示各类型、各状态窨井的分布，为用户提供数据的筛选、查看服务，主要展示两类内容，一是根据窨井类型，展示不同窨井的定位分布、权属分布情况；二是根据窨井病害治理状态，展示不同状态的窨井定位分布、权属分布情况，便于用户对权属范围内窨井的分布情况、良好状态进行全局监管。窨井地图见图 3.4-10。

图 3.4-10　窨井地图

（6）统计分析

对窨井普查、确权、治理过程中产生的数据加以分析，通过图表等形式客观分析权属单位窨井数量、病害数量、病害类型、病害率、案件状态、修复率等，实现数据可视化分析，为管理部门、权属单位窨井治理工作提供决策支持。

3.4.3.9　指挥调度系统

1.管理服务思路

集成资产管理、病害巡查、病害零星修复、病害计划修复、窨井治理、排水设施疏通治理等多业务系统数据，建设指挥调度系统，实现市政基础设施养护工作、防汛备勤、应急抢险工作的全局监控、资源调配、应急指挥，可根据需求对人员、机械、设备、材料等各类资源进行调配，进一步提升市政管养业务的工作效率。

2.业务功能

（1）养护管理

养护管理业务模块实现道路、桥梁、排水、泵站、路灯、绿化等养护作业工作的全局监管，可在线查看人员、车辆、备勤点、设施病害的基本信息和分布状态，支持在线人员视频连线、车载监控视频查看、人员车辆轨迹回放等功能操作，并可对备勤点的物资设备进行出库、入库操作，实现人员、车辆、物资的在线调度、分配。

（2）应急抢险

应急抢险业务模块实现应急抢险、防汛备勤、重点保障等工作的全局监管，可查看备勤人员、车辆的在线情况，查看备勤点、抢险案件、备勤案件的基本信息和分布状态，支持在线人员视频连线、车载监控视频查看、人员车辆轨迹回放等功能操作，并可对备勤点的物资设备进行出库、入库操作，实现人员、车辆、物资的在线调度、分配。

备勤人员可通过市政防汛小程序，报备备勤工作的开展情况，及时发现应急案件，以便指挥中心及时处置。

3.4.4 数据服务中心

3.4.4.1 经营分析管理

1. 管理服务思路

基于资产管理、巡查养护管理等业务系统数据，结合大数据分析平台，从管养范围、养护现状、养护质量三个方面，对市政管养的经营现状进行分析、展示，为管理人员制定养护计划、把控养护进度以及保障管养质量提供辅助决策支持。

2. 业务功能

（1）建立数据仓库

整合资产管理、养护巡查管理、物联网管理、劳务管理、窨井专项治理、排水专项治理等系统业务数据，再对数据进行清洗、梳理后同步至数据分析平台，建立对应的数据仓库，作为经营分析的基础。数据仓库架构图见图 3.4-11。

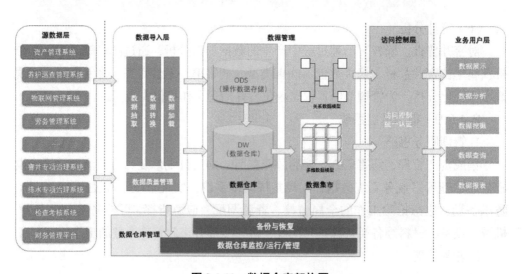

图 3.4-11　数据仓库架构图

（2）管养范围分析

基于上述建立的数据仓库和数据分析平台，对市政基础设施量、设施状态、机电设备量、机电设备状态、绿化资源量及绿化资源状态等数据进行统计分析，结合 GIS 地图、统计图表、大屏展示等方式，展示当前市政管养内容及其设施现状。养护范围统计分析图见图 3.4-12。

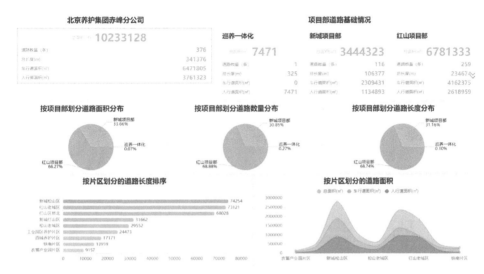

图 3.4-12　养护范围统计分析图

（3）养护现状分析

基于上述已建数据仓库，对市政基础设施病害修复量和修复率、小工程的计划修复量与实际完成量、绿化保有量和其健康状态、物资物料采购量与使用情况进行分析统计，结合 GIS 地图、统计图表、大屏展示等方式，展示当前城市市政基础设施的养护现状。养护现状分析图见图 3.4-13。

图 3.4-13　养护现状分析图

（4）养护质量分析

基于上述已建数据仓库,结合检查考核系统等市政管养其他已建业务系统数据,对道路、桥梁、路灯、泵站、绿化等业务专业的病害修复考核情况进行统计,按项目部、时间区间、业务专业等角度,对病害时效性考核、安全生产考核、养护质量考核的得分情况进行统计排名,结合 GIS 地图、统计图表、大屏展示等方式,展示当前城市市政基础设施的养护质量现状。养护质量分析图见图 3.4-14。

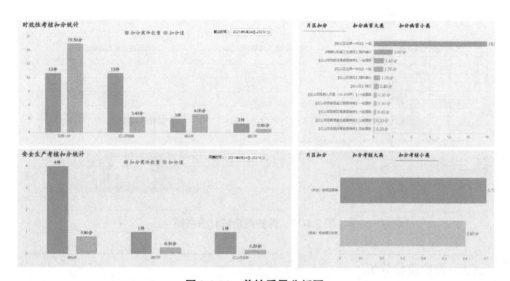

图 3.4-14　养护质量分析图

3.4.4.2　业财融合应用

1. 管理服务思路

通过优化资产管理、巡查养护管理的现有业务,对人员、机械、材料的采购、进场和出场的全过程进行监管,结合人员、机械、材料的采购成本、各类养护业务的标准化养护成本、年度养护预算及预算分解,提取各类运营指标,实现运营成本的分析。

对接集团项目管理及财务平台的项目收支信息,提取市政养护项目的相关财务指标,实现财务收支情况的分析。

通过运营成本分析、财务收支分析掌握养护项目整体执行情况,结合年度养护计划、年度养护预算及项目整体执行情况,指导项目后续工作的部署、开展,在按要求完成年度养护指标的前提下,保证养护成本的合理控制。业财融合应用总体思路图见图 3.4-15。

2. 业务功能

（1）经营管理成本分析

同步资产管理物资物料采购、设备租赁申请、验收进场信息,劳务系统的人员信息、工种信息,汇总巡查管理的病害修复、工程计划执行及其他养护任务的实际养护成本。基于工程项目,按月、季、年,对计划养护成本、预估养护成本（定额 ×

实际养护量）、实际养护成本进行综合对比分析，为用户判断养护任务部署、资源分配是否合理、成本是否控制得当提供参考依据，确保在完成年度养护目标的同时，做好养护成本的把控。成本归集示例图见图 3.4-16。

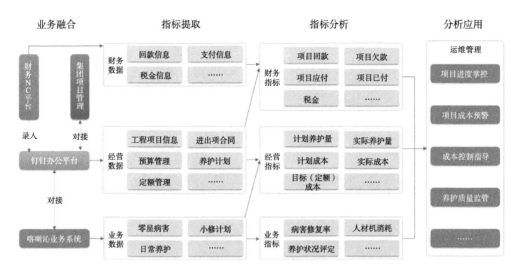

图 3.4-15　业财融合应用总体思路图

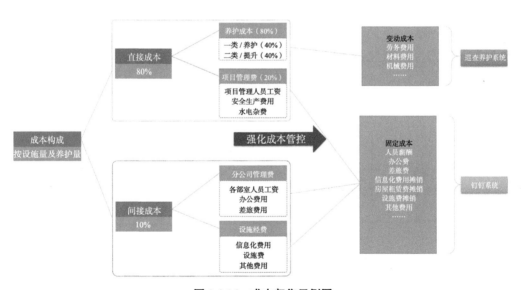

图 3.4-16　成本归集示例图

（2）项目执行情况分析

同步巡查养护管理系统、路灯管理系统、泵站管理系统等各业务系统的业务数据，对设施养护量进行汇总统计，对比年度计划、月度计划，分析项目执行进度情况，以便用户判断养护进度是否符合预期，及时调整养护任务，保证年度养护目标的顺利完成。项目执行情况分析图见图 3.4-17。

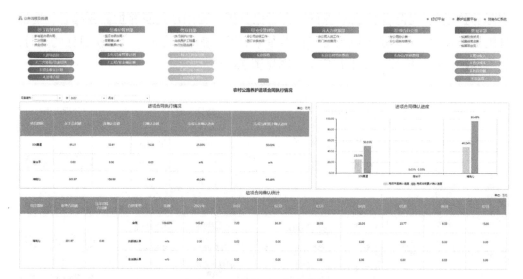

图 3.4-17　项目执行情况分析图

（3）定额管理

基于内部管理平台、市政管养平台以及经营成本分析，参考国家相关养护设施管养规范，制定适合本地的养护定额标准，作为养护项目成本评估的参考依据，为项目前期评估提供计算支持。定额管理示意图见图 3.4-18。

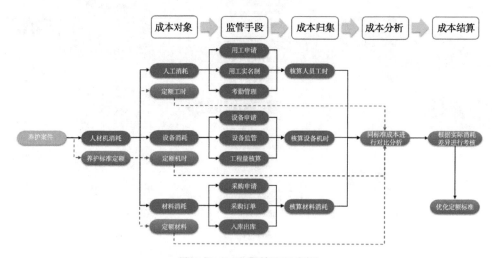

图 3.4-18　定额管理示意图

3.5　多元化巡查

多元化巡查是确保病害案件上报及时有效的手段。多元化巡查通过"三检一监"工作机制，推行"巡养分离"管理模式，组建专业的巡查队伍，配备专业巡查车辆和 AI 智能巡查技术设备开展工作，同时为确保巡查工作的全面性和及时性，市政养护巡查系统与智慧城管系统对接，将外部来源的病害案件从接收处理到办结反馈做出快速反应，公众还可通过市民举报热线将相关病害案件进行转接上报。另外相关作业队伍积极开展巡养一体化工作，作为巡查工作的补充。

3.5.1 多元化巡查管理模式

巡查工作主要以巡查大队、调度中心巡检组和各作业单位自巡自养三位一体的形式进行，作为整体巡查的一部分，同时与其他巡查单位协同进行无死角巡查，保证覆盖度，从而进一步提升巡检工作成果，做到计划落实、监督、考核机制的落地，同时达到"养护跟着计划走，计划依据巡检来"的工作效果。

3.5.1.1 巡查队伍建设

巡查是设施运营管理工作开展的驱动力、监管措施和评价手段之一，组建专业的巡查队伍作为完成工作的主力军。专业巡查队伍图见图 3.5-1。

设施巡查队是巡查管理工作的主责单位，负责编制《年度巡查管理工作方案》，建立巡查管理制度，负责市政基础设施的日常巡查、城市道路占用挖掘管理工作的巡查以及市政养护工作的监督核查工作。

设施巡查队对巡查人员进行岗前培训，巡查人员上岗前需具备巡查管理工作的专业业务素质，人员固定，如有调整须报公司备案。

设施巡查队负责制定巡查人员岗位职责及工作内容，巡查人员需准确掌握各类病害分类标准，熟练掌握设施病害、私占私掘及各类突发事件的上报及处置流程。

设施巡查队负责对巡查人员进行业务培训，每年不得少于 2 次。

设施巡查队负责各巡查组人员工作安排及值班管理。

图 3.5-1 专业巡查队伍图

3.5.1.2 巡查作业管理

规范作业流程，加强业务管理，形成《道路巡养工作手册》《巡养人员管理制度》等相关工作制度，定期组织作业人员参加施工工艺、工作流程、安全知识等一系列专业知识和技能培训，确保责任落实到位、安全培训到位、基础管理到位、应急救援到位。

巡查作业要求：

（1）巡查人员上岗时须按标准统一着装，佩戴证件，保持仪容整洁，举止文明。

（2）巡查人员须根据年初制定的《年度巡查管理工作方案》中的巡查频率及巡查方式对管辖设施进行巡查。

（3）在巡查过程中，应按协议及规范要求上报各类病害信息，确保巡查上报病害信息准确、零星类信息上报及时。

（4）巡查队负责对零星类病害进行复核计量，确保复核计量准确性，复核修复情况及时进行现场核查并及时完成信息闭合。

（5）设施巡查队建立巡查车辆管理档案，明确各车组巡查人员及巡查设施范围。

（6）巡查过程中出现各类问题须按照各类事件程序进行处理，突发性事件须采取相应的有效应急处置措施。

（7）巡查过程中发现各类私占私掘事件须按私占私掘处置流程及时制止并上报。

3.5.1.3　巡查方式

道路设施巡查主要为机动车巡查和步行巡查。巡查实行分区块巡查制度，巡查按各组制定的责任区域进行；

（1）机动车巡查：主要负责快车道、慢车道的市政基础设施巡查工作、占掘路监管工作，主干道巡查频率确保一天一次，次干道巡查频率确保两天一次，各区块在建项目周边路段重点巡查，雨污水检查井及预留井、雨水口检查频率确保每天一次；巡查里程达到 100km/d。

（2）步行巡查：主要负责市政基础设施巡查工作，主干道巡查频率确保一天一次，各区块在建项目周边路段重点巡查，雨污水检查井及预留井、雨水口检查频率确保每天一次，确保 40km/ 人 /d（上下行总计）。

桥梁设施巡查主要是对管养范围内的桥梁设施的检查工作，检查频率为每桥每周一次。

3.5.1.4　作业管理

机动车巡查及步行巡查均采用 GPS 定位结合人员定时打卡进行考评。每日统计巡查轨迹，确定责任区域内巡查里程及打卡位置。

（1）车辆轨迹：通过 GPS 设备统计每日车辆轨迹及巡查里程。

（2）步巡轨迹：采用电动车加装 GPS 设备，统计每日巡查轨迹、区域、里程。

（3）定时打卡：巡查工作人员每日上班到岗时间 8：30、10：00、11：30；下午到岗时间 14：30、16：00、17：30，分别按以上时间通过 APP 进行人脸识别打卡。

（4）巡查内业通过系统统计巡查人员每日巡查里程及打卡结果，每月 1 日对上月考核结果结合《赤峰市市政基础设施养护信息巡查工作考核标准》进行综合考评。

3.5.2 "三检一监"工作机制

3.5.2.1 日常巡检

日常巡检主要由巡查大队及调度中心巡检组日常开展的巡查工作，主要对道路的病害及占掘路案件进行巡查上报，同时对病害修复处置情况进行复核，保证病害得到有效处置。

3.5.2.2 AI巡检

AI巡检是由调度中心巡检组的AI巡查车进行定期巡检工作，主要用于日常巡检的补充手段，用客观公正的技术手段对巡查及养护维修处置情况进行跟踪分析。使用大数据从第三方角度对整体养护工作进行评价。

3.5.2.3 特殊检测

特殊检测是指每年度根据实际业务需求，委托专业检测单位进行的专项检测工作，如道路类的路面平整度、抗滑性、弯沉、地下空洞检测，排水设施类的管网拥堵、破损检测；桥梁专项检测，路灯照度检测等。特殊检测图见图3.5-2。

（a）   （b）

图 3.5-2　特殊检测图

（a）道路检测作业图；（b）排水检测作业图

3.5.2.4 物联网监测

物联网监测是指借助物联网技术及设备，对重点路段、重点病害进行专项监测，如井盖位移监测、积水路段监测、泵站视频监测、土壤墒情监测等，公园内土壤墒情检测仪和积水点监测仪见图3.5-3。

图 3.5-3　公园内土壤墒情检测仪和积水点监测仪图

3.5.2.5　AI巡查工作介绍

AI人工智能技术应用到城市市政基础设施巡检业务体系中，实现多种道路病害的高精度、自动化识别。同时，基于人工智能和大数据技术，开发自动化损伤识别的关键技术，并通过系统建设和示范应用，以全新的模式实现路网巡查数据的持续更新与维护，将有助于显著降低养护工作成本，提升路网智能化建设水平，并且提供跨行业部门资源的充分共享，探索和引领新型智慧城市的模式重构。

1. AI巡查系统

AI巡查系统又称为快速智能巡查系统，快速智能巡查系统由车载数据采集系统和数据后处理系统组成。

巡查车上面安装AI道路快速巡查设备，在巡查车外出作业中自动拍摄道路照片，并且实时做病害识别，将识别的信息自动上传到服务器，同时将拍摄的照片存储到设备内部，在巡查车作业结束回到公司后可由专人将已存储的照片拷贝到内部存储服务器。

内部存储服务器可以对采集的照片做归档管理，同时也可以做二次智能识别，提取病害照片、标注其信息，将结果信息发送到云服务器中。PC端的座席人员从云服务器获取智能识别出的病害数据，然后做人工核查，最后将信息进行发布，进入下一步病害处理流程。

2. AI病害识别模块

采集控制软件包含GNSS采集模块、Camera采集模块、AI识别模块、时间同步模块、综合计算模块、用户交互模块等主要模块，下面主要对AI病害识别模块加以介绍。

（1）病害特征库

病害特征库是本系统的核心内容，相当于道路病害"基因图谱"，快速识别软件基于这些特征库进行比对学习，达到系统自动识别的目的。病害特征库见图 3.5-4。

图 3.5-4　病害特征库

（2）病害识别模型

采用深度卷积神经网络模型构建 AI 病害识别模型，首先根据输入图像生成候选区域，针对每个候选区域生成特征图，通过深度卷积神经网络提取特征，再将特征传入滤波器进行特征类别判断，最终通过回归器精细化候选框位置，生成最终的识别数据。

3.5.2.6 AI 巡查实际应用

建设 AI 智能巡查联合实验基地，为市政道路及公路预防性养护提供重要的道路基础数据支撑。针对巡查行业存在的问题与痛点，对 AI 智能巡检体系进行全新的设计和研发，使得路面分析、道路巡检业务体系更为丰富，操作方式更为简洁，实用性更为突出，安全性与私密性更高，极大地丰富了业务领域和应用场景，使得 AI 巡检体系更完美地贴合道路巡检养护领域，更具实用价值。

巡检体系通过智能化设备取代人工巡查，对道路病害进行实时研判分析并发布修复和计划性养护，巡检效果显著提升，同时大大提升了巡检效率，且无须大量的巡检人员。巡检体系还包括主动预警功能，减少人工巡检养护风险，从而达到降本增效的效果。配套系统内置智能算法仓，内含多种 AI 深度学习算法，巡检系统还可根据病害数据进行智能分析研判，为科学的市政养护决策提供数据依据。

赤峰市中心城区市政园林标准化养护项目巡检人员通过智能巡检设备（智慧巡检车、步道电动自行车）对路面病害进行实时抓拍、智能分析。巡检系统内含多种 AI 深度学习算法（坑槽识别、裂缝识别、井盖缺失识别、修补识别、修补裂缝等），为赤峰项目管养范围内的市政道路、公路路面和病害案件修复验收等进行快速巡查，从而为道路质量状况评估、道路预养护、大数据分析提供强有力的数据依据，同时为项目运行管理、巡查养护、公共安全、应急处突等提供有力保障。AI 智能巡查基地和 AI 智能巡检现场采集见图 3.5-5。

图 3.5-5　AI 智能巡查基地和 AI 智能巡检现场采集

1. 巡养一体化工作

所谓巡养一体化，即各专业养护队伍在进行养护维修的工作中，同时开展市政道路的巡查和应急抢险等工作，是城市市政基础设施养护的新型管理方式。

固有的道路巡查模式，从发现问题到修复完毕需要 2 ～ 3d 时间，而"道路巡养一体化"实施后，养护人员借助城市市政基础设施管理平台，通过手机软件和巡查管理系统，实现发现、转办、处理的快速传递，从拍照上传、系统分析、派发任务到修复完成，全部流程控制在 24h 内完成，极大地缩短了道路病害修复时间。此外，绿色骑行的巡查方式不仅能及时发现道路的细微病害，还有效避免了机动车巡查影响交通、巡视死角多的问题。同时，随车携带工具与材料能够及时进行修复，改善以往巡查与养护分离的状况，大大提高了道路病害修复率。

2. 其他来源的巡查工作

为确保巡查工作的全面性和及时性，作为重要巡查来源，城市市政基础设施养护巡查系统与智慧城管系统对接，形成从病害案件接收处理到办结反馈的快速反应体系，另外公众可通过政府热线、路政案件推送等，报送重大灾害和监管路政案件。外部来源巡查案件处理流程见图 3.5-6。

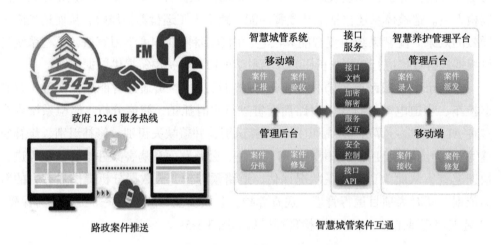

图 3.5-6　外部来源巡查案件处理流程

3.6　标准化作业

城市市政基础设施养护标准化管理是指通过修订、完善统一各项养护管理制度、规范和工作标准，梳理各类业务管理流程，创新、转变养护理论，规范养护行为，建立配置合理、政令畅通、反应快捷、科学高效的养护管理模式，促进城市市政基础设施养护逐步向科学化、专业化、机械化、标准化、精细化方向发展，达到标识统一、形象鲜明、行为规范、作风严谨、管理高效、队伍过硬，提升城市市政基础设施养护质量、服务水平和生产效率，让广大人民群众充分享受到城市市政基础设施的安全、便利、快捷、舒适，享受高质量、高标准的人性化服务。

3.6.1 养护管理标准化

养护管理标准化即管理制度标准化、人员配备标准化、机械配备标准化、施工工艺及过程控制标准化、养护基点建设标准化。通过该项工作的开展，进一步提升城市市政基础设施管理标准化水平和养护效率，降低养护成本，提高养护成效，为公众提供更加安全、快捷、高效的服务。

养护管理标准化通过制定和完成城市市政基础设施养护管理标准和规范，实施城市市政基础设施养护规范化管理标准和技术指南。通过精心养护、科学养护、严格工艺、规范操作提高养护质量；全面实现养护工作程序化、制度化、规范化、标准化；加强及时性、预防性、规范性养护措施的落实，使养护管理不缺位、养护制度不漏位，全面实现养护管理标准化。

按照"职责清晰化、业务程序化、形象统一化"要求，科学制定城市市政基础设施养护的基本制度以及各类管理作业流程，形成统一、规范和相对稳定的管理体系，实现规范化管理；优化人力、资产和信息资源配置及管理，优化工作流程，建立高效的工作机制，提高工作效能，实现集约化管理；坚持以人为本的理念，最大限度地激发职工积极进取的主观潜能，做到人文管理和人文服务，加大科技创新力度，推广应用养护新材料、新技术、新工艺，建立城市市政基础设施检测自动化、分析数字化、决策科学化和管理信息化的养护体系，实现科学化管理。

科学、有效、规范的养护管理体系：

1. 深化组织管理

完善的组织管理体系是保证养护目标顺利实现的基础和保障。在这个体系中，各部门、各层次之间相互协调、责任明确、各司其职。员工在自己的岗位上能够充分发挥特长和主观能动性，团结协作，共同做好养护管理工作。

2. 标准化管养计划书

建立规范化的道路检测、数据采集制度，进行路况及管理设施调查，通过管理数据库，建立城市市政基础设施的综合评价体系。

根据运营状况，制定可行的养护计划，实行有针对性的及时养护，保证城市市政基础设施健全的服务功能。

依据科技进步，不断探索新的养护技术与管理措施，积极采用新技术、新材料、新工艺、新设备，以经济的方式达到最佳养护效果。

建立合理、高效的机械化养护方式，不断提高机械配备率和机械作业的占有率，保证市政道路养护的速度与质量。对日常养护进行严格管理，形成一条环环相扣、紧密联系的养护计划指标体系。同时，根据养护项目的实际完成情况，分月度核销养护经费，总结前期工作，并做好下一步工作部署。对于专项养护应该在年初制定养护计划和工程项目经费预算，并报送上级主管部门审批。项目计划一旦确立，便可作为资金控制的依据，不应随意变更。工程结束后，按照验收结果进行结算核销。对于中长期养护计划，同样需要制定相应的规范与制度，避免出现养护工作的随意性。

3. 规范养护实施程序

城市市政基础设施养护工作实施程序具有特殊性，施工作业要求高效、快捷。因此，要保证城市市政基础设施养护工程的进度和质量，严格控制经费支出，必须保证每个环节上制定详尽的操作程序和实施办法，严格按照规定实施规范化的安全作业控制，做到在维持交通的同时，保障作业安全。

在主管部门的指导下配合通过规范化施工作业、标准化养护作业单元，提升施工作业效率及施工质量，实现零星类病害快速修复，形成"信息采集→发布指令→接收处理→办结反馈"的快速反应体系。案件自动流转派单透明化考核图见图 3.6-1。

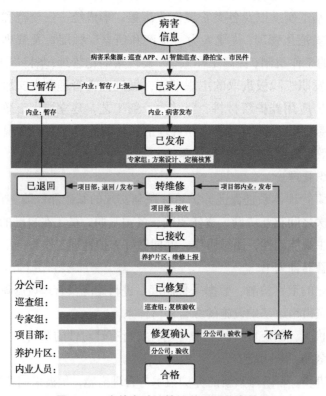

图 3.6-1 案件自动流转派单透明化考核图

3.6.2 标准化养护作业班组

班组是为了共同完成某项生产任务，根据产品或工艺要求，由相应的设备、工具材料有机地组合在一起进行生产或工作的最基层单位。班组管理，既包括对物的管理，也包括对人的管理，对物的管理是班组的业务建设，对人的管理是班组的思想建设。这两种管理，都离不开一定的组织形式和管理制度，即班组的组织建设。

由此可见，班组管理的主要内容是班组组织建设、业务建设、思想建设。标准化管理是指班组应当按照自身生产工作实际，依据上级部门的相关规章制度，按照标准化、规范化和制度化的管理原则，制定一系列符合自身生产工作要求的管理办法和岗位工作标准。应当运用精益生产的理念厘清班组的主要专业业务流程，做到流程清晰、责任明确，实现统一、标准化的管理模式和管理规定，具有统一的管理流程和工作流程，真正做到管理有规定、工作有流程、人员有职责。

推行标准化养护是城市市政基础设施养护发展的大趋势，也是贯彻科学养护思想，推进城市市政基础设施养护服务专业化、规范化、标准化的重要举措。养护技术人才的培养，提升专业养护职工队伍的技术和业务素质，推行专业分类、科学养护、规范管理的养护转变理念，是城市市政基础设施养护精细化实现的有效途径。标准化作业班组——配备专业的技术人员、劳务作业人员、先进的机械设备，积极推广"新工艺、新材料、新技术、新设备"的应用，推行班组作业标准化建设，健全班组工作机制，加强过程监管，实现班组作业精细化、规范化、制度化，提升赤峰市市政基础设施运维服务水平，满足公众安全舒适出行的要求。标准化作业班组见图3.6-2。

图 3.6-2　标准化作业班组

标准化班组推进步骤：

1. 策划筹备阶段

部署工作重点抓好以下工作：

（1）制定实施方案，周密部署工作。由责任部门牵头制定实施方案，明确目标、任务，确定样板班组建设点，对样板班组建设工作进行周密部署和安排。

（2）落实组织机构。成立标准化班组建设领导小组和工作小组，明确职责分工。

（3）部署工作，思想发动。由各部门牵头组织养护基层单位班组建设活动启动会，进行动员宣讲和工作部署。

2. 对标学习阶段

现状自查、对标整改，重点抓好以下工作：

为加强城市市政基础设施的养护工作，提高设施养护质量，根据相关养护标准、规范及《内蒙古自治区城市精细化管理标准》，编制《赤峰市市政维修交通导改标准作业指南》《混凝土路面病害修复标准作业指南》《沥青路面病害修复标准作业指南》《人行道养护病害修复标准作业指南》《排水养护病害修复标准作业指南》《检查井周边加固养护标准作业指南》等多项养护标准化作业手册，整体完善工作流程、工艺方法、质量安全控制措施，从养护作业上保证养护效果，统一道路、排水、路灯、桥梁、泵站等各养护项目病害修复标准。

标准化班组建设根据各专业养护标准对班组管理现状进行自我剖析，经分析、整理后形成一手材料，作为班组养护工作决策依据。标准化班组创建过程图见图 3.6-3。

（a） （b）

（c） （d）

（e） （f）

图 3.6-3　标准化班组创建过程图

（a）作业手册培训；（b）班组长笔试考核；（c）标准化作业室外培训；
（d）标准化作业实操考核（一）；（e）标准化作业实操考核（二）；（f）标准化作业班组长培训颁发证书

3. 全面创建阶段

素质提升、对标整改、达标验收，主要抓好以下工作：

（1）标准化作业培训

由养护管理部组织标准化班组建设培训。通过组建城市市政基础设施养护标准化班组，对人员、设备、机械进行合理配置，对班组长、作业人员加强操作规程培训，并进行笔试＋实操考核，对考核合格的班组长颁发证书，有效落实标准化养护作业。

通过对各班组实施培训，使相关人员熟悉并掌握实操技巧，便于规范标准化作业，保证设施安全运行。

（2）对标整改

依照《内蒙古自治区城市精细化管理标准》以及人行道设施标准化作业手册、车行道设施标准化作业手册、桥梁设施标准化作业手册等标准，由养护管理部组织专业负责人对养护作业班组每月至少一次考评，深入开展争创"优秀班组"活动。广泛开展技术比武、养护技能培训、养护劳动竞赛、合理化建议等活动，营造创先争优氛围，激发员工热情，深化班组建设工作。

（3）完善班组管理各项规章制度

标准化班组建设根据活动方案，相应出台班组建设考核评价办法、相关激励措施、具体实施方案。

（4）达标验收

养护管理部对照标准化班组实施方案及相关标准化作业手册进行自查整改，养护管理部考核小组对标准化班组建设进行达标考评和验收。

3.6.3　养护作业标准化

适应经济发展新常态，构建现代化城市市政基础设施养护体系，实现养护作业标准统一的目标，立足于服务和指导一线养护人员作业，同时给管理人员提供养护资源分配的依据。

大力推行"精细化养护"，着重突出人文关怀，方便百姓绿色出行，要求维修施工全部在夜间进行；制定了《加强 24 小时病害修复工作要求》，通过大力推行规范化施工作业导改、标准化养护作业单元，提升施工作业效率及施工质量，实现零星类病害 24h 修复，形成"信息采集→发布指令→接收处理→办结反馈"的快速反应体系。同时，全面使用新工艺和快速修补料，实现维修面积 $10m^2$ 以下的病害"修复即通车"，减少占路时间。养护作业单元图见图 3.6-4，绿化养护作业图集见图 3.6-5。

图 3.6-4　养护作业单元图

图 3.6-5　绿化养护作业图集

3.6.4　安全管理标准化

　　养护作业安全标准化建设根据《中华人民共和国安全生产法》（2022 年最新版）正确理解权利、义务和责任，制定安全目标、管理机构和人员、明确安全责任体系、制定并落实相关法规及安全管理制度、作业安全投入、设施设备管理、安全技术管理、队伍建设、作业管理、危险源辨识与风险控制、隐患排查与治理、职业健康及安全文化建设等十六项内容。针对养护作业安全生产面临的上述问题，根据实际工作从养护设施设备管理、作业人员管理、安全投入、现场安全管理以及应急救援方面探索如何有序开展安全生产十六项工作，推进养护企业安全生产标准化建设，提升养护企业安全生产水平，本书主要针对安全制度标准化及现场标准化进行阐述。

1. 工作目标

通过开展安全生产标准化建设，实现岗位达标、专业达标和企业达标，努力实现安全生产管理的制度化、规范化、标准化，确保养护作业安全生产主体责任得到落实，安全生产水平明显提高，事故防范能力明显增强。

2. 安全生产标准化建设的意义

安全生产标准化建设工作，是落实企业安全生产主体责任、强化企业安全生产基础工作、改善安全生产条件、提高管理水平、预防事故的重要手段，对保障人民群众生命财产安全有着重要意义。

3.6.4.1　安全生产管理制度标准化

安全生产管理制度内容包括安全检查制度、安全教育交底制度、事故调查制度、事故分析制度、隐患处理制度、紧急事故应急处理程序、班组安全工作制度。这些制度要求内容齐全、职责分明、具体可行，形成事故预测预防体系。依据规范建立安全生产管理体系文件，使现场管理有章可循。一级文件为安全生产标准化管理手册，二级文件为公司规章制度，三级文件为公司安全生产操作规程等，四级文件为安全生产记录的图片和表单等。安全体系结构见图3.6-6。

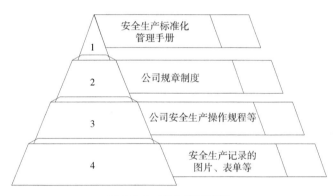

图 3.6-6　安全体系结构

制定各项安全管理规章制度，使养护作业做到有章可循，主要内容有：车辆运行安全作业制度；用电安全须知及电路架设养护作业制度；管路安装及维护作业制度；机械操作及注意事项；施工现场安全制度及油料保管领用管理制度；有关劳动法规的执行措施；各种安全标志的协调规则及维护措施；起重作业安全作业制度；冬雨期安全防护措施；安全防火及消防措施。

3.6.4.2　现场安全管理标准化

养护作业应按规范要求布设作业控制区，以保证作业人员及运行车辆安全。小修保养作业涉及临时养护、短期养护，须布设作业控制区，但因作业时间短、涉及人员设备少以及许可备案的监管工作机制，造成作业人员安全意识上的松懈、现场作业控制区的设置未能符合规范要求，主要体现在控制区划分不规范、安全标志设置不到位、采用非标设施及装置等。现场安全主要从以下几个方面阐述。

1. 落实责任

督促落实安全主体责任单位建立、完善各类安全生产规章制度，建立健全职能分工、岗位职责说明、生产管理流程以及各个专业的工作标准和管理制度。按照管理"责、权、利相统一"的原则，量化目标，细化任务，层层签订安全生产目标责任书，责任进行层层明确、逐一落实。

2. 培训上岗

严格落实企业主要负责人和安全生产管理人员、特殊工种人员一律经过严格考核，按国家有关规定持职业资格证书上岗；用工严格依照《中华人民共和国劳动合同法》与职工签订劳动合同；严格制定作业施工人员安全培训计划，建立安全教育培训档案，定期组织作业施工人员安全培训、专业培训，完成三级安全教育及通过考核。每日执行班前五分钟讲话制度，对作业人员进行安全技术交底，告知作业内容、安全注意事项及应采取的安全措施，并履行签认手续。

3. 规范作业

严格按照相关技术标准、规范，督促、检查、监督施工、维护、作业人员规范作业、安全作业，严格消除人的不安全行为、物的不安全状态，严防安全生产事故。

在道路上进行养护维修作业的人员必须穿着带有反光标志的橘黄色工作装（分春秋、夏季、冬季）、佩戴黄色安全帽，交通袋盖维护人员必须穿着带有反光标志的绿色背心并佩戴白色安全帽，管理人员必须穿着带有反光标志的橘黄色背心并佩戴红色安全帽。

夜间养护维修作业时，养护维修作业区内所用的临时标志必须采用高强级反光膜；养护维修作业工作区内必须确保充分的照明；必须依据有关规定进行备案、评估、审批。

在养护维修作业时，必须按作业控制区交通控制标准设置相关的渠化装置和标志，快速路大中养护维修作业时必须有专职安全员，其他类型的养护维修作业需指派专人负责维持交通。

在养护维修作业控制区内，应保持场地场貌整洁，无渣土洒落、泥浆、废水流淌，保持施工现场道路畅通，排水系统处于良好状态，生产现场实行定置管理，物品摆放整齐、有序，区域划分科学合理。

施工区域与非施工区域必须设置分隔设施。与新闻媒体进行接触，提前发布施工消息，并公布交通管理部门批准的绕行方案，使社会车辆可以提前选择绕行路线。充分利用现有道路的宽度与周边相交道路进行车辆导行。中心城区、商业中心、交通枢纽等区域长期养护维修作业必须设置连续、密闭的围栏，采用全封闭分隔设施。设置固定分隔设施的，其高度不低于 2.5m，即下部筑 0.5m 高的块，水泥砂浆抹面，上部采用 2m 高的涂塑钢板或其他质量更好的硬性材料，使用的材料应当保证围栏稳固、整洁、美观。短期养护维修作业和临时养护维修作业可设置活动式路栏，宜采用 LL—98 型路栏。

对有限空间、高处、临时用电、动火等危险作业，按照相关管理制度严格执行审批制度，安排专人进行现场安全管理，并确保安全措施的落实，作业人员应认真执行安全操作规程、技术规程和设备检修、维护规程；应严格控制生产工艺安全的关键指标，如有毒有害气体浓度、压力、温度、流量、液（料）位等。

实施施工作业、生产经营环境职业健康和安全评估制度。根据不同专业、不同岗位，配备符合国家现行相关标准、具有质量合格证书的设备和安全防护用品，必须严格落实到位、监管到位，确保"堵漏洞、除隐患、有保障"。

4. 安全生产标准化建设内业档案资料

实施安全生产监督管理证据和痕迹，专人专管，确保安全生产内业资料真实性、切合实际、可实施、闭合管理，可追溯；随工整理，分类归档。

5. 安全考核管理

为加强市政基础设施、园林绿化养护的安全管理工作，规范养护作业行为，坚持客观公正、注重时效、量化分值、兑现奖惩的原则，依据《赤峰市中心城区市政基础设施标准化养护项目考核办法》《内蒙古自治区城市精细化管理标准相关专业规范与标准》等相关政策、标准，结合养护作业实际情况，制定《安全考核管理办法》。

考核部门不定期组织全面检查考核，考核中发现的问题，通过"赤峰—市政养护"APP 上传后，系统第一时间通过短信告知问题单位限期整改；问题单位通过 APP 上传整改情况，验收合格后问题闭环。整改不符合要求或拒不整改的，根据《安全考核管理办法》对应的分值进行考核；该问题进入第二次责令整改期，在期限内仍整改不符合要求或拒不整改的，将进行双倍扣分处罚，并指定第三方完成养护。

3.7　专业化服务

城市市政基础设施是保证城市正常运转的重要基础设施，城市市政基础设施专业化服务是城市管理精细化的重要组成部分。随着城市化进程的加快，城市市政基础设施建设日益完善，在为市民提供极大便利的同时，也对其管养提出了更高的要求，因此对其实行专业化服务已经成为时代发展的必然需要。

实施专业化养护是养护发展的必然要求，如何推进和深化专业化养护改革，需要建立健全行之有效的管理机制，结合区域实际，重点从养护专业标准化管理、养护专业检测、应急抢险等方向着手，同时引入全过程专业养护管理，形成一套管理运行机制。

根据行业管理标准，制定专业化养护实施细则，包括管养服务工作的具体范围，例如市政范围的道路破损路面、井盖修复、雨水管网清理疏通等；园林绿化的栽植、防病虫、修剪、施肥等。同时要明确责任，把每条道路、每片绿地、每个角落等细化到具体的养护工作和督查责任人员，实行定人、定路段、定职责、定标准，建立市政园林行业精细化、专业化管理机制。

关于新建、改建、扩建及大中修项目交接验收及过程监管服务，由政府投资的在建的市政园林项目，养护单位做好安全及环境监管，督促施工单位做好围挡、扬尘噪声治理等工作。施工期间，养护单位需与管理单位签订安全监管协议，明确建设单位和养护单位安全监管责任；在设施移交接养时，参与接养验收，明确接养设施量、设施养护状况、设施接养时间节点、设施养护责任、设施资料移交情况等事项。

按照城市整体管理需要以及城市设施运营规模，提供应急抢险及备勤保障，建立应急抢险队伍，设置应急站点，配备应急抢险设备，按照行业标准储备应急物资，制定突发环境事件应急预案，并定期组织开展有针对性的应急演练，确保城市道路桥梁各类应急抢险及政治活动设施保障任务的及时性。

除此之外，提升城市综合响应及应急保障能力，针对占掘路工程、穿跨越工程进行监管，制定城市市政基础设施监督管理办法，加强巡查力度，明确各项监管工作的管理流程及恢复时限，提高监管工作效率，有效规避因监管类工程造成的设施安全隐患。

养护管理标准专业化：目前赤峰市的设施量大而分散，为了日常操作和相对公平性，一般一个大行政区内只制定一套养护标准，如能进一步细化区域，如一个街道作为一个区域单元，区域内设施的养护适用标准较为趋于统一，可以根据本区域内具体情况制定养护标准，会使养护更加贴近设施需求、更加专业。目前实际养护过程中经常出现养护不及时和边角养护不到位的情况，就是养护不够专业的表现，需要通过管理手段解决问题，如发展区域化管理、细化养护区域、设立区域管理主体，使管理重心下沉，最大限度地实现城市市政基础设施的精细化管理和高效化养护，为城市发展起到推动作用。

1. 城市市政基础设施管理标准

（1）建立健全标准化管理机制

标准化管理制度是保障标准化管理相关理念、措施得以落实与实现的基础，要通过制定相关规范标准体系，出台城市市政基础设施标准化管理标准，对每项管理内容的目标、标准、流程、分工、职责等进行明确要求，将管理目标和内容予以量化和细化，做到管理责任明细、管理目标定量、管理措施具体、管理标准精准，努力消除各种管理短板，从而建立覆盖市政行业的标准化体系。同时，相关单位和部门应该组织和成立标准化考核检查小组，按照标准化管理要求对城市市政基础设施养管全过程进行监督和指导，保证标准化管理工作的长效化和常态化。

（2）档案完备

做好城市市政基础设施的验收移交和备案工作，建立城市市政基础设施档案信息管理制度。收集整理城市市政基础设施基础档案资料，完备设计、施工、竣工验收资料和技术状况评定、检测评估等资料的电子文件与纸质文件，完善检测养护维修及检查、巡查资料等；重要的城市市政基础设施必须建立技术档案。

（3）养护到位

严格执行国家、地方性法规、标准规范及各项规章制度，编制养护维修规划和年度计划，做好城市市政基础设施养护维修管理工作，建立并严格落实日常巡查维护制度。

（4）应检必检

按照国家或行业规范对所管辖的城市市政基础设施进行定期检测、评价，对数据进行动态分析、实时掌握城市市政基础设施运行状况，按照养护技术标准建立公用设施巡检制度，及时发现并处理发现的安全隐患，落实城市市政基础设施安全运行监测评估制度。城市市政基础设施安全运行实施"分类按频率检测、严格应检必检"，确保消除隐患和根治病害，确保城市市政基础设施安全运行。

（5）病害必治

严格执行养护技术标准，持续开展道路"平坦行动"等专项行动，落实"路面24h巡查一次、道路坑洞24h处置和坑洞修补六步工艺"要求，强化道路巡查检测，及时摸排安全隐患并落实有针对性的维修举措，切实提高城市市政基础设施维护和病害维修的时效性，落实城市市政基础设施治理整改制度，保障整改方案、责任人员、整改资金、整改时限、应急预案落实到位，确保消除隐患和根治病害，确保城市市政基础设施安全运行。

2. 专业化检测服务

专业检测业务涵盖道路、桥梁、排水管网、路灯照度等检测项目。通过病害类型分析等纵向对比和近年设施情况横向对比后，出具专业检测报告，提出下一年度养护建议，专业化检测主要针对道路、路灯、桥梁、排水专业检测进行说明。具体专业化检测服务示例图见图3.7-1。

（a）　　　　　　　　　　　　　（b）

图 3.7-1　专业化检测服务示例图

（a）桥梁检测；（b）排水管网检测

（1）道路空洞专项检测

根据国家及行业相关的雷达检测技术标准要求，对赤峰市中心城区重点探测区域进行检测，旨在达到以下目的：

1）探测道路下方 5m 范围内基础中是否存在影响道路安全使用的隐蔽不良地质体，具体为空洞、水囊、土层松散区，并确定其准确位置、大小及埋深。

2）分析现存隐患可能产生的影响程度，为空洞、基础土层松散区提出相应的处理和维修方案，采取有效处理措施消除安全隐患，确保道路安全运行。

①检测设备

通过三维阵列雷达＋二维雷达的探地雷达系统，附以高精度 GPS（RTK）对雷达数据进行定位，并与高德地图进行融合；采用高精度测距系统（DMI）触发整个系统的数据采集工作，使整个系统同步、一致地进行工作。

②检测数据雷达采集及数据处理

在检测过程中，必须严格按照招标文件中规定的雷达测线布置进行检测，认真做好雷达现场记录班报。当检测过程中雷达剖面图像出现异常时，及时做好各种标记，图像上打上 Mark，现场进行 GPS 定位、油漆标识，同时在班报中记录好相应的固定建筑参照物和道路测线里程，为以后的复测做好准备。检测完毕后，认真做好数据备份并将班报及时存档。根据赤峰项目探测深度与精度的要求，选用 100MHz 天线和 400MHz 天线同时采集，采集方式采用计量轮连续采集方式。

通过数据处理对检测成果进行综合分析，发现道路下方病害风险发生可能性及风险后果较高，空洞及严重疏松病害均应立即或尽快进行工程处理。

（2）路灯照明专项检测

城市道路划分为五个级别，分别为快速路、主干道、次干道、支路以及居住区道路和人行道，提出用平均亮度、亮度均匀度、平均照度、照度均匀度、眩光限制和诱导性等评价指标来对照明质量进行检测。其中眩光限制可通过调整路灯仰角、增加路灯安装高度等物理方法来降低眩光。国内道路照明检测标准以道路照明设计标准为要求进行检测，国家现行标准规定道路普通照明的评价指标有路面亮度（平均值、均匀度）、照度（平均值、均匀度）、眩光限制、环境比和视觉诱导性，并规定不同等级道路其照明质量应符合标准要求。

（3）排水管线的定期检测及专项检测

管道内窥检测可分为排水管道功能性检测和排水管道结构性检测两大类。

排水管道功能性检测。主要是以检查管道排水功能为目的。一般检测管道的有效过水断面，并将管道实际过流量与设计流量进行比较，以确定管道的功能性状况。对于这类检测出来的问题，一般可通过日常养护等手段进行解决。

排水管道结构性检测。主要是以检查管道材料结构现状为目的。这类检测主要是了解管道的结构现状以及连接状况。对于这类结构性问题，检测出来后一般需要通过修复的手段解决。

排水管道检测技术可分为管外检查和管内检查两种。管外检测技术是对管道裂缝和周边土壤孔隙进行检测。管道裂缝引起的渗漏会使四周土壤流失，管道逐渐失去土壤的支撑，最终将导致管道的坍陷或断裂。而土壤流失量和许多因素有关，包括管道裂缝大小、接口尺寸、地下水位、土壤性质等。因此，检测管道裂缝和四周土壤孔隙非常重要。管内检查是对管道变形、壁厚和腐蚀情况进行智能化检测和监控，用数据或图像的形式再现管道的详细情况，并对计算机处理结果进行综合分析，将管道运行状况分为不同等级。这样可以在开挖和修理之前，准确而经济地确定管道损坏的位置和程度，为制定管道维修计划提供参考，以便采用不同的修复方法，及时、经济地进行修复。

管道外检测主要有以下方法：

1）红外温度记录仪法。该方法应用液体或气体的潜热，测定温度的极小变化并产生自动温度图像。可探测管壁表面和周围土壤层中的孔隙和渗漏情况，但它不能查明孔隙的尺寸。只有在红外温度记录仪和透地雷达联合使用时，才能估计孔隙的深度和大小。

2）透地雷达法。该法用于测量土壤层的孔隙深度和尺寸、混凝土管的层理和饱和水渗出的范围，以及管道下的基础。检测深度取决于土壤的种类，最深可达100m，它适用于砖砌排水管、输水渠和小管径的排水管线，不适用于高电导率的土壤和黏土。透地雷达与声呐和闭路电视组合时，可用于探测污水管周围的孔穴。

3）微变形法。该法用于测定管道结构的整体性和污水管的力学性质，而不用于查明缺陷。它通过在管道的内表面加压，使管壁表面轻微变形，直接得知管壁厚度等管道结构情况。

4）撞击回声法。该方法是不损伤管道结构的一种检测方法。仪器为受控制的撞击源以及若干个地下传音器。当重物或重锤撞击管壁后产生应力波，应力波通过管道传播，由地下传音器可探测到在管道内部裂痕和外表面产生的反射波。当波以不同速度传播，并以不同路径散射到管外土壤中时，用表面波特殊分析仪将波分成不同频率的成分，便可得出管道结构和外部土壤的相关信息。这种方法通常用于检测大口径的排空的混凝土管道和砖砌排水管。

5）表面波光谱分析法。该方法使用辅助传感器和用于分析表面波的光谱分析仪，因此易于区分管壁和周围土壤引起的问题，同时可以检测管壁和土壤情况。该方法主要用于检测大口径的管道。

管道内检测主要有以下方法：

1）管道闭路电视检测系统。管道闭路电视内窥检测主要通过闭路电视录像的形式，使用摄像设备进入排水管道，将影像数据传输至控制电脑后进行数据分析的检测。检测前需要将管道内壁进行预清洗，以便清楚地了解管道内壁的情况。其不足之处在于检测时管道中水位需临时降低，对于检测高水位运行的排水管网来说需要临时做一些辅助工作（如临时调水、封堵等）。

2）管道内窥声呐检测。管道内窥声呐检测主要通过声呐设备，以水为介质对管道内壁进行扫描，扫描结果以专业计算机进行处理，得出管道内壁的过水状况。这类检测用于了解管道内部纵断面的过水面积，从而检测管道功能性病态。其优势在于可不断流进行检测，不足之处在于其仅能检测液面以下的管道状况，但不能检测管道一般结构性问题。

3）潜望镜。潜望镜为便捷式视频检测系统，操作人员将设备的控制盒和电池挎在腰带上，使用摄像头操作杆（一般可延长至 5.5m 以上）将摄像头送至窨井内的管道口，通过控制盒来调节摄像头和照明以获取清晰的录像或图像。数据图像可在随身携带的显示屏上显示，同时可将录像文件存储在存储器上。该设备对窨井的检测效果非常好，也可用于靠近窨井管道的检测，适用管径为 150 ~ 200mm。

（4）应急抢险及备勤保障

提升城市综合响应及应急保障能力，针对占掘路工程、穿跨越工程和市政案件进行监管，制定城市市政基础设施监督管理办法，加强巡查力度，明确各项监管工作的管理流程及恢复时限，提高监管工作效率，有效规避因监管类工程造成的设施安全隐患。

按照城市整体管理需要以及城市市政基础设施运营规模，提供应急抢险及备勤保障，建立应急抢险队伍，设置应急站点，配备应急抢险设备，按照行业标准储备应急物资，制定突发环境事件应急预案，并定期组织开展有针对性的应急演练，确保城市道路桥梁各类应急抢险及政治活动设施保障任务的及时性。

（5）其他专业化服务

1）私占、私掘事件管理

针对私占、私掘事件进行监管，制定日常工作监督管理办法，明确各项监管工作的管理流程及恢复时限。同时结合一体化管养平台，加强巡查力度，实现及时发现、及时制止，并引导私掘单位办理合法手续，提高监管工作效率，有效规避因监管类工程造成的设施安全隐患。

2）掘路修复与批后监管

掘路修复与批后监管参照《赤峰市中心城区城市道路挖掘管理办法》工作流程执行。安排固定掘路监管人员实施夜间不间断巡查监管工作，一旦发现违规行为，立即要求其停止施工并进行整改，全程盯守整改过程。同时研制检测设备，解决回填修复后压实度不够、造成路面沉陷的问题，保证道路的回填质量，减少设施安全隐患。

3）新改扩建及大中修项目交接验收及过程监管

根据《赤峰市新改扩建城市市政基础设施移交接管管理办法》相关条款规定，由政府投资的新改扩建及大中修工程项目，在施工期间，养护单位需与管理单位签订全安监管协议，明确建设单位和养护单位安全监管责任；在设施移交接养期间，经现场核对设施量清单无异议后，由设施管理单位、设施移交单位、设施接养单位三方签订移交接养协议，明确接养设施量、设施养护状况、设施接养时间节点、设施养护责任、设施资料移交情况等事项，养护单位对接收后的设施进行管理养护并承担设施养护责任。

市政道路基础设施养护管理与技术评价

我国交通基础设施建设日趋完善，道路工程由"建"转"养"已成为当下发展的必然趋势。随着道路服务年限及交通量的增加，部分路段的服务水平显著下降，养护需求增加与养护预算不足之间的矛盾成为道路养护管理工作的难点。人们的正常生活及相关城市功能的实现都离不开健全的城市道路系统。伴随着城市经济的飞速发展，城市道路上行车压力急剧增加，沥青路面在车辆荷载及各种环境因素的综合作用下，不可避免地出现使用性能的下降，当路用性能降低到某临界值时，就需要尽快完成合理的养护任务，使路面尽量维持在较高的路用水平。网级路面的养护存在诸多问题，最大的问题是在养护资金方面，随着需要养护道路数量的增多，养护资金却始终不够充足，因此在现有资金条件下，如何将钱花费在能产生最大效益的道路上，成为城市道路管养部门需要解决的问题。

路面养护管理系统基于人文、经济、政治等问题，从多角度、多维度考虑，用于多路段养护，使得养护过程更加系统、科学，为道路管养部门提供决策意见的工具或系统。该系统改变了传统的道路管理方式，基于现代自动化的路面信息采集、路况评价的养护管理系统是道路养护历史上的创举。城市道路网的养护决策可以被看作是多准则、多维度的决策问题，涉及影响道路健康的多方面的因素，各种因素之间甚至是对立存在的，如何将这些因素合理考虑在一起完成养护决策是需要思考的重点。本书介绍了道路及道路养护决策的模型，可供养护行业作为参考，同时针对养护服务管理评价进行阐述。

4.1 市政道路设施技术状况评价

过去几十年是我国基建事业快速发展的时期，在特殊的时代背景下，城市道路也得到较大的发展，但是早期城市道路以建设为主，养护方面的工作不够重视，很多城市道路未达到累计设计承载能力就已经出现需要大修的情况，造成较多的资金浪费，因此延续城市道路的服务水平，延长道路的使用年限，缓解道路养护建设资金的紧张状况，成为以后道路建养部门的重要任务。城市道路建设作为重要的城市市政基础设施建设，是区域经济发展的先提条件。一方面，精确把握沥青路面关键性能指标的衰变趋势，有利于针对最佳养护时机，制定科学的养护决策方案，以发挥路面最大的服役效益；另一方面，对路面性能演变的精准把握也是交通基础设施建设及资金分配的依据，可以提高效费比，使绿色养护、智能化养护成为可能。

4.1.1 养护管理系统

道路养护管理是一系列管理行为的集合，从路面技术状况检测开始，经过路面使用性能评价、路面使用性能预测，最终完成路面养护决策。

20 世纪 60 年代，世界上第一个路面管理系统 PMS 面世，该系统由得克萨斯大学 Handerson 教授开发，结合系统工程学和运筹学理论，开启了路面养护管理系统的先河。截至 20 世纪 80 年代中期，北美各州、省相继开发的路面养护管理系统已有 35 个。众多系统可根据其研究对象分为项目级养护管理系统和网级养护管理系统，或者根据其养护决策方法进行分类：

（1）排序法。这种方法以 1978 年美国加利福尼亚州的路面管理系统为代表，它的管理对象不只有柔性路面，还包括刚性路面。系统管理建立在对路面状态监测的基础上，充分掌握路面的损坏情况，以确定养护（包括改扩建）对策。系统决策时主要采用优先排序的方法，决策的影响因素主要包括路面损坏程度、平均日交通量和平整度三项。该系统功能还较为单一，排序法对于网级养护管理系统来说未能考虑各项之间的联系和折中，适用性不强。

（2）扣分法。美国陆军工兵团在 1983 年开发的 PAVER 路面管理系统首次采用了扣分法计算路面状况指数（Pavement Condition Index，PCI）。该系统由路面状况分析、预测和养护计划三部分组成，采用扣分法将多种损坏导致的总体损坏严重度进行计算和折算，至今仍然被广泛应用。

（3）动态规划法。1988 年，密歇根州的路面管理系统开启了路面决策动态规划的先河，该系统最大的贡献是在路面使用性能预测方面，它提出了路面性能的衰变曲线，将马尔可夫模型与衰变方程相结合预测路面使用性能的变化。

（4）财政规划法。这种方法以亚利桑那州路面管理系统（1980 年）为代表，作为网级路面管理系统，它的特点是率先将马尔可夫决策应用在路面养护管理中。该系统根据路面平整度、开裂量等路面使用性能变量，将路网范围内的路段划分为不同路面状况的类别，计算各类别的比例，最后采用财政规划，即花费最低的养护费用以维持路面的性能水平。

上述路面养护系统，由路面信息和需求系统完成路面信息数据收集、整理与储存，由改建信息和优序系统完成路面养护计划和路网改建规划，而城市道路的管理由城市路面管理系统完成。该系统的特点是以养护效果为排序指标，考虑使用者效益。

相比于西方国家，路面管理系统的研究在我国起步比较晚，最早可以追溯到20世纪80年代。我国的路面管理系统早期主要是引进和借鉴西方国家的经验，各省相继借鉴过英国、芬兰等国家的路面管理系统，也深入学习了世界银行的道路投资效益分析模型。在充分吸收国外先进经验和方法的基础上，姚祖康教授团队的"干线道路路面评价养护系统成套技术"分别从路面破损、行驶质量以及结构承载能力三个方面展开研究，并在此基础上研发了我国第一套道路资产管理系统（China Pavement Management System，CPMS）。21世纪以来，以美国和英国为代表的西方国家道路主管部门开始将目光移向道路的全生命周期，开展一项长期性能（Long Term Pavement Performance，LTPP）研究计划，其研究主要围绕不同的环境和车辆荷载、不同的道路材料和养护历史，目的是通过不同的新路设计和改扩建方案，延长道路的使用寿命，降低使用过程中的养护投资。目前较为成熟的是美国的战略道路研究计划，它根据美国国家路面性能数据，围绕LTPP各方面的目标展开研究，主要涉及现有设计方法的优劣、改进新建路面的设计过程、优化路面养护决策，以及确定环境、材料、荷载、施工质量和养护水平对路面使用性能的影响，将可持续理论引入道路设计中，从全生命周期成本分析的角度对路面材料进行选择，从而降低养护成本，进一步使道路整个生命周期费用最低。

随着研究的深入，学者们对于养护管理的研究不仅集中于管理系统的研发，还向更为精细化发展，较为深入地探索路面管理的各个阶段，例如，路面使用性能评价阶段、路面养护决策阶段，围绕各个阶段采用的模型、指标展开研究，力求对养护管理的过程进行优化，提高路面评价的准确性以及养护决策的科学性。

4.1.2 路面损坏类型及技术状况检测

随着路面交通流量的不断增长，路面技术状况成为一个多元的技术状况，即其不仅要直观全面地反映路面出行车辆的安全需求和舒适性及其他适应程度，同时还要客观体现道路的结构、安全、功能性能和结构承载力以及道路周围环境等。在深入研究道路、周围环境、交通荷载程度、施工质量和运营养护管理状况各自属性及相互关系的基础上，运用系统工程方法构建基于沥青路面技术状况的多元复杂系统。基于沥青路面技术状况的多元复杂系统以提升路面技术状况为目标，综合各类影响因素及其之间的联系，按照复杂系统观点对路面技术状况进行综合分析，并突出"绿色、安全、经济、高效"的综合效能。其中"绿色"是以绿色低碳为理念，全过程采用绿色低碳技术，全生命周期实现绿色低碳效益，全方位进行绿色低碳管理，全面展示绿色低碳成果，为广大民众提供绿色低碳的道路；"安全"是确保车辆能够高速顺畅通过或尽可能减少交通事故的发生；"经济"是在满足系统技术要求的前提下，保证评价效能的最大化及最低的养护成本；"高效"是指系统能够较科学客观地对路面技术状况进行有效适时评价，并做出最佳养护决策指导工作。

基于沥青路面技术状况的多元复杂系统主要有以下内容：

（1）路面结构完整性。随着交通流量和车辆荷载的不断增加，以及周边环境和气候条件的不断变化，使沥青路面产生变形类、裂缝类、松散类和其他病害，导致路面结构在设计寿命周期内出现损坏，尤其是对路面平整度影响更大。因此，加强路面结构性能及其完整性检测分析，科学提供路面养护措施，对路面病害进行及时有效的处理，不仅确保路面结构的完整性，还可以保持路面的行驶质量。

（2）路面平整度。路面的服务水平和行驶质量不仅与路面表面平整度有关，而且与车辆行进过程中的振动特性和振动感知等有关。其中路面平整度不仅影响行车安全和整体运输效能，并且随着车辆荷载的不断作用，使其路面出现大量磨损，平整度也逐渐降低，达到一定极限值时必须通过相应的养护措施来提升路面平整度，以恢复路面的整体服务性能。

（3）路面抗滑性能。路面抗滑性能主要表现在路面的构造深度、表面纹理及集料形状等。随着车辆轴载作用次数的增加，使得路面摩擦系数呈现下降趋势，容易引起车辆突然颠簸等跳车现象。同时对于不同类型的路面，如果路面粗集料存在较多损耗时也会降低路面的抗滑性能。

（4）结构承载力。通常通过使用承载力检测，即路面能够承受的轴载作用次数来衡量路面的剩余寿命，并以此提前设定路面损坏状态。而对沥青路面结构承载力测定时，主要应用无破损弯沉测定法组织实施。

（5）周边环境。按照绿色、低碳、健康、环保的设计理念，不仅在设计时要考虑绿色环保、噪声污染、视觉观感等指标的要求，同时在路面管理养护过程中要始终坚持这一理念，进一步突出道路与周边景观的适应度和匹配度。

1. 常见沥青路面病害类型

沥青路面病害的产生是多种因素综合作用的结果，其种类繁多，一般而言，沥青路面损坏形式可分为裂缝类、松散类、变形类及其他类，病害的定义按照《城镇道路养护技术规范》CJJ 36—2016 中相关要求设定，如表 4.1-1 所示。

沥青路面破损检测的病害定义及计量标准　　　　表 4.1-1

损坏类型	病害	定义	计量标准
裂缝类	线裂	单根/条裂缝，包括横缝、纵缝以及斜缝等	裂缝长度大于或等于1m，宽度大于或等于3mm。按裂缝长（m）×0.2（m）计量
	网裂	交错裂缝，把路面分割成近似矩形的块，网块直径小于3m	按一边平行于道路中心线的外接矩形面积计量
	龟裂	裂缝成片出现，缝间路面已裂成碎块，碎块直径小于0.5m。包括井边碎裂	开裂成网格状，外围面积小于或等于1m²不计，井框面积不计。按其外边界长（m）×宽（m）计量

损坏类型	病害	定义	计量标准
变形类	拥包	路面面层材料在车辆推挤作用下形成的路面局部拱起；表现形式包括波浪和拥包	路面局部隆起，在1m范围内隆起不小于15mm。按长（m）×宽（m）计量
	车辙	在行车作用下沿车轮带形成的相对于两侧的凹槽	以3m直尺横向测量。凹槽深大于15mm时，按车辙长度（m）×车道（轮迹）全宽（m）计量
	沉陷	路面局部下沉	在3m直尺范围内沉陷深度大于10mm。按长（m）×宽（m）计量
	翻浆	路面、路基湿软出现弹簧、破裂、冒泥浆现象	按面积计算。按长（m）×宽（m）计量
松散类	剥落	麻面、脱皮和松散等面层损失类	面层材料散失深度不大于20mm。外围面积小于0.1m²不计。按散失范围长度（m）×宽度（m）计量
	坑槽	路面材料散失后形成的凹坑	路面材料散失形成坑洞，凹坑深度大于或等于20mm。按长（m）×宽（m）计量
	啃边	由于行车荷载作用致使路面边缘出现损坏	路面边缘材料剥落破损或形成坑洞，凸凹差大于5mm。按长（m）×宽（m）计量
其他类	路框差	路表与检查井框顶面的相对高差（高或低）	路面与路框差大于或等于15mm。按井数×1m²计量
	唧浆	面层渗水进入基层，基层中细小颗粒从面层空隙喷薄出来	按实际面积计算。按长（m）×宽（m）计量
	泛油	高温季节沥青被挤出，表面形成薄油层，行车出现轮迹	按面积计算。按长（m）×宽（m）计量

2. 常见沥青路面病害原因

（1）龟裂通常是由于路面整体强度不足，在行车荷载的重复作用下引起的疲劳裂缝，另外基层软化、稳定性不足等原因也可能引起龟裂。

（2）裂缝。①横向裂缝：裂缝与路中心线基本垂直，缝宽不一，缝长贯穿部分路幅或整个路幅。裂缝一般比较规则，每隔一定的距离产生一道裂缝，裂缝间距的大小取决于当地的气温和沥青面层与半刚性基层材料的抗裂性能。②纵向裂缝：裂缝走向基本与行车方向平行，裂缝长度和宽度不一。主要集中在行车道轮迹分布密集处，因为道路交通渠化分明，轮迹位置及轮迹分布范围较小，大车、慢车、重型车辆全部集中在行车道上，快车、小型车、轻型车行驶于超车道机会明显增多，超车道上荷载较小，交通量相对较小，纵向裂缝也较小，纵缝缝宽一般在5~10mm，靠近标线或位于车道中央，且绵延几十米甚至数百米。常以单条裂缝形式出现。产生的原因有两种可能性，一种情况是沥青面层分路幅摊铺时，两幅接槎处未处理好，在车辆荷载及大气因素作用下逐渐开裂；另一种情况是由于路基压实度不均匀或由于路基边缘受水侵蚀产生不均匀沉陷而引起。③网状裂缝：裂缝纵横交错，缝宽1mm以上，缝距40cm以下，1m²以上。④反射裂缝：主要是因为软基路段不均匀沉降引起的裂缝直接反射到沥青路面。另外，行车荷载的作用加速了裂缝的发展。

（3）车辙：车辙一般是在温度较高的季节，沥青面层在车辆的反复碾压下产生永久变形和塑性流动而逐渐形成。它通常伴随沥青面层压缩沉陷的同时，出现侧向隆起，二者组合起来构成的。路面的永久变形主要发生在沥青面层中。因此，为了延缓车辙的形成，主要应从提高沥青面层材料的高温稳定性来考虑。此外，车辙的严重程度与沥青面层的结构组成和配合比有极大的关系，Ⅱ型沥青混凝土路面自身的抗车辙能力比Ⅰ型好得多。

（4）沉陷：沥青黏度小会影响沥青与矿料的黏附性。同时若沥青混合料的油石比太小，或在沥青加热和沥青混合料拌制过程中温度太高致使沥青过温，都会引起沥青混合料的沥青膜相对变薄，抗变形能力降低，脆性增加，孔隙率偏大。这些都会导致沥青膜暴露太多，沥青的老化作用加快，同时渗水性加大，进而加快水对沥青的剥落作用，最终在车辆荷载作用下引起路面开裂、沉陷。

（5）坑槽：沥青路面坑槽的产生往往都有一个形成的时间过程，开始时是局部裂缝进而龟裂松散，在行车荷载和雨水等因素下逐步形成坑槽。常见原因主要有以下几种：①路面厚度与压实度不够，坑槽面层铺筑过程中易出现压实度不足，造成面层内部孔隙率较大，使得沥青混合料粘结力、防水性能下降；拌和厂离施工现场较远，运距过长，运输途中沥青混合料热量损失较大，运至现场后温度不能满足铺筑要求；路面下基层局部标高控制不严，导致沥青上面层个别地方厚度不够，在行车作用下该处首先破损，形成坑槽。②粘结层不牢坑槽。混合料拌和摊铺时，下层表面含有泥、灰等杂物，使上下层不能有效粘结而形成坑槽，如桥面上形成的坑，这类坑槽修补二次损坏频率较高，一般应在底层先打入混凝土，上面层再用沥青料填补修复。③水损害性坑槽是沥青混凝土路面早期破坏中最常见的坑槽，水损害破坏往往是从沥青面层的中面层开始的。水分进入沥青路面，滞留在中面层，当集料与沥青膜剥离后，沥青混合料不再是一个整体，集料在荷载作用下对基层产生了力的作用，基层的局部松落形成灰浆，从路面的缝隙向上挤出来，在沥青路面上形成白色的唧浆。如此循环不断，形成了水损害性坑槽。④运营期间车辆造成的坑槽。柴油、机油滴漏在路表面上，沥青被稀释后，黏结力降低，集料散失形成坑槽；钢圈或车辆运输的重物，剐撞形成的坑槽；千斤顶顶出的坑槽以及火烧形成的坑槽。⑤基层、底基层损坏产生翻浆形成的坑槽。

（6）泛油：泛油病害产生的最主要的原因是混合料离析。混合料发生离析时，粗集料和细集料分别集中于铺筑层的某些位置，使沥青混凝土不均匀、配合比级配与原设计不符，混合料失去原设计达到的粘结力就形成了路面推移，而混合料的不均匀还会导致集料和沥青分离，沥青集中到一处形成泛油。

（7）拥包：因泛油处理不当，路面中油料含量偏高；矿料级配不良，细料多，骨料少；沥青材料的黏度和软化点低；基层湿软变形或同路面结合不好；路基、基层稳定性和平整度差；在行车荷载的作用下混合料被推拥挤压，在路面两侧或行车道范围内形成隆起。

（8）松散：

①沥青混合料低于摊铺和碾压温度，或碾压不及时。

②沥青老化，集料失去粘结力。

③沥青混合料潮湿或冒雨摊铺。

④低温施工，路面成型慢，在车辆作用下，嵌缝料脱落。

4.1.3 技术状况评价

4.1.3.1 综合评价指标

沥青路面技术状况评价内容应包括路面行驶质量、路面损坏状况、路面结构强度、路面抗滑能力和综合评价，相应的评价指标为路面行驶质量指数（RQI）、路面状况指数（PCI）、路面回弹弯沉值、抗滑系数（BPN、TD 或 SFC）和路面综合评价指数（PQI），详见图 4.1-1。

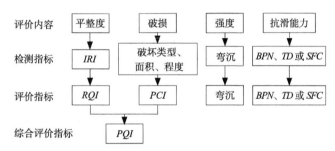

图 4.1-1　沥青路面技术状况评价体系

4.1.3.2 各项路面病害指数计算方法

主要指标计算方式按照《城镇道路养护技术规范》CJJ 36—2016 中相关要求设定。

1. 路面状况指数 PCI

路面状况指数通过 PCI 表示，PCI 是综合路面的损坏类型、损坏严重程度和损坏密度情况，计算得到的一个百分制数值。其计算方法如下：

$$PCI = 100 - \sum_{i=1}^{n}\sum_{j=1}^{m} DP_{ij} \times \omega_{ij} \tag{4-1}$$

$$\omega_{ij} = 3.0\,u_{ij}^3 - 5.5\,u_{ij}^2 + 3.5\,u_{ij} \tag{4-2}$$

$$u_{ij} = \frac{DP_{ij}}{\sum_{ij=1}^{m} DP_{ij}} \tag{4-3}$$

式中，PCI——路面状况指数，数值范围为 0 ~ 100；如出现负值，则 PCI 取为 0；

$\quad\quad\quad n$——单类损坏类型数，对沥青路面，n 取值为 4，分别对应裂缝类、变形类、松散类和其他类；对水泥路面，n 取值为 4，分别对应裂缝类、接缝破坏类、表面破坏类和其他类；

$\quad\quad\quad m$——某单类损坏所包含的单项损坏类型数，对沥青路面的裂缝类损坏，m 取值为 3，分别对应线裂、网裂和碎裂；其他单类损坏所包含的单项损坏类型数根据损坏类型表依此类推；

$\quad\quad\quad DP_{ij}$——第 i 单类损坏中的第 j 单项损坏类型的单项扣分值，具体数值根据损坏密度，由损坏单项扣分表中的值内插求得；

$\quad\quad\quad \omega_{ij}$——第 i 单类损坏中的第 j 单项损坏类型的权重，其值与该单项损坏扣分值和该单类损坏所包含的所有单项损坏扣分值总和之比或与该单类损坏扣分值和所有单类损坏扣分值总和之比有关。

2. 路面行驶质量指数 RQI

路面行驶质量指数（RQI）应采用下式计算：

$$RQI = 4.98 - 0.34 \times IRI \qquad (4\text{-}4)$$

式中，IRI——国际平整度指数；

$\quad\quad\quad RQI$——路面行驶质量指数，数值范围为 0 ~ 4.98；如果计算值为负值，则 RQI 取为 0。

3. 路面综合评价指数 PQI

$$PQI = T \times \omega_1 \times RQI + PCI \times \omega_2 \qquad (4\text{-}5)$$

式中，PQI——路面综合评价指数，数值范围为 0 ~ 100；

$\quad\quad\quad T$——RQI 分值转换系数，T 取值为 20；

$\quad\quad\quad \omega_1$、ω_2——分别为 RQI、PCI 的权重；对快速路或主干路，ω_1 取值为 0.6，ω_2 取值为 0.4；对次干路或支路，ω_1 取值为 0.4，ω_2 取值为 0.6。

4.1.3.3 路面各指标评价标准

1. 路面行驶质量指数 RQI

RQI 是表征路面行驶质量，即路面平整状况的指标，它是根据路面的平整度计算得到的一个 5 分制的数值。其主要评价标准如表 4.1-3 所示。

路面行驶质量指数 *RQI* 评价标准 表 4.1-3

道路等级	A	B	C	D
快速路	≥ 4.1，≤ 4.98	≥ 3.6，< 4.1	≥ 2.5，< 3.6	≥ 0，< 2.5
主干路	≥ 3.6，≤ 4.98	≥ 3.0，< 3.6	≥ 2.4，< 3.0	≥ 0，< 2.4
次干路	≥ 3.6，≤ 4.98	≥ 3.0，< 3.6	≥ 2.4，< 3.0	≥ 0，< 2.4
支路	≥ 3.4，≤ 4.98	≥ 2.8，< 3.4	≥ 2.2，< 2.8	≥ 0，< 2.2

2. 路面状况指数 *PCI*

PCI 是表征路面损坏状况的指标，它是综合路面的损坏类型、损坏严重程度和损坏密度情况，计算得到的一个百分制数值。其主要评价标准如表 4.1-4 所示。

路面状况指数 *PCI* 评价标准 表 4.1-4

道路等级	A	B	C	D
快速路	≥ 90，≤ 100	≥ 75，< 90	≥ 65，< 75	≥ 0，< 65
主干路	≥ 85，≤ 100	≥ 70，< 85	≥ 60，< 70	≥ 0，< 60
次干路	≥ 85，≤ 100	≥ 70，< 85	≥ 60，< 70	≥ 0，< 60
支路	≥ 80，≤ 100	≥ 65，< 80	≥ 60，< 65	≥ 0，< 60

3. 路面综合评价指数 *PQI*

PQI 是表征路面损坏状况和路面行驶质量的综合评价指标。其主要评价标准如表 4.1-5 所示。

路面综合评价指数 *PQI* 评价标准 表 4.1-5

评价指标	A			B		
	快速路	主干、次干路	支路	快速路	主干、次干路	支路
PQI	≥ 90，≤ 100	≥ 85，≤ 100	≥ 80，≤ 100	≥ 75，< 90	≥ 70，< 85	≥ 65，< 80

评价指标	C			D		
	快速路	主干、次干路	支路	快速路	主干、次干路	支路
PQI	≥ 65，< 75	≥ 60，< 70	≥ 60，< 65	≥ 0，< 65	≥ 0，< 60	≥ 0，< 60

4. 路面结构强度指数 *SSI*

（1）路面结构强度评价标准应符合表 4.1-6 的规定。

路面结构强度指数 *SSI* 评价标准　　　　　表 4.1-6

基层评价（弯沉值） 交通量等级	碎砾石基层			半刚性基层		
	足够	临界	不足	足够	临界	不足
很轻	< 98	98 ~ 126	> 126	< 77	77 ~ 98	> 98
轻	< 77	77 ~ 98	> 98	< 56	56 ~ 77	> 77
中	< 60	60 ~ 81	> 81	< 42	42 ~ 59	> 59
重	< 46	35 ~ 67	> 67	< 31	31 ~ 46	> 46
特重	< 35	35 ~ 56	> 56	< 21	21 ~ 35	> 35

（2）交通量等级划分标准应符合表 4.1-7 的规定。

交通量等级划分标准（pcu）　　　　　表 4.1-7

交通量等级	很轻	轻	中	重	特重
交通量（AADT）	< 2000	2000 ~ 5000	5000 ~ 10000	10000 ~ 20000	> 20000

（3）道路断面的年平均日交通量可按下式计算：

$$AADT = \sum N_i J_i \qquad (4\text{-}6)$$

式中，$AADT$——年平均日交通量；

N_i——实测交通量；

J_i——交通量换算系数，交通量换算系数见表 4.1-8。

交通量换算系数　　　　　表 4.1-8

车辆类型	小客车	中客车、大客车	铰接车	平板车	货 3 ~ 10t	货 12 ~ 15t	挂 7 ~ 8t
J_i	0.5	1.0	2.0	4.0	1.0	1.5	1.0

5. 路面抗滑系数

路面抗滑系数评价标准见表 4.1-9。

路面抗滑系数评价标准　　　　　　　　表 4.1-9

评定指标	A		B	
	快速路	主干路、次干路	快速路	主干路、次干路
BPN	≥ 42	≥ 40	37 ≤ BPN < 42	35 ≤ BPN < 40
TD（mm）	≥ 0.45	≥ 0.45	0.42 ≤ TD < 0.45	0.42 ≤ TD < 0.45
SFC	≥ 42	≥ 40	37 ≤ BPN < 42	35 ≤ BPN < 40
评定指标	C		D	
	快速路	主干路、次干路	快速路	主干路、次干路
BPN	34 ≤ BPN < 37	32 ≤ BPN < 35	< 34	< 32
TD（mm）	0.40 ≤ TD < 0.42	0.40 ≤ TD < 0.42	< 0.40	< 0.40
SFC	34 ≤ BPN < 37	32 ≤ BPN < 35	< 34	< 32

6. 养护建议

根据检测评价结果、分析对比结果和病害分布情况等检测数据，与《城镇道路养护技术规范》CJJ 36—2016 中"沥青、水泥路面养护对策"的对应关系，结合路面病害严重程度、分布规律、成因分析等实际情况，综合分析判断，分别给出整路段与单元养护建议，具体养护对策见表 4.1-10。

沥青路面养护对策　　　　　　　　表 4.1-10

评价指标	PCI	RQI	结构强度	PBN、TD、SFC
等级	A、B	A、B	足够	A、B
养护对策	预防性养护或保养小修			
评价指标	PCI	RQI	结构强度	PBN、TD、SFC
等级	B、C	B、C	足够、临界	B、C
养护对策	保养小修或中修			
评价指标	PCI	RQI	结构强度	PBN、TD、SFC
等级	C	C	临街、不足	C、D
养护对策	中修或局部大修			
评价指标	PCI	RQI	结构强度	PBN、TD、SFC
等级	D	D	不足	D
养护对策	大修或改扩建工程			

4.1.4　路面养护决策

随着道路使用年限的延长和交通流量的增加，道路病害类型和发展速度将不断增加和加快，养护管理任务十分艰巨，对道路技术状况的检测技术、诊断技术、维护维修等技术的需求将不断增大，如何预测道路技术状况发展趋势，在适当的时机采取适当的养护技术，是实现科学决策、有效进行预防性养护、全生命周期养护效益最大化和养护成本最小化的关键。

目前养护决策尚处于简单分析和经验判断阶段，缺少科学、完整、系统的养护分析体系、评价模型和决策方法，导致养护决策的优化提高得不到落实、养护决策的科学合理得不到保障，制约了基于数据分析辅助决策水平的提高。随着道路养护高峰期的到来，近几年养护经费预算将持续走高，养护决策科学化的需求也越来越迫切。通过对路面技术状况检测、评价、预测和路面养护对策的深入研究，围绕"检测、分析、决策、实施、评估"五个环节，构建了道路沥青路面养护决策体系。

4.1.4.1 路况检测

路况检测是对已经形成的实体工程，通过检测发现分析各种病害、寻找问题，是养护管理工作中非常必要且十分重要的首要环节，通过路况检测可以评价和了解道路技术状况现状，为制定养护对策和确定养护时机提供前提条件。加强道路养护检测工作，充分发挥其在工程质量管理和道路养护工程中的作用，有利于预防性养护科学决策和养护水平的提高。路况检测强调的是发现和分析问题，主要目的是评价路况与制定养护方案，从路网管理来说养护工程检测主要是进行评价，通过评价了解道路技术状况，评估现有养护工程的技术水平，制定养护对策；从养护单位来说，通过养护工程检测，针对发现的病害制定维修养护方案。路况检测主要指标包括路面弯沉、平整破损和路面抗滑性能。

4.1.4.2 养护分析

养护分析是路面养护决策的基础，合理的路况分析与评价是路面养护决策的依据。借助道路路面养护管理决策支持系统平台，进行路面养护数据分析。养护数据分析主要包括路面结构技术状况历史数据分析、路面结构技术状况现状分析及典型路段芯样评级和病害成因分析。

4.1.4.3 养护决策

养护决策是道路养护工作的重要组成部分，也是道路管理部门的一项主要职责，它是在特定时期为适应特定的技术经济环境及道路养护需求，而形成的一种模式化决策方法。传统的道路养护决策方法采用以人工调查和主观决策为主的经验型决策模式，因此缺乏科学的规划性和计划性，主观决策和只问现状不考虑长效的决策方法经常造成严重的资金浪费，同时也使路面处于经常性的维修状态，降低了道路的服务水平和投资效益。在交通状况分析、养护状况评价、路面使用性能状况分析、路面结构状况评价的基础上，依据不同的病害类型、病害成因以及病害程度，选择合适的养护决策模型，进行路面养护决策优化，确定路面养护决策方案。综合考虑性能水平、交通等级、道路重要程度、节能减排等因素，进行养护方案的比选，确定最佳的养护方案。主要包括以下内容：

1. 确定合理服务水平和最低养护标准

首先要明确养护决策的目标，如规划期内路面性能目标和成本效益最大化的目标或规划期内路面性能水平等。养护规划目标是养护规划方案设计的宗旨，后续养护规划工作均是为实现该目标而实施的。将预防性养护理念始终贯穿于道路沥青路面养护决策体系，强调养护管理工作的主动性和计划性。

2. 养护需求分析

养护需求分析分为两类情况：养护标准约束下的养护需求分析和服务水平约束下的养护需求分析。养护标准约束下的养护需求分析是在设定的养护标准限制下，根据路网道路技术状况现状评定和预测结果，确定养护规划分析期内，各年度大中修以及日常养护的路段位置养护方案和预算费用等。服务水平约束下的养护需求分析是在指定的服务水平限制下，通过优化决策技术，确定养护规划分析期内，路网平均使用性能维持在要求的服务水平之上所需要的最小养护投入、养护位置和养护方案。

3. 养护决策指标及标准确定

根据相应规范区分其他养护需求和预防性养护需求。根据养护决策目标和路况评价结果，确定道路的路面养护决策指标，包括综合指标和单性能指标，分别从宏观和微观上对各养护决策指标的养护标准进行分级确定。

4. 路面使用性能预测

对管理部门或决策者而言，为了在时间和空间上合理分配有限的养护资金和可用资源，使路面维持良好的技术状况和服务水平，不仅需要掌握其当前的技术状况，还必须预先估计原路面或者路面采用各种养护措施后，使用性能可能发生的变化规律，为养护方案的决策提供依据。

5. 养护方案制定

通过路面性能数据分析和养护需求分析，选择几种适合当前路面养护质量的预防性养护技术。同时结合效益费用比、能耗及碳排放等辅助决策指标的计算，进一步优化养护资金的投资效益，降低全生命周期成本，提高道路的服务水平。寻求性价比高、节能环保的养护投资方案，进而制定最佳的预防性养护方案。

4.1.4.4 实施与后评估

基于制定的最佳养护方案，进行养护方案的实施和后评估。对实施后的养护工程进行后评估，是对各种养护技术适用性和应用效果的检验，便于该技术的进一步推广应用或创新改进。通过养护工程实施后的各项路面使用性能检测结果，分析其发展变化趋势，建立性能指标衰减模型，通过模型预测路面延长使用寿命，评估各种养护措施的实施效果，从而对养护决策方案的合理性进行评价，积累有效数据，不断完善路面养护决策体系，从而更有效地指导道路沥青路面养护管理工作。

4.2 赤峰市部分道路技术状况评定实例

4.2.1 城市道路概况

城市道路作为城市市政基础设施的重要组成部分，其健康可持续发展与居民生活和城市发展紧密联系。城市道路养护管理水平不仅影响了一座城市在城市化进程中的发展速度与水平，也影响着城市整体"软实力"与"硬实力"的发挥和提高。随着城市的快速发展，国家不断加大对城市市政基础设施建设的投入。中央城市工作会议提出，坚持以人民为中心的发展思想，着力提升城市发展的可持续性、宜居性，以城市管理为重点，完善提升城市建设管理水平，补齐市政设施领域短板。

城市内道路交通流量较多，对道路采用 CiCS 路况综合检测车、弯沉检测车等多元化巡检的方式对需要养护的路段行车道上的病害进行检测并汇总分析。赤峰市部分道路概况如表 4.2-1 所示。

赤峰市部分道路概况　　　　　　　　　表 4.2-1

道路名称	长度（m）	路面类型	断面类型	道路等级	养护等级
赤峰 1 号路	1569	沥青	三幅路	主干路	I 类
赤峰 2 号路	2799.8	沥青	三幅路	次干路	II 类
赤峰 3 号路	7679	沥青	三幅路	主干路	I 类
赤峰 4 号路	3832.73	沥青	四幅路	次干路	I 类
赤峰 5 号路	1490	沥青	三幅路	次干路	III 类
赤峰 6 号路	3569.66	沥青	单幅路	次干路	I 类
赤峰 7 号路	3490.03	沥青	四幅路	次干路	III 类
赤峰 8 号路	190	沥青	三幅路	次干路	II 类
赤峰 9 号路	1287	沥青	单幅路	次干路	II 类

4.2.2 路面使用性能评价

路面使用性能即路面可供道路通行者使用的能力，是养护决策的基础，也是养护决策方案制定及养护决策效果的直观体现。《城镇道路养护技术规范》CJJ 36—2016 中是一种确定性的评价方法，将城市道路沥青路面使用性能评价分为单指标评价和综合指标评价，其中单评价指标依据路面的使用性能又分为四大指标：路面行驶质量指数（RQI）、路面状况指数（PCI）、路面结构强度指数（SSI）和路面抗滑系数（BPN、TD 或 SFC）。它的优点是模型简单易懂，评价模型的评定指标清晰明了、易于计算，道路状况评价数据（样表）见表 4.2-2。

道路状况评价数据（样表）　表4.2-2

序号	道路名称	弯沉检测		空洞检测	路面技术状况检测							路面抗滑性能检测	养护建议
		属性	评价	病害程度	主路PCI值	评价	辅路PCI值	评价	属性	步道FCI值	评价	（BPN评价）	
1	赤峰1号路	主路	足够		81.68	良好	89.03	良好	上行	72.48	一般	良好	建议对步道破损较差区域进行养护；建议对承载力较差区域进行局部结构性补强
		辅路	临界						下行	88.82	良好		
2	赤峰2号路	主路	临界		79.05	较好	94.01	好	上行	86.94	良好	良好	建议对主路破损较差区域进行养护；建议对承载力较差区域进行局部结构性补强
		辅路	不足						下行	84.92	良好		
3	赤峰3号路	主路	足够				89.66	良好				良好	建议对病害区域进行处理，加强巡视；建议对步道破损较差区域进行养护；建议对承载力较差区域进行局部结构性补强
		辅路	临界	1处中等疏松									
4	赤峰4号路	主路	不足		84.14	良好	81.33	良好	上行	73.59	一般	良好	建议对步道破损较差区域进行养护；建议对承载力较差区域进行局部结构性补强
		辅路	不足						下行	83.19	良好		
5	赤峰5号路	主路	足够		83.4	良好	91.12	好	上行	80.02	良好	良好	建议对病害区域进行处理，加强巡视；建议对步道破损较差区域进行养护；建议对承载力较差区域进行局部结构性补强
		辅路	不足	1处严重疏松					下行	79.7	较好		
6	赤峰6号路	主路	不足		74.61	一般	88.54	良好	上行	93.78	良好	良好	建议对病害区域进行处理，加强巡视；建议对主路破损较差区域进行养护；建议对承载力较差区域进行局部结构性补强
		辅路	不足	1处中等疏松					下行	80.76	良好		
7	赤峰7号路	主路	不足		77.09	一般	87.23	良好	上行	63.41	差	良好	建议对病害区域进行处理，加强巡视；建议对步道破损较差区域进行养护；建议对承载力较差区域进行局部结构性补强
		辅路	不足	1处中等疏松					下行	67.62	较差		
8	赤峰8号路	主路	临界		81.06	良好	86.74	良好	上行	67.92	较差	良好	建议对步道破损较差区域进行养护；建议对承载力较差区域进行局部结构性补强
		辅路	不足						下行	74.29	一般		
9	赤峰9号路	主路	不足		71.96	一般	94.03	好	上行	79.97	较好	良好	建议对主路、步道破损较差区域进行养护；建议对承载力较差区域进行局部结构性补强
		辅路							下行	88.02	良好		

4.3 管养评价

4.3.1 项目绩效目标

4.3.1.1 总目标

全面提升城市市政基础设施的养护质量与管理水平，保证城市市政基础设施的良好运转，维持城市市政基础设施安全、舒适、美观的使用功能，改善城市环境，提升城市形象。

4.3.1.2 具体目标

项目绩效评价具体目标（样表）见表 4.3-1。

项目绩效评价具体目标（样表）　　　　　　　　　　表 4.3-1

目标类型	具体目标	目标值
市政养护目标	保障目标	各阶段、各时限工作目标实现率 100%
	应急目标	到场处置、排除险情及完成维修分级完成实现率 100%
	养护目标	社会、市民投诉建议研究、推动及专项治理实现率 100%
	巡查目标	社会、市民投诉及城市管理局监督漏巡漏查较去年降低 5%
	路政目标	社会、市民投诉及城市管理局监督不达标问题较去年降低 5%
质量目标	养护工程	养护工程质量合格率 100%
	日常养护	日常养护优品率 45% 以上
	清扫保洁	清扫保洁作业良好率 100%
安全目标	养护工程	零事故、零伤害、零损失

赤峰市主管单位对赤峰市市政基础设施管养范围内进行全程实时监管。三方政府机构对本项目进行定期评估，并将定期评估结果向社会公示，接受公众监督，旨在对赤峰市市政基础设施管养范围内的服务进行评估调查和民意测评，测评调查的结果作为继续履约和拨付服务费的重要依据。必要时，还可委托中介机构对项目资金投入情况进行审计。

4.3.2 绩效评价工作开展情况

4.3.2.1 绩效评价目的

运用规范的绩效指标体系和科学的评价方法，对项目的计划组织、过程控制、产出成果、实施效益进行评价，以便发现问题，节约政府采购资金，改进项目监管机制，提高项目监督管理水平，进一步改善城市公共环境。

本次绩效评价的对象和范围是赤峰市市政基础设施所属管养范围的养护服务实施情况。

4.3.2.2　绩效评价原则

绩效评价指标是指衡量绩效目标实现程度的考核工具。确定绩效评价指标应遵循以下原则：

（1）相关性原则。绩效评价指标应当与绩效目标有直接关系，能够恰当反映绩效目标的实现程度。

（2）重要性原则。绩效评价指标应当优先使用最具评价对象代表性、最能反映评价要求的核心指标。

（3）可比性原则。对同类评价对象应当设定共性的绩效评价指标，以便于评价结果可以互相比较。

（4）系统性原则。绩效指标评价的设置应当将定量指标与定性指标相结合，能系统反映项目支出所产生的社会效益、环境效益等。

（5）经济性原则。绩效评价指标设计应当通俗易懂、简便易行，数据的获得应当考虑现实条件和可操作性，符合成本效益原则。

4.3.3　评价指标体系

4.3.3.1　指标定义

一级指标，是对项目评价最综合的指标，主要包括计划、过程、产出、效益四个方面。二级、三级指标是对一级指标的分类细化。四级指标，是指针对项目特点设定的个性化指标，是具有可操作性、用来评分的最细化指标。

4.3.3.2　指标体系

本项目绩效评价指标体系，设置 4 个一级指标、9 个二级指标、17 个三级指标、48 个四级指标，总分值为 100 分。市政养护项目绩效评价指标体系汇总表见表 4.3-2。

市政养护项目绩效评价指标体系汇总表　　　　　　　　表 4.3-2

一级指标	分值（分）	二级指标	分值（分）	三级指标	分值（分）	四级指标	分值（分）
计划（10%）	10	目标定位	5	规划计划充分性	3	岗位分工、责任机制、考核计划、监督流程是否完备、充分	3
				规划计划合理性	2	是否围绕服务总目标确定工作任务，是否符合政府政策	2
		目标设定	5	目标合理性	2	专业目标是否与服务计划中确定的总目标相一致	1
						专业目标是否依据充分，是否符合客观实际	1
				目标明确性	3	专业目标是否设定详细具体的考核指标	1
						专业目标的考核指标设定是否充分说明服务目标实现程度	1
						目标设定的专业指标是否清晰、细化、可衡量等	1

续表

一级指标	分值（分）	二级指标	分值（分）	三级指标	分值（分）	四级指标	分值（分）
过程（35%）	35	资金管理	12	资金分配合理性	4	资金分配方法是否符合项目实施内容满足项目特性	2
						资金分配额度是否与实际实施情况相匹配	2
				资金投入规范性	4	资金到位及拨付情况是否进行统计归类	1
						资金支付是否到位	1
						资金支付是否及时	1
						是否按要求向主管部门汇报资金使用计划	1
				资金使用规范性	4	项目资金使用是否符合相关的财务管理制度规定	4
		组织实施	23	管理制度健全性	14	全年及各片区养护工作方案	2
						养护责任制和考核制度	2
						质量管理体系和考核制度	2
						管理规章制度和工作规范流程	2
						财务管理制度	2
						安全管理制度	2
						档案管理制度	2
				制度执行有效性	5	项目实施是否符合相关管理制度规定	5
				整改及时性	4	是否根据属地考核发现的问题及时整改	4
产出（41%）	41	产出数量	7	养护维护率	7	车行道养护修复率	1
						人行道养护修复率	1
						排水养护维护频率	1
						绿地管理维护率	1
						桥梁养护修复率	1
						泵站养护维护率	1
						路灯照明巡查频率	1
		产出质量	7	质量达标率	7	车行道养护任务合格率	1
						人行道养护任务合格率	1
						排水养护任务合格率	1
						绿地管理任务合格率	1
						桥梁养护任务合格率	1
						泵站运营维护任务合格率	1
						路灯维护任务合格率	1
		产出时效	7	完成及时性	7	车行道养护任务及时率	1
						人行道养护任务及时率	1
						排水养护任务及时率	1
						绿地管理任务及时率	1

续表

一级指标	分值（分）	二级指标	分值（分）	三级指标	分值（分）	四级指标	分值（分）
产出（41%）	41	产出时效	7	完成及时性	7	桥梁养护任务及时率	1
						泵站运营维护任务及时率	1
						路灯维护任务及时率	1
		产出成本	20	成本收入比	20	利润率	20
效益（14%）	14	实施效益	14	社会效益	4	案件处理率	4
				环境效益	2	项目对城市公共环境的影响效果	2
				满意度	8	服务对象对项目实施效果的满意程度	8
总分	100		100		100		100

4.3.3.3 评价方法

1. 基本原则

科学规范：绩效评价注重支出的规范性、效率性和有效性，严格执行规定的程序，采用定量与定性分析相结合的方法。

公正公开：绩效评价客观、公正，标准统一、资料可靠。

分级分类：绩效评价根据评价对象的特点，分类组织实施。

绩效相关：绩效评价针对具体支出及其产出绩效进行评价，结果清晰反映支出和产出绩效之间的紧密对应关系。

2. 评价方法

主要以指标分析法为主，以比较法、公众评判法、抽样审计法为辅，坚持定量优先、定量与定性相结合的方式，总分由各项四级指标得分汇总形成。在评价过程中还将采用现场勘察、档案法获取相应数据，采取数据对比、标准和抽样调查相结合，同时辅以访谈、研讨等方法。具体包括以下方式：

（1）成本效益分析法：是指将一定时期内的支出与效益进行对比分析，评价绩效目标实现程度。

（2）比较法：是指通过对绩效目标与实施效果、历史与当期情况、不同部门和地区同类支出的比较，综合分析绩效目标实现程度。

（3）因素分析法：是指通过综合分析影响绩效目标实现、实施效果的内外因素，评价绩效目标实现程度。

（4）公众评判法：是指通过公众问卷及抽样调查等对财政支出效果进行评判，评价绩效目标实现程度。

（5）抽样检查法：对被评价单位项目相关人员进行访谈、实地观察，审阅相关文件、资料、管理制度等。检查相关单位专项资金支出账目，对专项资金支出凭证、发票、合同等进行抽样检查等。通过样本分析以判定目标实现程度。

3. 评价标准

市政养护项目绩效评价指标体系评价标准表见表 4.3-3。

市政养护项目绩效评价指标体系评价标准表   表 4.3-3

一级指标	分值（分）	二级指标	分值（分）	三级指标	分值（分）	四级指标	分值（分）	目标值	评价标准
计划（10%）	10	目标定位	5	规划计划充分性	3	岗位分工、责任机制、考核计划、监督流程是否完备、充分	3	充分	充分得3分，较充分得2分，不充分0分
				规划计划合理性	2	是否围绕服务总目标确定工作任务，是否符合政府政策	2	合理	合理得2分，基本合理得1分，不合理0分
		目标设定	5	目标合理性	2	专业目标是否与服务计划中确定的总目标相一致	1	一致	与总目标相一致得1分，否则0分
						专业目标是否依据充分，是否符合客观实际	1	符合	符合得1分，否则0分
				目标明确性	3	专业目标是否设定详细具体的考核指标	1	设定	设定得1分，否则0分
						专业目标的考核指标设定是否充分说明服务目标实现程度	1	充分	充分得1分，否则0分
						目标设定的专业指标是否清晰、细化、可衡量等	1	可衡量	清晰、细化、可衡量得1分，否则0分
过程（35%）	35	资金管理	12	资金分配合理性	4	资金分配方法是否符合项目实施内容，满足项目特性	2	符合	符合要求，得2分，基本符合得1分，不符合0分
						资金分配额度是否与实际实施情况相匹配	2	匹配	与实施情况基本匹配，得2分，差异明显扣1分，不匹配0分
				资金投入规范性	4	资金到位及拨付情况是否进行统计归类	1	统计归类	统计归类得1分，否则0分
						资金支付是否到位	1	到位	到位得1分，否则0分
						资金支付是否及时	1	及时	及时得1分，否则0分
						是否按要求向主管部门汇报资金使用计划	1	汇报	汇报得1分，否则0分
				资金使用规范性	4	项目资金使用是否符合相关的财务管理制度规定	4	规范	样本规范率100%，满分，每降低1~5个百分点，扣1分

续表

一级指标	分值（分）	二级指标	分值（分）	三级指标	分值（分）	四级指标	分值（分）	目标值	评价标准
过程（35%）	35	组织实施	23	管理制度健全性	14	全年及各片区养护工作方案	2	建立健全	建立健全得2分，不健全得1分，未建立0分
						养护责任制和考核制度	2	建立健全	建立健全得2分，不健全得1分，未建立0分
						质量管理体系和考核制度	2	建立健全	建立健全得2分，不健全得1分，未建立0分
						管理规章制度和工作规范流程	2	建立健全	建立健全得2分，不健全得1分，未建立0分
						财务管理制度	2	建立健全	建立健全得2分，不健全得1分，未建立0分
						安全管理制度	2	建立健全	建立健全得2分，不健全得1分，未建立0分
						档案管理制度	2	建立健全	建立健全得2分，不健全得1分，未建立0分
				制度执行有效性	5	项目实施是否符合相关制度管理规定	5	有效	样本有效率100%，满分，每降低1~5个百分点，扣1分
				整改及时性	4	是否根据属地考核发现的问题及时整改	4	及时	整改及时率×权重分
产出（41%）	41	产出数量	7	养护维护率	7	车行道养护修复率	1	2.80%	标准维修率2.8%，修复率大于2.8%，得1分，否则0分
						人行道养护修复率	1	4.50%	标准维修率4.5%，修复率大于4.5%，得1分，否则0分
						排水养护维护频率	1	0.5次/年	标准维护频率0.5次/年，实际维护频率大于0.5次/年，得1分，否则0分
						绿地管理维护率	1	100%	按实际维护率×权重分
						桥梁养护修复率	1	1%	标准维修率1%，修复率大于1%，得1分，否则0分

续表

一级指标	分值（分）	二级指标	分值（分）	三级指标	分值（分）	四级指标	分值（分）	目标值	评价标准
产出（41%）	41	产出数量	7	养护维护率	7	泵站养护维护率	1	100%	按实际维护率 × 权重分
						路灯照明巡查频率	1	5.5次/年	巡查频率5.5次/年，实际巡查频率高于5.5次/年，得1分，否则0分
		产出质量	7	质量达标率	7	车行道养护任务合格率	1	100%	按合格率 × 权重分
						人行道养护任务合格率	1	100%	按合格率 × 权重分
						排水养护任务合格率	1	100%	按合格率 × 权重分
						绿地管理任务合格率	1	100%	按合格率 × 权重分
						桥梁养护任务合格率	1	100%	按合格率 × 权重分
						泵站运营维护合格率	1	100%	按合格率 × 权重分
						路灯维护任务合格率	1	100%	按合格率 × 权重分
		产出时效	7	完成及时性	7	车行道养护任务及时率	1	100%	及时完成率 × 权重分
						人行道养护任务及时率	1	100%	及时完成率 × 权重分
						排水养护任务及时率	1	100%	及时完成率 × 权重分
						绿地管理任务及时率	1	100%	及时完成率 × 权重分
						桥梁养护任务及时率	1	100%	及时完成率 × 权重分
						泵站运营维护任务及时率	1	100%	及时完成率 × 权重分
						路灯维护任务及时率	1	100%	及时完成率 × 权重分
		产出成本	20	成本收入比	20	利润率	20	5%	利润率不高于5%，得20分，每高0.5个百分点扣5分
效益（14%）	14	实施效益	14	社会效益	4	案件处理率	4	95%	案件处理率95%（不含）以上计4分；案件处理率80%（含）~95%，计2分；案件处理率80%以下，不计分

一级指标	分值（分）	二级指标	分值（分）	三级指标	分值（分）	四级指标	分值（分）	目标值	评价标准
效益（14%）	14	实施效益	14	环境效益	2	项目对城市公共环境的影响效果	2	良好	环境效益良好，计2分；环境效益一般，计1分；环境效益较差，不计分
				满意度	8	服务对象对项目实施效果的满意程度	8	90%	90%以上（含）满分，每降低2%，扣1分
总分	100		100		100		100		

4.3.3.4 绩效评价工作过程

1. 前期准备

成立绩效评价项目组，负责本项目的绩效评价工作；组织项目组全体成员对绩效评价相关的法律法规进行业务学习，针对本项目进行业务研讨。

项目组对项目进行前期调研，了解项目基本情况，制定详细的评价工作方案，内容包括评价指标体系拟定与商榷、项目组人员构成、评价依据、工作计划，并征求项目委托方对共性指标的权重以及个性指标设定的指导意见等。

2. 与项目实施单位接洽、收集资料

针对项目绩效评价指标设计特点，向项目实施单位报送资料清单，与项目实施单位相关人员接洽，获取项目实施方案及相关法规资料。

3. 现场工作

（1）实地观察

项目组成员按计划好的地点跟随项目实施单位管理人员，实地观察项目实施情况，观察城市市政基础设施运行、养护、维修情况，并现场拍照。

（2）沟通、访谈

与项目实施单位主管人员就项目实施情况进行沟通、访谈，了解项目管理情况、系统工作情况，探讨对评价指标的理解、可操作性。了解预定的具体绩效目标、预期产出、预期效果等。

（3）社会公众调查问卷

按照项目特点设计公众调查问卷，调查问卷分为网上发放和纸质发放两种方式，网上问卷采用"问卷星"小程序进行发放，在"问卷星"小程序上设置调查问卷并生成二维码，向微信好友推送以及在朋友圈转发；纸质问卷采用在小区、写字楼、街区发放回收的方式。

调查对象为赤峰市市民、赤峰市外来常住人口、短期来赤峰市出差人员等社会公众。调查问卷的主要内容涉及社会公众对城市市政基础设施运行的满意度、对案件处理的满意度以及对城市公共环境改善的评价。

（4）查阅资料

项目组对收集的相关资料进行审核，重点关注项目管理制度是否建立健全、制度是否有效执行，利润率控制在 5% 以内，项目产出数量、质量、时效等要素。

4. 复核性分析

项目组对项目实地调研检查结果及访谈信息、问卷调查结果和相关单位提供的资料进行统计汇总、分析复核；在基础数据的支撑下进行指标评分，确定最终评价结果。

5. 完成评价报告

项目组形成评价报告初稿经内部三级复核后，报赤峰市主管单位审核后定稿。

4.3.4 综合评价情况及结论

项目组根据评价指标体系和评分标准，对每个指标分别评分，总体得分汇总表（样表）如表 4.3-4 所示。

总体得分汇总表（样表） 表 4.3-4

一级指标	分值（分）	得分（分）	得分率
计划（10%）	10	××	××%
过程（35%）	35	××	××%
产出（41%）	41	××	××%
效益（14%）	14	××	××%
合计	100	××	××%

参考财政部《关于印发〈项目支出绩效评价管理办法〉的通知》（财预〔2020〕10 号）文件的评价标准，项目评分 90（含）～ 100 分为优、80（含）～ 90 分为良、60（含）～ 80 分为中、60 分以下为差，根据得分确定该项目综合绩效评价级别。

绩效评价指标分析：

根据项目实际情况，从项目计划、过程、产出、效益四个方面，应用 4 个一级指标、9 个二级指标、17 个三级指标、48 个四级指标对赤峰市中心城区市政基础设施标准化养护服务项目进行客观公正的评价与分析。

养护管理实践中，对城市市政基础设施养护管理绩效进行评价，分析现有养护管理过程中的不足，不断优化养护管理体系，对城市市政基础设施养护管理体系不断完善、保障城市发展有着重要的现实意义。

城市道路占掘路管理

城市建设发展过程中，道路建设作为核心内容，其建设与养护质量直接体现了城市现代化水平和层次，尤其是国家提倡大力推进城市化进程的今天，加强城市道路挖掘管理，确保城市交通畅通，是维护城市形象的基本途径。然而城市道路在长期使用中，面临城市管线施工等影响，不可避免地会出现道路挖掘施工，路面时常被破坏，影响到城市道路既有作用的发挥。现阶段，城市道路施工中，重复挖掘施工作为常见的问题之一，除了增加政府财政支出之外，还会直接影响城市形象与公共安全，并且会对城市正常运转带来较大的负面影响，城市居民对此有着较大的抱怨。

加强城市道路挖掘管理，保证城市道路路面完好无损，最大限度地发挥城市道路既有作用，不仅有助于维护城市形象，还能够为城市居民提供良好的交通环境。鉴于此，本书以加强城市道路挖掘管理的重要性为切入点，对城市道路挖掘管理体制、管理对策进行阐述，在深入分析城市道路挖掘管理现状的基础上，立足于提高城市道路挖掘管理水平，探讨行之有效的解决措施，希望本书所提意见能够为城市道路挖掘工作人员的工作实践提供一些具有参考价值的建议。

5.1 占掘路管理

5.1.1 基本概念

掘路是指在城市道路范围内因设置地下管线和设施而挖掘现状路面的施工作业。

占路是指因工程建设或其他特殊情况需临时占用城市道路车行道、人行道及附属设施的行为。

掘路修复是指对掘路损坏的路面进行修复，包括路基回填和路面结构层修复。

临时恢复是指掘路施工过程中为保持路面正常交通采用临时路面结构进行恢复的路面设施。

占掘路覆盖钢板是指为保证车辆通行或保护相关设施，在道路上搭设钢板跨过施工面或被保护设施的行为。

抢修掘路工程是指占用挖掘城市道路，对地下管线运行中断或发生爆管、漏水、漏气等影响公共安全的突发损坏事故进行维修的工程。

5.1.2　占掘路管理体制

赤峰市城市道路占掘路管理分为市、区两级，分别由市本级和属地行政许可部门做出准予行政许可的书面决定，同时对相应工程进行日常巡查、检查，确保城市道路挖掘申请人严格按照城市道路挖掘许可批准的内容施工，并按要求做好施工现场的管理，及时查处擅自挖掘城市道路、未按要求挖掘、修复城市道路等违法违规行为，保障《赤峰市中心城区城市道路挖掘管理办法》有效落实。

5.1.3　城区占掘路管理

良好的城市道路挖掘管理可加强中心城区城市道路管理，规范城市道路挖掘修复行为，保障城市道路安全和畅通。

城区占掘路管理主要适用以下范围：

（1）中心城区城市道路是指红山区、松山区、喀喇沁旗和美工贸园规划区内纳入市政养护范围的道路。

（2）临街建筑退红线区域的挖掘修复。

（3）因敷设、维修地下管线或者进行其他建设工程需要挖掘修复的中心城区城市道路。

中心城区城市道路挖掘修复管理坚持计划统筹、规范管理、各负其责、快速修复、确保质量的原则。

5.1.3.1　城区工作目标

（1）明确占掘路管理工作内容及工作职责，规范工作机制。

（2）强化各单位人员的责任意识，促进占掘路管理工作有序开展。

（3）进一步完善占掘路管理工作体系，提高对占掘路的处置能力。

5.1.3.2　城区职责划分

（1）市住房和城乡建设局负责城市道路挖掘修复工作的监督管理，具体承办中心城区城市道路挖掘年度计划管理和行政许可。

（2）市住房和城乡建设局委托属地实施行政许可的部门按委托权限负责相应的城市道路挖掘许可，并及时反馈给市住房和城乡建设局。红山区、松山区、喀喇沁旗和美工贸园区城市道路挖掘修复主管部门（以下简称属地主管部门）负责属地城市道路挖掘修复的监督管理和对城市道路养护单位的监督考核。

（3）发展改革、公安等部门按照各自职责，负责与城市道路挖掘修复有关的管理工作。

（4）市智慧城管指挥中心负责地下管线数据的调取、核查及实时更新。

（5）城市道路养护单位参与城市道路挖掘施工组织方案的审查，城市道路挖掘许可的现场勘察，城市道路挖掘、回填、修复的施工进度、质量安全等工作的日常巡查。参与城市道路沟槽挖掘、沟槽回填、路面修复三个阶段的验收。

（6）发现城市道路挖掘单位未按挖掘方案施工的，及时提醒，同时上报属地主管部门。

（7）城市道路挖掘申请人（以下简称申请人）负责申办城市道路挖掘许可，对城市道路沟槽挖掘、沟槽回填、路面修复工程的施工进度、质量安全负主体责任。按施工进度及时通知属地主管部门、城市道路养护单位进行城市道路沟槽挖掘、沟槽回填、路面修复三个阶段的验收。

5.1.3.3　城区占掘路计划管理

城市道路挖掘实行计划管理。属地行政许可部门于每年11月份向市住房和城乡建设局申报本行政区域下一年度城市道路挖掘计划。市住房和城乡建设局根据工程建设需求和城市道路现状，确定中心城区城市道路挖掘施工年度计划，年度计划一经公布，不予变更。

城市道路挖掘计划编制应坚持的原则：

（1）与城市市政基础设施建设计划和城市道路新建、改建、扩建、养护维修计划相协调。

（2）对同一路段上的不同挖掘道路工程予以整合，统筹实施。

（3）严格控制施工占道时间。

（4）除特殊情况外，有下列情形之一的，不得挖掘城市道路：

①新建、扩建、改建的城市道路交付使用后未满5年的。

②大修的城市道路竣工后未满3年的。

③在已建有公共管线走廊的城市道路下敷设同类管线的。

④申请人违反城市道路挖掘管理有关规定，经查处未整改或未履行生效行政处罚决定的。

⑤未列入城市道路挖掘年度计划的。

⑥法律、法规和规章规定的其他情形。

5.1.4　城区占掘路许可管理

申请人应向许可部门提供以下材料：

（1）城市道路挖掘申请表。

（2）城市道路沟槽挖掘、沟槽回填、路面修复施工单位市政公用三级及以上资质证明文件。

（3）经审查的城市道路挖掘施工组织方案（包括施工计划、机械配置、施工污水排放、淤泥处理、现场围挡、交通导行、施工位置、开槽宽度深度、回填、防汛等方案）。

（4）公安交通管理部门批准的交通分流方案和初审意见。

（5）因工程建设需要挖掘城市道路的，应提供城市规划主管部门批准签发的文件和有关设计文件。

（6）其他有关材料。

其他管理说明：

临街建筑因开设出入口需挖掘城市道路的，建设单位须取得规划主管部门的批准后，方可办理城市道路挖掘许可。

城市道路挖掘许可部门受理挖掘城市道路申请后，在 5 个工作日内做出准予或不予行政许可的书面决定，做出不予行政许可书面决定的，应当说明理由。

因气候、地质条件等特殊原因需变更城市道路挖掘许可内容的，申请人应当提前 5 个工作日到许可部门按原许可程序办理变更手续。

每年 11 月 1 日至次年 3 月 1 日禁止城市道路挖掘施工。因特殊原因（如抢修工程、重点工程等）确需挖掘城市道路的，施工结束后应采取临时措施，保障道路通行，待气候满足修复条件时，立即进行路面修复。

因特殊情况需要挖掘其他情形城市道路的，除履行行政许可手续外，要按标准收取挖掘修复费用。具体标准：一年内收取 5 倍、两年内收取 4 倍、三年内收取 3 倍、四年内收取 2 倍、五年内收取 1 倍的城市道路挖掘修复费。

5.1.5　城区占掘路监督管理

5.1.5.1　一般管理

申请人应当遵守以下规定：

按照城市道路挖掘许可批准的施工方案、范围、面积、时限挖掘城市道路。

施工前须到市智慧城管指挥中心调取施工区域地下管线数据信息，并向属地主管部门申请组织管线单位召开技术交底会。

敷设地下管线施工遵循"小管避让大管、分支管避让主干管、有压管避让无压管、给水管避让排水管、常温管避让高（低）温管（冷水管让热水管、非保温管让保温管）、低压管避让高压管、气体管避让水管、金属管避让非金属管、一般管避让通风管、阀件少的避让阀件多的、施工简单的避让施工难度大的、工程量小的避让工程量大的、技术要求低的避让技术要求高的、检修次数少的避让检修次数多的、非主要管线避让主要管线、临时管线避让永久管线、新建管线避让已建成管线"的原则，并且按规划埋设深度和管孔数量要求施工。施工期间要对施工区域既有管线采取保护措施，因施工造成既有管线损毁的，须承担赔偿责任。

城市道路挖掘实行分段施工，每段施工长度不宜超过两个相邻十字路口道路中心线，待修复完工后，方可进行下一路段施工。如 24h 内未能完成修复的，道路基层料不得外露，应采取路面硬化或覆盖钢板等措施，满足社会交通要求。

城市道路挖掘施工中遇到与其他管线冲突或发生意外情况时应停止施工，立即做好现场处置，并及时报告相关行政主管部门及管线产权单位，防止次生灾害发生，待冲突或意外情况排除后方可继续施工作业。

5.1.5.2　城市道路挖掘施工现场要求

设置统一规范的封闭围挡设施。

设置统一标准的工程公示牌和道路交通安全警示标志，并适度悬挂宣传标语。

整齐、单侧堆放施工材料，弃土及时外运、日产日清，保证道路畅通。

施工污水经沉淀处理后，方可排入市政排水管道。

工程施工需要车辆绕行的，申请人应当在绕行前一路口设置标志。不能绕行的，应当修建临时通道，保证车辆和行人通行。需要封闭道路中断交通的，除紧急情况外，应当提前5日向社会公布，并做好社会宣传。

5.1.5.3　其他要求

因特殊情况敷设管线施工处于停滞状态的，应当采取路面简易恢复措施，保障交通安全，并落实防尘要求。横断挖掘的，应当在夜间进行，当日不能完工的工程，应当于次日6时前恢复道路平整，并采取安全措施，保证道路通行。对已经回填的道路挖掘工程，应当按规定时限恢复路面。鼓励采用装配式临时路面设施，减少对市容及道路通行的影响。

城市道路沟槽挖掘工程完工后，申请人应当立即清理场地，并通知属地主管部门、城市道路养护单位进行沟槽挖掘验收，验收合格后方可进行管线施工作业。

申请人应当在管线施工结束后回填前3日，告知市智慧城管指挥中心进行现场测量、核查、更新管线数据。

申请人在沟槽回填至路床后，须通知属地主管部门、城市道路养护单位进行沟槽回填验收，验收合格后立即进行路面修复。

路面修复工程完工后，申请人须通知属地主管部门、城市道路养护单位进行路面修复验收，验收合格的，方可与城市道路修复施工单位结算工程款。验收不合格的，应重新进行路面修复，直至合格为止。

城市道路修复工程质量保修期（以下简称质保期）不得低于一年，自城市道路修复工程验收合格并交付使用之日起计算。质保期内如出现沉陷、破损等问题，申请人应当及时修复。

5.1.6　城区占掘路违章处理

违反城市道路管理相关规定，有下列行为之一的，由属地主管部门责令限期改正，并依据有关规定进行处理：

（1）未在城市道路施工现场设置明显标志和安全防护设施的。

（2）挖掘城市道路后，不及时清理现场的。

（3）紧急抢修埋设在城市道路下的管线，不按照规定补办批准手续的。

（4）未按照批准的位置、面积、期限挖掘城市道路，或者需要移动位置、扩大面积、延长时间，未提前办理变更审批手续的。

（5）擅自使用未经验收或者验收不合格的城市道路的。

有关部门及其工作人员在道路挖掘管理活动中玩忽职守、滥用职权、徇私舞弊的，由其所在单位或者上级主管机关对直接负责的主管人员和其他直接责任人员依纪依法追究责任。

5.2　施工单位审核许可

5.2.1　申请

5.2.1.1　占用、挖掘城市道路许可所需资料

（1）《市政设施建设申请表》纸质原件 1 份；

（2）占道地点平面图纸质原件 1 份；

（3）占用位置现场彩照及围挡施工示意图纸质原件 1 份（属于经营活动占用道路的，需提供设置现场原貌图和设置活动效果彩图）；

（4）项目计划批准文件和规划红线图纸质原件 1 份（因建设需要临时占用道路的提交，非建设需要不需要提供）；

（5）建设工程规划许可证纸质原件 1 份（管线养护、维修或者抢修需要挖掘城市道路，不涉及规划变更的，申请人无须提供）；

（6）建筑工程施工许可证纸质原件 1 份（非建筑工程施工不需要提供）；

（7）公司营业执照、授权委托书、身份证件、挖掘施工单位资质证明纸质原件 1 份；

（8）属地交通主管部门审批意见纸质原件 1 份；

（9）施工组织设计方案和安全评估报告纸质原件 1 份；

（10）道路挖掘修复费缴费发票纸质原件 1 份（非道路挖掘不需要提供）；

（11）城市道路沟槽挖掘、沟槽回填、路面修复施工单位市政公用三级及以上资质证明文件；

（12）经审查的城市道路挖掘施工组织方案（内容包括施工计划、机械配置、施工污水排放、淤泥处理、现场围挡、交通导行、施工位置、开槽宽度深度、回填、防汛等方案）。

以上文件提供原件审查，提交复印件 1 份装订成册留存。

5.2.1.2　依附于城市道路建设各种管线、杆线等设施许可所需资料

（1）《市政设施建设申请表》纸质原件 1 份；

（2）占道地点平面图纸质原件 1 份；

（3）占用位置现场彩照及围挡施工示意图纸质原件 1 份（属于经营活动占用道路的，需提供设置现场原貌图和设置活动效果彩图）；

（4）项目计划批准文件和规划红线图纸质原件 1 份（因建设需要临时占用道路的提交，非建设需要不需要提供）；

（5）建设工程规划许可证纸质原件 1 份（管线养护、维修或者抢修需要挖掘城市道路，不涉及规划变更的，申请人无须提供）；

（6）建筑工程施工许可证纸质原件 1 份（非建筑工程施工不需要提供）；

（7）公司营业执照、授权委托书、身份证件、挖掘施工单位资质证明纸质原件 1 份；

（8）属地交通主管部门审批意见纸质原件 1 份；

（9）施工组织设计方案和安全评估报告纸质原件 1 份；

（10）管线、杆线架设设计图纸纸质原件 1 份（依附于城市道路建设各种管线、杆线等设施时提供）；

（11）道路挖掘修复费缴费发票纸质原件 1 份（非道路挖掘不需要提供）。

以上文件提供原件审查，提交复印件 1 份装订成册留存。

5.2.2 受理

登记机关对申请材料进行审查，材料齐全的，当场出具受理通知书；不符合规定的，向申请单位出具不予受理通知书。

5.2.3 审查

登记机关对申请材料组织审查，提交会议进行集体讨论，将审查结果在部门网站公示 10 个工作日，经公示无异议的，对符合条件的申请单位予以决定，并在决定部门网站上公告，对于不符合条件的，书面通知申请单位并说明理由。

5.2.4 决定

颁发市政设施建设类相应许可。

5.2.5 办理时限

1.法定时限

自受理之日起 20 个工作日内。

2.承诺时限

自受理之日起 15 个工作日内。

5.2.6 抢修工程

因埋设在城市道路下的管线发生故障需要紧急抢修的，可先行挖掘抢修，并同时通知属地主管部门、公安交通管理部门和城市道路养护单位，在 24h 内按照规定补办批准手续。补办手续资料同占用、挖掘城市道路许可所需资料一致。

5.3 养护单位做法

养护单位坚持以城市市政基础设施科学管理和方便公众出行为指导，以修复质量和修复及时性为目标，通过提高城市道路占掘路修复和批后监管的管理水平，确保市管城市道路的完好、安全和畅通。

明确养护单位对于城市道路上的占掘路工程管理任务，包括许可工程、管线抢修工程、配合工程、私占私掘等工程。在城市道路、桥梁范围内新建、改移、维修等无手续的管线施工；在道路桥梁设施范围内擅自变更原有道路铺装材质及使用功能；在道路桥梁设施范围内擅自悬挂、附着各类宣传条幅、管线、指示牌等行为；在道路桥梁设施范围内搭设围挡、脚手架、堆放施工材料等影响通行的违法行为加强巡查管理。

5.3.1 确定工作目标

为进一步强化"精细管理、无痕服务"的养护工作理念，提高城市市政基础设施养护管理水平，养护单位应明确占掘路管理工作内容及工作职责，进一步明确工作任务和责任，理顺管理工作程序，规范工作机制。强化养护单位的责任意识，促进占掘路管理工作有序开展。同时进一步完善占掘路管理工作体系，提高对占掘路的处置能力。

5.3.2 明确内部职责

养护单位的巡查大队是城区占掘路处置工作的整体协调、管理部门，负责制定及修订《养护单位占掘路管理办法》；负责监督、检查各单位占掘路巡查、处置工作的落实情况。具体职责包括但不限于以下几点：

（1）参加现场勘察。

（2）参加属地主管部门组织的工作对接会。

（3）负责监督占掘路单位的占掘路行为。

（4）负责监督修复单位的修复过程。

（5）参与属地主管部门组织的阶段性验收。

（6）对批后监管和工程修复中存在的问题进行跟踪。

（7）做好各类监管信息的收集、整理，并及时报送相关单位和部门。

养护单位设立城区占掘路处置工作的管理、实施部门，负责建立占掘路管理工作的组织机构，制定占掘路管理工作方案，明确各级负责人及相关责任；负责私占、私掘事件的发现、报告、过程盯守、处置、调查及引导等工作；负责监督各单位占掘路修复的及时性和修复质量；负责建立占掘路发现、处置、维修台账，及时更新数据；质保期内做好二次病害跟踪工作，发现问题及时通知修复单位进行修复；完成上级交办的有关任务。

5.3.3 管理工作流程

5.3.3.1 审批前期管理

前期现场勘察，以占掘路申请资料中涉及的挖掘及占用的位置、组织机构、制度措施、技术措施作为核查重点，充分发挥现场核查工作的重要性，为后期占掘路管理的规范化奠定基础。

占掘路单位开工前，利用工作对接会建立工程各参与方的工作联系，向占掘路单位提出相关的工作要求，明确告知占掘路单位在施工过程中的注意事项及双方的责权义务。

5.3.3.2 占掘路过程管理流程

在占掘单位施工开始后，定期到场进行质量监督，特别注意回填质量应符合《城镇道路养护技术规范》CJJ 36—2016 及其他对应规范要求的相关质量标准。

监督过程中及时留存相应的影像资料，确保所有管理痕迹的留存。对于存在的质量问题及时下发《质量问题告知单》并要求及时整改，拒不整改的及时上报属地主管部门进行督促落实。

施工全过程参与属地主管部门组织的阶段性验收工作，提出相关验收意见。对于过程中存在质量问题拒不整改的，在验收中不予以验收合格。

质保期管理要定期组织进行现场病害检查，如发现施工位置因施工造成的病害，及时联系占掘单位进行修复，拒不修复的及时留存影像资料上报属地主管部门。

在日常巡查中发现疑似未经主管部门审批的占掘路事件后，须进行先期核查，确定为私占、私掘事件后，及时收集相关现场资料上报管理平台，同时上报属地主管部门，属地主管部门进行下一步的执法、审核、移交等相关工作。

根据私占、私掘现场情况对实施单位进行现场调查，如已查明实施单位，引导其立即到属地主管部门根据相应政策办理相关手续。拒不办理的，要求其将私占私掘现场恢复道路原状，养护单位负责现场监督修复质量；如未能查明实施单位，通知属地主管部门，如有需要，养护单位 24h 内予以修复。

5.3.4 巡查监管管理

养护单位巡查大队依照《赤峰市中心城区城市道路挖掘管理办法》赋予的相关权力，依据许可的时限、内容、范围、数量监督占掘路单位的占掘路行为，发生变更立即制止并上报，同时跟踪整改。

对于不能交接修复的占掘路区域，养护单位要重点关注占掘路单位的临时修复措施，临时修复措施通常包括铺设钢板（须卧入路面并与周边路面平齐或略低）或依照设计铺设临时路面，无设计时临时路面等级不低于原道路结构。

养护单位应关注占掘路单位的安全行为，其施工行为对道路、桥梁、设施造成或可能造成安全隐患的，要坚决制止上报，限期整改，仍拒不执行的情况将上报属地主管部门进行执法督办。

养护单位必须控制占掘路进度，防止多点开花挖掘进度无序、无控的情况。

养护单位必须关注占掘路单位的管线回填，特别是要将回填机具的配备、回填材料的供应及分层回填工艺的落实作为监管的重点，检查时核对占掘路单位的回填方案，发现不符立即制止，并限期整改，同时相关信息及时报送相关属地主管部门。

养护单位必须关注占掘路单位管线的敷设位置，未经主管部门许可，严禁将管线敷设于道路结构层内，发现此类现象巡查大队必须制止，必须在处置方案通过主管部门许可后方可进行掘路施工。

养护单位必须关注占掘路单位的文明施工行为，对乱堆物堆料、围挡不整洁、扬尘、噪声、遗撒及环境污染等情况给道路造成环境影响的，必须督促占掘路单位整改，拒不执行的报送相关属地主管部门。

养护单位应关注占掘路单位管线周边其他市政管理的保护，对因占掘路单位施工行为造成其他市政管线破坏的，应做好巡查记录，督促占掘路单位整改，待隐患消除后方可进行占掘路施工。

养护单位应关注占掘路单位冬、雨期施工措施的落实，对可能造成安全隐患和影响施工质量的行为，必须督促占掘路单位整改，待相关问题解决后方可进行占掘路施工，同时记录并上报相关信息。

养护单位应制定科学、合理的巡查方案和计划，保证工程的监管频率和被监管工程的全覆盖，同时将相关管理痕迹及现场影像资料及时上传管理平台，实现信息的可追溯性。

养护单位必须跟踪修复单位的工作进度，特别是对于已经完成交接的工作区域，对在24h内未完成修复的路段应调查、记录未完成修复的原因并限期修复。

养护单位设专人负责联系上级管理单位，每日收集占掘路工程的占掘路和道路修复的相关信息，并对占掘路过程中发生的违规情况在第一时间上报，使违规行为得到及时、有效的控制。

5.3.5 现场处置要求

占掘路实施修复过程中如遇到阻挠或已通水、通电等无法修复的情况，由养护单位拨打城管热线进行举报，通过相关执法部门协助解决。

对于现场存在晾槽等具有安全隐患的情况时，养护单位须立即对现场进行临时拦护，要求占掘路实施单位自行修复，拒不修复的及时上报属地主管部门进行协调处理。

对可能存在即将通水、通电、通气等情况时，养护单位巡查人员须立即控制现场，责令占掘路实施单位自行修复。

对于涉及政府部门因重大活动、安全防范等工作需要，临时占用或零星掘路的以及关系到市民生活起居问题的小型占掘路工程，养护单位须做好引导工作，及时跟进恢复，做好相应的保障工作。

5.3.6　考评管理

5.3.6.1　考评方式

养护单位对下设巡查大队占掘路发现、处置及修复工作进行检查，根据养护合同考核内容及巡查大队占掘路的工作落实情况，结合属地主管部门月度考核结果按月进行综合考评。

5.3.6.2　考评内容

养护单位对巡查大队占掘路事件的发现、上报、修复情况进行考评，同时进行现场抽查，重点检查占掘路有无漏报、错报、占掘路修复有无修复不及时、修复质量不合格等情况。

占掘路处置工作是否按相关要求执行。

5.3.6.3　考评标准

考评标准分为四种：批评、通报、违规、严重违规。

有下列情况之一的，属于批评：

（1）在检查过程中发现占掘路事件出现漏报、错报，月度累计达到一次（含）；

（2）属地主管部门月度考核中，漏报、错报，每月度累计达到一次（含）；

（3）在检查过程中发现占掘路项目修复不及时、修复质量不合格，每月度累计达到一次（含）；

（4）属地主管部门月度考核中，修复不及时、修复质量不合格，每月度累计达到一次（含）；

（5）发现占掘路未落实引导工作和告知违法行为，每月度累计达到一次（含）；

（6）占掘路现场存在晾槽等具有安全隐患的情况，未按要求进行现场盯守或未及时处置，每月度达到一次（含）；

（7）占掘路现场存在即将通水、通电、通气等情况，未按要求进行现场盯守或未及时处置导致管线接通既成事实，每月度达到一次（含）；

有下列情况之一的，属于通报：

（1）在检查过程中发现占掘路事件出现漏报、错报，每月度累计达到三次（含）；

（2）属地主管部门月度考核中，漏报、错报，每月度累计达到三次（含）；

（3）在检查过程中发现占掘路项目修复不及时、修复质量不合格，每月度累计达到三次（含）；

（4）属地主管部门月度考核中，修复不及时、修复质量不合格，每月度累计达到三次（含）；

（5）发现占掘路未落实引导工作和告知违法行为，每月度累计达到三次（含）；

（6）占掘路现场存在晾槽等具有安全隐患的情况，未按要求进行现场盯守或未及时处置，且因此造成人身伤害或财产损失、媒体曝光等不良影响，每月度达到一次（含）；

（7）占掘路现场存在即将通水、通电、通气等情况，未按要求进行现场盯守或未及时处置导致管线接通既成事实，且造成不良影响，每月度达到一次（含）；

有下列情况之一的，属于违规：

（1）在检查过程中发现占掘路事件出现漏报、错报，每月度累计达到三次以上；

（2）属地主管部门月度考核中，漏报、错报，每月度累计达到三次以上；

（3）在检查过程中发现占掘路项目修复不及时、修复质量不合格，每月度累计达到三次以上；

（4）属地主管部门月度考核中，修复不及时、修复质量不合格，每月度累计达到三次以上；

（5）发现占掘路未落实引导工作和告知违法行为，每月度累计达到三次以上；

（6）占掘路现场存在晾槽等具有安全隐患的情况，未按要求进行现场盯守或未及时处置，且因此造成人身伤害或财产损失、媒体曝光等不良影响，每月度达到二次（含）；

（7）占掘路现场存在即将通水、通电、通气等情况，未按要求进行现场盯守或未及时处置导致管线接通既成事实，且造成不良影响，每月度达到二次（含）。

严重违规指违规累计达到三次（含）。

5.3.7　处罚规定

批评：对责任主体单位进行批评。

通报：对责任主体单位的主要领导、主管领导进行通报。

违规、严重违规按照《北京市政路桥管理养护集团有限公司赤峰分公司各项管理规定考核办法》相关管理规定执行。

若属地主管部门月度考核未达合格分，则对超出合格分以外的分数，按总扣分比例对相关单位实行单位内部的再次处罚。

处罚程序：

（1）养护单位出具相关文件提出处罚意见，报主管领导审核。

（2）违规、严重违规问题须出具相关文件，经主管领导确认后，提交单位人力资源部，人力资源部根据事件严重程度按管理办法做出具体处罚。

5.4　道路挖掘管理建议

城市道路挖掘管理工作虽受到全国各城市相关部门的重视，在实践中，由于一些主客观因素的影响，导致城市道路挖掘管理中暴露出一系列问题，直接影响城市道路挖掘管理工作实效的发挥。接下来，笔者在查阅大量与之相关文献资料的基础上，结合工作经验，予以个人语言，立足于城市道路挖掘管理现状，围绕城市道路挖掘管理对策，提出几点拙见。

5.4.1 重视城市道路挖掘管理相关法律的完善

伴随着城市建设进程的加快，各种依附于城市道路敷设的地下管线工程项目数量急剧增加，城市道路挖掘工程项目也随之增多，我国不少地区政府已意识到城市道路挖掘管理法律完善的重要性，并在实践中付诸了相关行动。法律完善过程中，需立足于实际问题，修改部分不完善条款。

5.4.2 统筹管理，提高认识

首先，统一多部门思想，一是坚持整体规划原则，避免盲目建设；二是坚持城市市政基础设施建设的整体性，避免片面问题的发生；三是坚持管理原则，避免管理随意性。其次，统筹管理。城市市政基础设施建设工作由市政管理部门进行统一管理。以市政管理部门为中心，建立多部门沟通联系机制，通过有效交流，制定年度挖掘计划。同时，城市综合执法部门需与管理部门密切配合，各职能部门严格按照分工负责、上下联动的原则，落实责任工作制，并建立工作台账，切实提高城市道路挖掘管理水平。最后，针对现阶段城市建设中问题的复杂性，城市单个部门无法完成实践问题，需重视相关方面法律的完善，并结合相关法律严格执法，建立一个具有权威性的管理机构，统一指挥，协调各部门管理工作，确保各项管理工作有序进行。

5.4.3 编制合理的城市道路挖掘计划

城市道路挖掘计划作为管理工作的核心内容之一，计划监控质量的优劣与管理水平的高低息息相关。基于此，城市道路挖掘管理工作实践中，需编制合理的城市道路挖掘计划。首先，年初编制年度计划，明确各项目标准，并在上报上级部门获批之后执行。值得注意的是，年度计划的编制需符合多方面的要求，尤其是中长期规划与计划要求。整个编制过程中，需要结合上年度执行情况，并进行民主讨论决策，确保挖掘计划的合理性。其次，核对年度计划执行情况，并结合实际情况对部分执行计划进行调整，并在获得上级批准之后执行。最后，计划执行后期，与挖掘计划目标相比较，一旦出现差距，需及时完善并备案，然后继续执行调整后的挖掘计划，直到挖掘施工结束。

城市道路的占掘路并不是每个人都会和它发生关系，但是涉及一条城市道路的占掘路施工可能会对城市交通参与者或多或少有影响、有关系，所以希望城市市政基础设施管养工作越来越精细化，管理更加人性化，一方面是保证道路的质量，另一方面也是尽可能地减少对社会交通的影响。

城市市政基础设施排水管网治理

随着城市的高速发展，城市建设对于市政工程的需求也在不断增大，排水管网作为现代化城市建设的配套基础设施，具有收集城市生活污水、工业废水和及时排除城区雨水的双重功效，是城市防洪排涝、水污染防治必不可缺的基础设施之一。近年来，因排水管网问题而引发的河道黑臭水体治理、海绵城市建设、城市内涝、管网收集能效低下及污水处理厂进水浓度偏低等问题层出不穷。排水管网作为输送城市废水的重要工具，其安全运行关系到城市居民的生活福祉，关系到城市的平稳健康发展。

城市排水管网的使用状况是否良好，很大程度上取决于管网建成后的管理与维护，然而，目前各地普遍重视污水处理，却忽视了对已有管网的养护管理，或者维护管理力度不够，重建设、轻维护的情况普遍存在，科学、系统、周期性的维护机制还没有形成，导致现有排水管道得不到及时清疏，排水排污高峰期排水能力不足，雨污水冒溢问题凸显。为了进一步加强排水管网运营维护及管理，建立长效机制，本书从窨井养护管理、管网养护管理及排水管网一体化管控进行阐述。

6.1 窨井养护管理

近年来，随着智慧城市的不断发展，我国在城市市政基础设施建设方面也取得重大的进步，城市内的地下管线变得更加复杂。各种燃气管道、污水排放、电力、供暖等地下管道增多，城市道路也在不断地延伸扩宽，这些都导致道路上井盖不断地增多。而窨井作为城市不可或缺的公共物品之一，对其管理也一定程度上反映着政府的管理水平和能力。窨井虽小，却对城市水、电、气、通信等战略资源的顺畅运行有着重要的影响。如果管理不到位，不仅影响城市的整体面貌，还会危及市民的生命财产安全。

近年来，赤峰市市政基础设施建设事业持续高速发展，赤峰市的窨井数量也在不断增多，随之而来的是窨井管理问题。窨井管理中存在的问题主要包括窨井功能结构缺陷以及井盖丢失等现象造成的安全事故等。这些问题在一定程度上威胁着人民群众的生命及财产安全，对城市居民幸福感的提升很是不利。传统的管理模式已经无法处理当前的问题，迫切需要进行管理思路转型。

本节以赤峰市窨井管理面临的问题为切入点，通过对窨井等进行精细化管理，改进窨井养护管理模式，从而达到降低赤峰市窨井管理安全隐患率的目的。

6.1.1　相关概念

窨井，又称窨井或人孔，是排水管道系统中连接管道以及供养护工人检查、清通和出入管道的附属设施的统称，包括跌水井、水封井、冲洗井、溢流井、闸门井、潮门井、沉泥井等。

窨井通常设在管渠交汇、转弯、管渠尺寸或坡度改变、跌水等处以及相隔一定距离的直线管渠段上。

6.1.2　窨井管理现状

赤峰市城区窨井盖遍布大街小巷，经调查发现多处窨井盖存在不同程度的破损、下陷、凸起、松动等现象。窨井盖一般按照"谁所有、谁负责"的原则，窨井盖涉及权属单位过多，存在权属复杂、标准各异、履责不清、安全监管不到位等多种问题，总体来看，主要集中在以下几个方面：

1.采集方面存在精度不高、工作量过大的问题，人员安全存在隐患

主管部门早已提出关于进一步加强城市窨井盖安全管理的通知，要求包括城市供水、排水、燃气、热力、房产（物业）、电力、电信、广播电视等部门，实行井盖的数字化管理，实现社会资源的有效监管，确保人民群众人身安全。由此可见市政井盖的管理需求是非常明确的，但目前大量的市政井盖还基本依靠人工巡查管理，再加上井盖数量大，分布地域广，单纯依靠人工巡检排查，根本无法实时获得井盖的状态信息，更无法在出现异常情况时迅速响应。因此，如何能够精确到对市政井盖的个体进行实时监控，及时对井盖部件的异常情况做出快速处理，最大限度地保障行人人身安全与国家资产安全，是相关主管部门亟待解决的问题。

2.窨井产权单位多、数量庞大，缺乏统一管理

城市道路上窨井数量庞大，以赤峰市为例，仅在市管街道上的各种雨污水井、收水井就有 3 万余座，再加上区管街道上的雨污管道窨井及主次干道上的通信、电力、供水、热力、煤气等部门的各种窨井达到了惊人的数量。

如今，赤峰市数字化城市管理技术日趋成熟，各类损坏井盖的问题虽然可以在短时间内找到责任单位并及时维修，但是在管理上仍存在一定的不足。特别是那些年限较长，权限划分不清的窨井，逐渐成了没有主管部门的窨井，既找不到窨井的主人，又找不到道路的主人，一旦出现问题，根本找不到解决问题的主管部门；有的窨井建成后没有及时移交到相关部门进行管理维护，有人建、无人修的情况成了

常事，导致建设和管护脱节，由此产生多年无人管理的情况，存在较大的安全隐患。问题的产生主要是因为赤峰市城区窨井盖数量庞大，涉及权属单位过多，各产权部门各自负责，缺乏统一规范的管理机制。

3. 设计、施工标准不统一，造成"先天短板"

窨井作为城市重要的基础设施，建设年代跨度大，涉及产权单位多，且各产权单位在窨井设计、施工过程中缺乏统一标准，为后期的维护、改造工作带来很大困难。

4. 窨井养护工作缺乏专业性、及时性

（1）窨井日常巡查机制的建立

在相关主管单位的督促下，赤峰市建立了窨井专项治理平台，对各权属单位窨井病害进行日常巡查，并建立了有效的分发处理机制。

（2）窨井养护缺乏专业性、及时性

窨井专项治理平台巡查发现案件后会发送至各区城市管理局进行分发处理，但养护维修实施情况不尽如人意，目前仅与市政行业对接，可以做到窨井问题及时发现、及时处置。然而，实际的养护维修工作实施情况并不尽如人意，追根溯源发现窨井养护工作不能及时响应、处理，主要是因为部分窨井无法确认产权单位，分管的各权属单位缺乏专业巡查、养护队伍，导致窨井无法实现专业、及时的养护及维修。

5. 窨井病害逐年呈递增趋势

随着城市的高速发展，交通压力增大，窨井病害呈逐年递增趋势，目前窨井病害已经成为赤峰市市政基础设施典型病害，该问题亟须解决。窨井病害主要包括井盖丢失、移位、周边破损、井圈下沉、井盖破损、黑混破损、井盖跳响等（图6.1-1）。

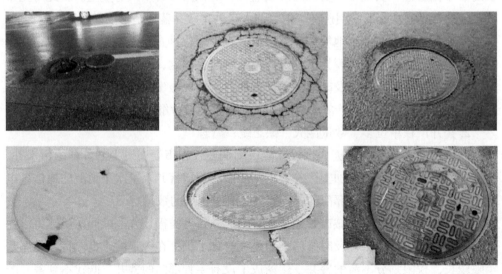

图 6.1-1　窨井不同病害程度图片

6.1.3 窨井精细化管理

为彻底解决窨井管理问题，市住房和城乡建设局对窨井治理工作从服务管理、方便权属单位角度出发，以实现窨井管理工作"看得见、管得住、服务好"，城市管理单位出台统一管理机制，做到统一管理系统、统一巡查队伍、统一监督考核、统一修复标准和统一专业队伍。统一修复标准是对每类病害的判定标准、治理方式及质量安全要求等明确详细规定，经过病害治理后的井盖，质保期应不少于 1 年。

6.1.3.1 城市窨井综合治理提升方向

摸清底数：全面梳理市区窨井情况，如类型、数量等信息，建立窨井档案信息，形成数字化管理基础。

明确权责：明确窨井责任主体，确定管理职责。

规范维护：规范窨井维护工作，健全维修流程和保障机制。

治理提升：通过信息化平台、移动应用、大数据分析技术，建立窨井治理新模式，实现城市窨井全面、高效管理。

6.1.3.2 城市窨井综合治理实施

全面、高效管理城市窨井，以窨井综合治理管理制度、信息化平台、专业养护队伍三个支撑，统筹摸清底数、明确权责、规范维护实现治理提升。通过以下五步实现窨井管理全面提升。

1. 窨井登记

建立普查队伍，对市区窨井进行全面普查，并对窨井信息进行登记。

2. 认领确权

将窨井记录发送给相关责任单位进行确认，各单位对自己负责的窨井确权。

3. 无主井公示

对于无人认领的窨井，将进行公示，公示期内无人认领的窨井将进行填埋或封存处理。

4. 签署维修协议

对于已经认领的窨井，将与养护单位统一签署维修协议，明确维修服务范围、职责及维修流程。

5. 责任单位授权统一维护

养护单位对市区窨井进行统一维护，维修前需要相关责任单位确认，根据维修记录，每年进行维修费用结算。

6.1.3.3 窨井专项治理案例

赤峰市城区窨井井盖数量庞大，在窨井管理方面涉及的权属单位过多，且各产权部门各自负责，难以形成统一、规范化的管理体制。本次通过物联网普查设备、智能手机等对窨井井盖及雨水口进行拍照和定位的方式，将赤峰市窨井数量、窨井状态（是否完好）和权属单位等信息进行了详细的摸排普查，为窨井的专项治理提供了数据支撑。

1. 依据及目标

按照有关技术标准、规范要求，按照业主指定的范围进行窨井井盖及雨水口调查，按照业主要求的形式和格式出具调查报告，提供调查数据并上传至赤峰市窨井治理管理系统，形成窨井大数据分析并为后期治理工作提供支撑。

2. 工作内容

对赤峰市中心城区窨井及雨水口进行综合普查，提交赤峰市窨井综合普查数据成果和赤峰市中心城区窨井现状数据分析报告，以及现场影像原始数据和信息系统数据（图 6.1-2 ~ 图 6.1-4）。

图 6.1-2　APP 操作图

图 6.1-3　数据采集

图 6.1-4　APP 窨井定位及信息填报图

3. 方法及设备

该项目使用物联网普查设备、智能手机等对窨井井盖及雨水口进行拍照及定位，将数据上传至《赤峰市城市道路窨井治理综合管理系统》，进行数据建档及数据分析，普查采集设备见图 6.1-5。

图 6.1-5 普查采集设备

4. 成果

（1）数据成果

赤峰市中心城区范围内机动车道、非机动车道、人行道、绿化隔离带范围内，共普查窨井 67835 处，普查道路 572 条，涉及权属单位 28 家。状态完好窨井 42754 处，病害窨井 25086 处，无盖窨井 340 处，病害率约 37%。窨井权属单位分析图及病害分析图见图 6.1-6、图 6.1-7。

窨井权属单位分析图

	雨污水	电力	宏泽供	热力	电信	移动	九龙供	多合一	京红市	联通	公安	消防	广电	园林	城建集	华润燃	红山国	富龙燃	中水	铁通	化粪池	特殊	公交	不明
数量	34	43	37	32	27	18	15	15	13	13	13	12	95	65	40	36	32	20	17	16	44	32	2	56

图 6.1-6 窨井权属单位分析图

窨井病害分析图

	井周	垃圾	无防	无法	井盖	井盖	井盖	井圈	无井	废弃	井盖	管线	凸起	移位	井盖	厨余	管口	过梁
数量	485	451	348	158	892	787	543	412	340	156	132	108	56	52	26	24	11	3

图 6.1-7 窨井病害分析图

（2）信息化成果

基础数据模块功能包括窨井台账、道路台账、窨井维护审核，实现了对窨井基础信息、道路基础信息的统一管理维护，并对权属单位维护窨井信息加入审核流程，保障了数据的真实性。基础数据见图 6.1-8。

图 6.1-8　基础数据

普查管理模块功能包括移动端普查数据采集、普查台账，通过移动端对每一个井进行编号、录入基础信息、影像信息，建立窨井数字档案，实现了"一盖一编号、一井一档案"，掌握窨井权属单位、病害类型及分布情况。图 6.1-9 为普查台账示例。

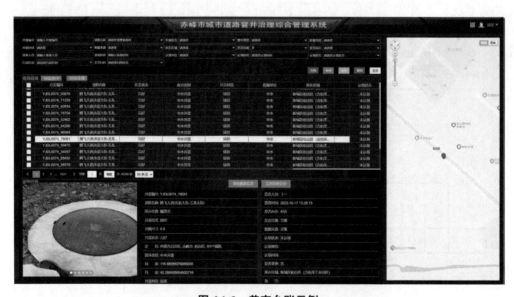

图 6.1-9　普查台账示例

确权管理模块功能包括确权计划管理、确认任务管理、我的确权任务管理，通过确权计划、确权任务权属单位对已普查数据进行确权认领操作，明确窨井权责，便于后期窨井治理工作的开展。图 6.1-10 为确权管理图。

图 6.1-10　确权管理图

窨井治理模块功能包括病害上报、病害修复、病害验收、修复委托，规范了窨井治理流程，通过移动端采集窨井的病害案件，将案件派发给权属单位，权属单位可自行修复或委托第三方维修机构修复，最终由管理部门进行修复验收，对于不合格修复案件进行考核扣分，并由所在权属单位重新修复。图 6.1-11 为窨井治理图。

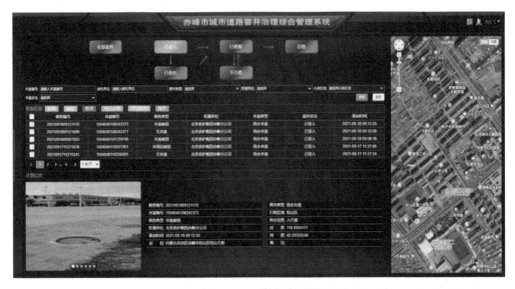

图 6.1-11　窨井治理图

统计分析模块是对窨井普查、确权、治理过程中产生的数据加以分析，通过图表等形式客观分析权属单位窨井数量、病害数量、病害类型、病害率、案件状态、修复率等，实现数据可视化分析，为管理部门、权属单位窨井治理工作提供数据支撑。图 6.1-12 为统计分析图。

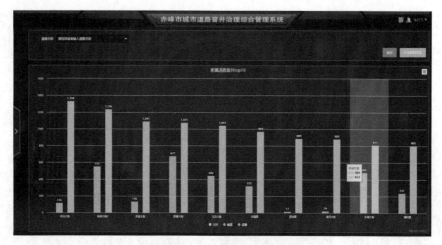

图 6.1-12　统计分析图

　　窨井地图模块利用地图定位技术，实现窨井信息地图化展示，全方位展示权属单位窨井的分布、病害情况，并可通过权属单位、病害类型、所在区域等条件快速查询，便于管理部门掌握城市窨井动态信息变化。图 6.1-13 为窨井地图。

图 6.1-13　窨井地图

6.1.3.4　窨井加固新材料应用

　　采用专项发明技术的新型材料——超早强黑色混凝土对车行道窨井周边病害进行处理。超早强黑色混凝土材料既有水泥混凝土的强度，又有沥青混凝土的柔性，抗冲击和抗剪切；施工后能迅速形成强度，与其他界面粘结力强，不会产生周边裂缝；浇筑后，使得井座、井筒和周围路面形成牢固整体，保证在车辆冲击荷载下不产生移位变形。图 6.1-14 为窨井加固工程做法图。

图 6.1-14　窨井加固工程做法图

6.1.3.5　提高城市窨井精细化管理的举措及建议

1. 建立信息化窨井治理平台

通过信息化平台全面梳理城市窨井数据，建立数字档案，并通过平台给各管线单位建立确权功能，明确权责以及井盖状态，实时了解全市井盖信息。

2. 明确窨井管理责任、确定谁来管

进一步明确窨井的产权单位为窨井管理的第一责任人，负责养护、维修、状态保持。建设主管部门负责通过平台对产权单位窨井管理责任进行监管。

3. 窨井产权单位建立专业化的巡查、养护队伍

窨井产权单位建立专业化的巡查、养护队伍，定期对窨井进行巡查，发现问题及时通知养护队伍进行病害养护及隐患排除。

4. 建立窨井管理数据更新制度

建议由市主管部门统筹安排，定期对窨井进行普查，并根据窨井状况及时通知各产权单位进行养护作业，对无主井及时采取填埋措施，避免"吃人井"现象的发生。

5. 加强窨井养护维修工作的专业化、标准化

进一步要求窨井各产权单位在养护过程中应采用专业化队伍，对窨井处置效能、安装质量严格按国家标准执行，对窨井盖处置的高度、平整、材质和响应时效制定统一管理标准，精确把控，实现统一标准化处置。

6. 物联网技术在窨井管理中的尝试

为进一步提高城市市政基础设施精细化管理水平，可引进具有实时定位监控、地图展示、防盗监管、报警联动功能的智慧井盖，构建窨井管理系统。

实现窨井 24h 不间断地对井盖进行实时监测。当井盖发生非法开启、移位、气体、温湿度等异常状况时，传感器第一时间通过 Nb-IoT/Lora 通信方式，将异常信息传送至智慧城管监管系统，通过井盖属性信息与地理信息系统结合，管理部门可迅速判断异常井盖的位置与状态并进行调度。指挥中心及时以案件形式下派至井盖权属单位，责任单位迅速调动相关工作人员，及时处置解决，消除安全隐患。情况处理完毕后，井盖信息恢复正常状态，形成发现上报、权属确认、分拣下派、处置回复、核查评价的闭环化处理。

6.1.4 "智能井盖"系统

科技交通飞速发展的今天,地铁网络蔓延城市各个角落,高速网络四通八达。在科技交通、智慧城市这个舞台上,城市道路中井盖系统并不像飞机、高铁那般引人注目,但我们也要重视它的发展。鉴于丢失、移位等井盖病害,本书提出了"智能井盖"系统(图 6.1-15)。

图 6.1-15 "智能井盖"系统图

"智能井盖"系统分为四层:业务层、服务器、通信层、感知层。感知层负责采集相关数据,通过 NB-IoT 物联网,直接上传到云端或者服务器,用户从业务层对井盖进行监控管理。NB-IoT 是基于蜂窝网络的低功耗广域网络网通信技术,相比于 LoRa 和 ZigBee 这两种无线通信技术,NB-IoT 单网接入点容量更大,而且 NB-IoT 的每个节点将采集到的数据直接发送到云平台,LoRa 和 ZigBee 的节点必须要通过网关才能到云平台。因此,NB-IoT 利用自己覆盖广、功耗低、连接量大等优势,成为物理网领域的新兴应用。

6.1.4.1 "智能井盖"简介

该系统主要功能模块包括井盖属性管理、地图显示、非法开启报警管理、沉降检测、用户登录和统计报表管理等。具体功能包括:井盖"身份信息"等属性记录、修改和管理;井盖在地图中的位置显示;井盖非法打开报警及管理功能;井盖沉降识别报警;用户管理及统计报表功能;具备巡查、上报、维修、复核等业务流程信息化功能;管理中心对病害信息的检索、查看、处理、分发功能;管理中心对病害信息的三维、二维显示功能、服务器数据交互功能、自身数据存储功能。

在"智能井盖"中,核心当属智能终端——智能传感器,作为智能终端负责监管井盖的非法开启、沉降状态检测、道路交通流检测和井内温湿度计气体检测等。智能终端具备深覆盖、低功耗、多连接、低成本、安全可靠等特点。系统可预先设定报警规则,井盖非法移动时会给相关负责人发送报警信息。当井盖状态正常时,检测设备处于休眠状态,24h 自动上传数据 5 ~ 6 次;当井盖异常开启时,立刻发出报警信号,通知相关责任部门采取措施。判断井盖的开启、移位,采用的三轴加速度传感器模块可以测量井盖因为运动所产生的动态加速度，以及因为倾斜所产生的静态加速度，将得到的数据以数字方式发送给处理器。

在智能监管中，可以采用智能井盖监管软件，方便、快捷地实时查询井盖的状态。在智能监管软件中分为移动端和 PC 端。

在移动端有两种方式：微信或者 APP。软件中提供了井盖异常提醒、快速查询、井盖属性等信息，满足日常工作需求。

PC 端管理平台：根据用户需求定制开发，除具有移动端功能外，主要起到管理作用，包括用户管理及统计报表功能，具备巡查、上报、维修、复核等业务流程信息化功能，分发处理、数据交互存储等。

在整个"智能井盖"系统中最重要的是能够稳定运行的安全防护体系，而体系中最重要的就是物联网的目标。在整个系统中，各个硬件接入系统时，要进行权限限制，包括接入权限、允许数据传输的等级划分以及相关管理人员的权限设定等，运行安全防护体系是系统安全运行的保障。

6.1.4.2　"智能井盖"的未来

我国城市中井盖方面存在的主要问题是井盖丢失、井内爆炸等。在城市道路上安装井盖智能化系统后，一旦发现违法人员偷盗井盖，井盖就会发出报警信息并利用无线传输设备将报警信息传递给远程的工作人员，有效地减少了井盖盗窃现象的发生。不仅是井盖丢失问题，井内爆炸更值得关注。在井内爆炸事件中，有大约百分之八十是井内异常气体严重超标造成的。使用井盖智能系统后，井盖内的可燃气体达到界限以后就会及时启动异常报警功能，及时地向远程工作人员报告并且向附近的行人进行安全报警。这个智能化系统是在物联网技术的基础上，构建了一个城市智能井盖管理系统。通过物联网将井盖进行智能化管理并组建一个科学、合理、数字化的系统，可以使政府和城市有关部门及工作人员及时、正确、有效地对井盖及井内的情况进行实时监督和掌控，一旦发现安全隐患，可以使这些隐患得到科学且合理地处理。

智慧城市作为数字经济建设、新时代信息技术落地应用的重要载体，近年来呈现飞速增长的趋势，正在被越来越多的城市作为发展战略和工作重点。新型智慧城市建设改变了城市治理的技术环境及条件，新型智慧城市在解决城市治理问题的同时，推动城市治理模式的转变。新型智慧城市的建设加速了虚拟网络空间与实体物理空间持续双向映射与深度耦合，物联网将城市融为一体，通过城市市政基础设施数字化感知、运行状态可视化展示、发展趋势智能化仿真等，实现政府决策的科学化。

智慧城市是未来的发展方向，数字化城市的建设离不开科技的发展与应用。万物互联时代的到来，是物联网的春天。智慧城市犹如汽车，科技交通为它提供了平稳的跑道，"智能井盖"为它提供了安全的行车环境。在智慧城市安全行驶过程中，没有任何环节是可以忽略的。智慧城市的未来是美丽的，"智能井盖"的未来是光明的。

6.2　管网养护管理

随着城市建设步伐的不断加快，城市道路新建、改建、扩建、大修的工程数量及规模不断扩大，地下管网工程也在增多，为进一步提高排水设施管理水平，逐步形成一套相对完善的精细化管理制度和管理模式，建立排水设施巡护标准、规范排水设施保障和投诉处理管理机制，通过排水信息管理系统程序化、标准化、数据化管理，实现各单元精确、高效、协同和持续运行；提高泵站设施的完好率，积极清淤，保障泵站设施的有效运行和日常安全生产，保证泵站围挡范围内环境卫生整洁有序、无卫生死角，围挡处标识清晰，绿化养护到位；进一步提高市区排水设施及附属构筑物精细化养护管理水平，促进运营方规范运营、达标排放。

6.2.1　管网养护方法论

为更好地管理排水养护工作，运用PDCA循环规则、WBS任务分解法、5W2H法则、二八原则等科学管理方法，优化管理流程、养护计划、任务分解，将80%的资源花费在能出关键效益的20%的方面，提升效益最大化。

6.2.1.1　PDCA原则

PDCA是英语单词Plan（计划）、Do（执行）、Check（检查）和Action（处理）的第一个字母，PDCA循环就是按照这样的顺序进行质量管理，并且循环不断地进行下去的科学程序。

P（Plan）：计划，包括方针和目标的确定，以及活动规划的制定。

D（Do）：执行，根据已知的信息，设计具体的方法、方案和计划布局；再根据设计和布局，进行具体运作，实现计划中的内容。

C（Check）：检查，总结执行计划的结果，分清哪些对了，哪些错了，明确效果，找出问题。

A（Action）：处理，对总结检查的结果进行处理，对成功的经验加以肯定，并予以标准化；对于失败的教训也要总结，引起重视。对于没有解决的问题，应提交给下一个PDCA循环中解决。

以上四个过程不是运行一次就结束，而是周而复始地进行，一个循环完了，解决一些问题，未解决的问题进入下一个循环，如此阶梯式上升，见图6.2-1。

6.2.1.2　WBS

WBS包含三个关键词：任务（Work）、分解（Breakdown）、结构（Structure），如图6.2-2所示。

（1）任务（Work）：可以产生有形结果的工作任务。

（2）分解（Breakdown）：是一种逐步细分和分类的层级结构，是指把大项的工作任务分解为具体的工作，再把每一项工作细分为许多活动。

（3）结构（Structure）：按照一定的模式组织各部分。也就是说，无论把一项任务分解成多少项工作、活动，这些工作、活动都应该是结构分明的，它们之间存在一定的内在联系，我们一定要对这种联系了如指掌，才能高效地完成工作。

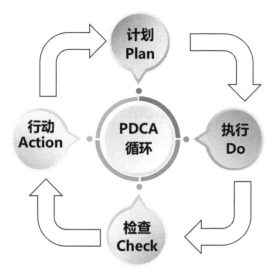

图 6.2-1　PDCA 循环流程图

图 6.2-2　WBS 任务分解图

6.2.1.3　5W2H

发明者用 5 个以 W 开头的英语单词和 2 个以 H 开头的英语单词进行设问，发现解决问题的线索，寻找发明思路，进行设计构思，从而发明新的项目，称作5W2H 法，如图 6.2-3 所示。

（1）What——是什么？目的是什么？做什么工作？

（2）Why——为什么要做？可不可以不做？有没有替代方案？

（3）Who——谁？谁来做？

（4）When——何时？什么时间做？什么时机最适宜？

（5）Where——何处？在哪里做？

（6）How——怎么做？如何提高效率？如何实施？方法是什么？

（7）How much——多少？做到什么程度？数量如何？质量水平如何？费用产出如何？

图 6.2-3　5W2H 流程图

6.2.1.4　二八定律

二八定律是 19 世纪末 20 世纪初意大利经济学家帕累托发现的。他认为，在任何一组东西中，最重要的只占其中一小部分，约 20%，其余 80% 尽管是多数，却是次要的，因此又称二八定律，如图 6.2-4 所示。

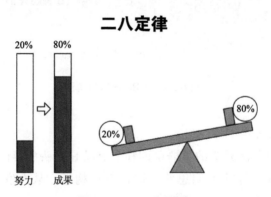

图 6.2-4　二八定律图

6.2.2　管理方式"十张表"

6.2.2.1　项目成员表

为加强对城镇排水与污水处理的管理，组建排水项目组，小组由项目核心人员、项目负责人、项目经理、专业负责人、班组长等构成，明确各岗位权责。成立标准化养护班组，主要负责堵井、返水、井盖等日常案件维修、清淤等养护工作。推行班组作业标准化建设，健全班组工作机制，加强过程监管，实现班组作业精细化、规范化、制度化，提升赤峰市市政基础设施的运维服务水平，满足公众安全舒适出行的要求。项目成员表如表 6.2-1 所示。

项目成员表　　　　　　　　　　　　　　　表 6.2-1

一、项目基本情况				
项目名称				
制作人		审核人		
项目负责人		制作日期		
二、项目起止日期				
成员姓名	部门	职务	职责	办公电话

6.2.2.2　项目策划 / 任务书

为确保排水管渠保持良好的水利功能和结构状况，根据服务合同要求，制定项目目标，设施维修率为设施量的一半。

根据排水专业性质，将养护作业按照固定养护维修、计划养护维修、养护专项及大中修四个单元对目标进行任务分解，制定有针对性的维修计划，固定养护及计划养护分别占 20%、80%。并且根据管道基础设施状况，制定合理的管线养护计划性实施方案。项目策划 / 任务书见表 6.2-2。

项目策划 / 任务书　　　　　　　　　　　　表 6.2-2

一、项目基本情况			
项目名称		项目编号	
制作人		审核人	
项目负责人		制作日期	
二、项目描述			
1.项目背景与目的			
背景：			

续表

2.项目目标

三、项目里程碑计划

四、评价标准

五、项目假定与约束条件

假定：

约束：

六、项目主要利益干系人

姓名	类别	部门	职务
	项目核心成员		
	项目核心成员		
	项目核心成员		
	项目核心成员		

6.2.2.3　WBS 表

根据任务分解结构，按照现阶段工作需要和下一阶段发展需求，各级管理者层层分解，明确各任务环节人员分工及职责，谁负责、谁辅助、谁通知、谁审批。WBS 表见表6.2-3。

WBS 表　　　　　　　　　　　表 6.2-3

一、项目基本情况

项目名称		项目编号	
制作人		审核人	
项目负责人		制作日期	

二、工作分解结构（R- 负责 Responsible；As- 辅助 Assist；I- 通知 Informed；Ap- 审批 to Approve）

分解代码	任务名称	包含活动	工时估算	人力资源	安全	巡查	调度	项目部				
1.1												
1.2												
1.3												
1.4												

续表

分解代码	任务名称	包含活动	工时估算	人力资源	安全	巡查	调度	项目部					
2.1													
2.2													
3.1													
3.2													
3.3													
4.1													
4.2													
4.3													
4.4													

6.2.2.4　项目进度计划表

根据排水专业整体工作内容分为八大类：合同类、方案类、计划类、安全类、资金拨付、综合、其他及大中修类，以周统计、月汇报为原则，统计排水任务分解各环节计划执行进度、成果。项目进度计划表见表 6.2-4。

项目进度计划表　　　　　　　　　　　　　　表 6.2-4

一、项目基本情况

项目名称		项目编号	
制作人		审核人	
项目负责人		制作日期	

二、项目进度表

序号	任务名称	分解代码	包含活动	1 日	5 日	10 日	15 日	20 日	25 日	30 日	责任部门	关键里程碑
1		1.1										
		1.2										
		1.3										
		1.4										
		1.5										
		1.6										
		1.7										
2		2.1										
		2.2										
		2.3										
3		3.1										
		3.2										
		3.3										

续表

序号	任务名称	分解代码	包含活动	1日	5日	10日	15日	20日	25日	30日	责任部门	关键里程碑
4		4.1										
		4.2										
		4.3										
		4.4										
		4.5										

6.2.2.5 项目风险管理表

在排水项目进行过程中，各种变更和不确定性是不可避免的，制定项目风险管理表，对项目风险实行有效控制，以最小的成本保证排水项目总体目标实现的管理工作。由质量安全部主管排水设施养护作业的安全管理工作及培训；由质量安全部与养护管理部排水专业负责人共同制定排水管养质量标准及培训；对排水项目风险进行管理，制定风险响应计划，明确责任人，控制项目风险。项目风险管理表见表 6.2-5。

项目风险管理表 表 6.2-5

一、项目基本情况

项目名称		项目编号	
制作人		审核人	
项目负责人		制作日期	

二、项目风险管理

风险发生概率的判断准则					
高风险：>60% 发生风险的可能性；中风险：30% ~ 60% 发生风险的可能性；低风险：<30% 发生风险的可能性					
序号	风险描述	发生概率	影响程度	风险等级	风险响应计划	责任人
1						
2						
3						
4						
5						

6.2.2.6 项目沟通计划表

部门内部、部门与部门之间，以及部门与外部之间建立沟通渠道，促使部门内部、部门与部门之间协调有效地开展工作，形成良好的工作范围，使工作目标、工作方式、工作要求等达成共识，从而明确排水项目重要节点、沟通频率。项目沟通计划表见表 6.2-6。

项目沟通计划表   表 6.2-6

一、项目基本情况

项目名称		项目编号	
制作人		审核人	
项目负责人		制作日期	

二、项目沟通计划

项目干系人	所需信息	频率	方法	责任人

6.2.2.7 项目会议纪要

记录项目过程中的会议内容，集中、综合地反映会议主要议定事项，对项目实施起具体指导和规范的作用。将项目会议内容形成制式文档，存档保存，使得养护工作有迹可循、有据可查。项目会议纪要见表 6.2-7。

项目会议纪要   表 6.2-7

一、基本信息

会议名称		召集人	
会议日期		开始时间	
会议地点		持续时间	
记录人		审核人	

二、会议目标

三、参加人员

四、发放材料（列出会议讨论的所有项目资料）

五、会议内容（记录发言人的观点、意见和建议）

六、会议决议（说明会议结论）

七、会议纪要发放范围

报送：

主送：

抄送：

6.2.2.8　项目状态报告表

项目实施过程中，由调度中心按周汇报项目进展情况、按月编制状态报告，对项目已经完成的内容和当前状态进行报告，包括项目进展情况、项目质量情况、下一阶段主要工作计划等，对项目进度及当前任务状态等做出总结，以保证项目顺利进展。项目状态报告表见表6.2-8。

项目状态报告表　　　　　　　　　　　　表 6.2-8

一、项目基本情况			
专业		项目部	
制作人		汇报周期	

二、当前任务状态		
关键任务	状态指标	状态描述

三、本周期内的主要活动

四、下一个汇报周期内的活动计划

五、经营状况

六、上期遗留问题的处理（说明上一个汇报周期内问题的处理意见和处理结果）

七、本期问题与求助（说明本次汇报周期内需要解决的问题和寻求的帮助）

6.2.2.9　项目变更管理表

在项目实施过程中产生的设施量的变化、费用变化、工期变化、质量变化等均以变更管理表的形式予以体现，包括了解变更、进行变更管理、监控变更管理，以一种对项目影响最小的方式改变现状。项目变更管理表见表6.2-9。

项目变更管理表　　　　　　　　　　　　表 6.2-9

一、项目基本情况			
项目名称		项目编号	
制作人		审核人	
项目负责人		制作日期	

二、历史变更记录

序号	变更时间	涉及项目任务	变更要点	变更理由	申请人	审批人

三、申请变更信息

1. 申请变更的内容

2. 申请变更原因

四、影响分析

受影响的基准计划	1. 进度计划	2. 费用计划	3. 资源计划
是否需要成本 / 进度影响分析	□是	□是	□否
对成本的影响			
对进度的影响			
对资源的影响			
变更程度分类	□高	□中	□低
若不进行变更有何影响			
申请人签字		申请日期	

五、审批结果

审批意见		审批人签字		日期	

6.2.2.10 项目总结表

每年 12 月 20 日前，根据本年度所有进度计划实施情况、排水设施养护维修工程量、成本、交付结果等编制排水专业年度总结，从已经完成的项目工作中总结经验和教训，为今后发展提供积累。项目总结表见表 6.2-10。

项目总结表 表 6.2-10

一、项目基本情况

项目名称		项目编号	
制作人		审核人	
项目负责人		制作日期	

二、项目完成情况总结

1. 时间总结

开始时间		计划完成日期		实际完成日期	
时间（差异）分析					

续表

2.成本总结			
计划费用		实际费用	
成本（差异）分析			
3.交付结果总结			
实际交付结果			
未交付结果			
交付结果（差异）分析			
三、项目经验、教训总结			
经验：			
教训：			

	签字	日期
审核人		
项目负责人		

6.2.3　管网养护管理思路

排水管网养护管理总体思路以大数据为支撑，运用科学化管理方法和技术手段，制定养护计划，规范业务流程，建立考核机制，构建一套基于大数据支撑的城市排水管网全流程精细化管养体系，实现线上、线下高效协同作业，全流程、全生命周期追溯管理，作业指导数字化决策支撑，提升排水养护效果。

6.2.3.1　制定养护计划

依据管理思路、项目合同、技术规程、管理标准编制年度《排水设施管养计划书》，规范排水管养标准、施工流程、组织机构划分、管养范围设施量、人员设备管理、养护目标、任务分解、资金管理、安全管理、考核管理等，并推行标准化作业班组建设，实现班组作业精细化、规范化、制度化，提升城市市政基础设施运维服务水平，满足公众安全舒适出行的要求。

6.2.3.2　规范业务流程

为提升排水养护的服务与管理效能，规范业务流程，建立一套从设施普查→清掏作业→疏通核查→核量支付全流程覆盖的标准化作业流程，实现以平台为脑、普查为眼、施工队伍为手，线上、线下高效协同的排水设施预防养护体系，提升排水养护作业运转效率。标准化作业流程图见图6.2-5。

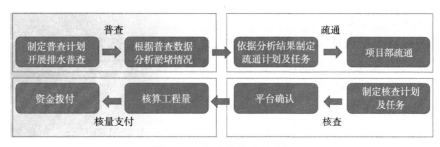

图 6.2-5　标准化作业流程图

6.2.3.3　建立考核机制

建立明确清晰的管理养护及考核标准，全面强化推行目标管理，进行严格的量化考核，客观、真实地反映排水管网养护情况。

市住房和城乡建设局采用千分制对养护作业单位效果进行考核，采取周反馈、月统计的考核方式，考核结果直接与经费支付相挂钩。

养护作业单位对内部项目部实行时效性安全生产考核，根据考核结果支付相应的资金。

6.2.4　管网精细化作业管理体系

6.2.4.1　排水管渠

1. 养护作业队伍、设备要求

人数要求：养护单位须建立完善的排水设施养护队伍，根据养护设施量合理配备养护管理人员、专职安全员、预算人员，且各不少于 1 人，应具有与管线养护规模相适应的养护作业人员，确保在规定时限内，按照规范要求完成管线疏通。

人员技术要求：养护作业人员应具备素质水平高、熟悉养护作业流程等条件，并熟悉管网情况，具备雨污混流、管线堵塞时的养护维修能力。养护管理人员须具备现场管理、协调能力，具备排查、分析管道淤堵、混流、道路积水原因等相关能力，同时应具备一定的文字汇总能力。安全员必须具备相关资格证书。

设备配置要求：养护单位应配备足够数量的运输车辆、人工疏通及清淤工具、排水泵、疏通机械、清淤机械、下井作业装备、发电机等；其他大型机械应与相关单位签订租赁协议，确保能够及时使用。相应车辆、机械应配备足够的专职司机及操作人员。

培训要求：养护单位需制定养护队伍年度培训工作计划，每年组织养护工作从业人员参加政策法规规范及岗位技能培训不少于 24 学时。相关安全培训按国家、地方相关规定执行。

2. 日常养护

日常养护即按相关规范要求，对排水设施进行疏通、清掏，确保排水通畅、无冒溢等问题。内容包括管道、管渠的疏通、疏浚，排水窨井清掏及维修，雨水收水井清掏以及污泥废渣外运等。

养护标准严格按照《城镇排水管渠与泵站运行、维护及安全技术规程》CJJ 68—2016 等有关规定，并确保养护质量。养护单位须留存养护作业过程前、中、后三个环节的影像资料。

（1）雨水窨井及管道

窨井及管道淤泥应低于管径的五分之一。为保证雨期汛期安全，每年汛期前，按照拥堵情况对雨水窨井、管道制定疏通、清掏计划。汛期需加大巡检力度，根据调查的淤积程度及时对窨井和管道进行清掏、疏通。

（2）雨水收水井

雨水收水井泄水孔应无堵塞物，泄水孔处的淤积物应不高于管底的 1/5，支管淤沙应低于管径的 1/5。为保证汛期安全，每年汛前及汛后对雨水收水井及其管道清掏不少于 2 次。汛期加大巡养力度，对堵塞严重的应及时疏通。

（3）污水窨井及管道

窨井及管道淤沙应低于管径的五分之一。管道疏浚计划根据运行水位安排，保证排水通畅。对重点区域的窨井定期打开井盖排放有毒、有害、可燃气体。

（4）暗渠

暗渠淤积物不高于插接管管底，并不高于原有过水断面的 1/5，流水通畅，无杂物，无堵塞。为确保安全度汛，养护单位须在汛期前对渠道（包括出水口）进行清淤并外运淤泥废渣。

养护工作现场严格按照有关规定，进行管道维护作业、下井作业等。同时，做好安全文明施工，杜绝淤泥乱堆乱放、洒漏现象，对污水污染较脏的路面，应冲刷干净。

3. 日常维修

日常维修是指在日常养护内容以外，按相关规范要求需对排水设施采取的维修、改造措施。维修内容包括养护管理范围内的排水管线窨井井盖、雨水箅子破损、缺失，养护管理范围内的窨井井盖抹面、踏步井墙局部维修与雨水箅子维修。

排水设施维修严格按照《城镇排水管渠与泵站运行、维护及安全技术规程》CJJ 68—2016 等法律法规、规范、标准维修操作。养护单位加强施工管理，确保维修质量。养护单位须留存维修作业过程前、中、后三个环节的影像资料及图文资料。

维修现场工作标准严格按照《城镇排水管渠与泵站运行、维护及安全技术规程》CJJ 68—2016 等有关规定，做好现场安全文明施工。占路施工严格按照《内蒙古自治区城市精细化管理标准》城市道路管理篇中占道路施工时间、恢复等相关要求实施。

发现窨井井盖、雨水箅子丢失、缺损的，应立即做好警示防护并在 24h 内补齐或修复；异形井盖、雨水箅子应做好交通拦护和警示防护，并及时联系厂家制作安装；发现排水设施堵塞或冒溢的，疏通人员应在 1h 内到达现场并及时疏通；排水设施损坏需要抢修的，应立即设置安全警示和交通拦护，同时上报属地主管部门，确定维修方案及时维修。

养护单位应建立完善的排水设施维修队伍，根据养护设施量合理配备养护管理人员、专职安全员、预算人员，且各不少于1人；施工人员人数确保能够按照规定时限完成排水设施维修。

设施维修现场管理人员必须熟知相关操作规程，熟悉排水管网情况，能够辨析排水设施病害问题，具有制定维修、提升改造方案、现场管理、协调等相关能力。维修作业人员年龄、身体情况必须符合国家相关规定，需熟悉基本的排水设施维修工作技术规范、安全规范要求。

养护单位须配备足够的挖掘机、吊车、运输车辆、水泵、发电机、气体检测设备、通风设备、气体防护设备、应急救援设备、安全警示标志、交通拦护设施等机械物资。相应车辆、机械应配备足够的驾驶员及操作人员。

养护单位需制定维修队伍年度培训工作计划，组织维修工作从业人员参加政策法规规范及岗位技能培训。相关安全培训按国家、地方相关规定执行。

养护单位需建立排水设施维修台账，对排水设施维修地点、维修时间、病害问题、维修内容等进行详细登记；重点维修项目，养护单位应制定养护工程施工技术操作过程，进行书面交底，做好维修前、中、后的影像资料留存。

6.2.4.2　闸门养护维修

1. 人员配备及工作职责

养护单位建立闸门设施明细台账，并确定管理人员。管理人员职责为承担完成闸门启闭机房、闸门及附属设施的安全保卫工作；承担完成启闭机房、启闭设备的清洁卫生工作；完成闸门启闭工作；完成启闭机和闸门等设备的维护保养工作。

2. 养护及维修、检修要求

养护单位严格按照《城镇排水管渠与泵站运行、维护及安全技术规程》CJJ 68—2016 等相关规定，组织实施闸门及附属设施日常保养及简易维修、专业维修、故障处置，并做好安全措施。

每年汛前需进行闸门检修，包括闸门除锈和钢丝绳涂油等工作。

每半年检查所有机械及连接部件的紧固螺栓、各种保护装置及润滑、注油情况等。

定期检查电器回路中单个元件、所有动力回路和操作回路，保证接线正确、整齐。

每月检查闸门门体及启闭机传动部位有无阻卡物件，无杂物，汛期每次降雨期间检查一次。

养护单位做好检查、保养以及问题处理记录。

养护单位须留存养护维修费用票据、设备采购审批、票据，连同巡视、检查、维护记录，养护、维修过程前、中、后三个环节的影像资料等作为闸门验收工作量确认的依据。

养护发现问题应及时处理，确保闸门、启闭设备及附属设施的正常工作，并同步上报属地主管部门。

6.2.4.3 排水泵站

养护单位建立泵站设施明细台账，并确定管理、维护人员。每座泵站班组组成为泵站长、值班人员、维护人员。需有人值守的泵站确保24h值班，无人值守的泵站需设专门的巡查人员，每日巡查一遍，做好巡查记录。泵站运行人员需具备电气操作证，熟悉泵站设备及操作流程，维护人员具备日常设备保养及小型维修能力。

养护单位建立健全人员管理制度、设备管理制度、安全制度以及操作规程，做到制度上墙。

1. 泵站巡查、日常养护、维修、操作、设施检测及要求

泵站巡查、日常养护、维修、操作、设施检测严格按照《城镇排水管渠与泵站运行、维护及安全技术规程》CJJ 68—2016等相关规定执行，做好安全措施及巡查、养护、维修、操作、设施检测工作及过程记录，并按要求留存相关档案。

泵站内的起重设备、压力容器、安全阀以及易燃、易爆、有毒、有害气体检测装置等必须定期检测，其他设施按相关规定进行检验，合格后方可使用。

检查维护水泵、闸阀门、管道、集水池、压力井等泵站设备设施时，必须先对有毒、有害、易燃、易爆气体进行检测与防护。

电气、电力设备巡视、检查、清扫、维护、试验以及电力电缆定期检查与维护等工作，严格按照《城镇排水管渠与泵站运行、维护及安全技术规程》CJJ 68—2016等相关规定执行。

泵站的仪表与自控、辅助设施、除臭降噪等设备的检查、维护以及泵站的进水与出水设施、消防与安全设施的操作管理、安全管理严格按照《城镇排水管渠与泵站运行、维护及安全技术规程》CJJ 68—2016等相关规定执行。

留好泵站巡视、检查、维护记录，养护、维修过程前、中、后三个环节的影像资料等作为闸门、泵站验收签证（工作量确认）的依据。

2. 故障处置

泵站故障处置严格按照《城镇排水管渠与泵站运行、维护及安全技术规程》CJJ 68—2016等相关规范操作，并做好安全措施。

值班人员应保持头脑清醒，冷静判断故障类别，采取适当措施，避免事态扩大，并及时上报泵站管理员。上述工作应在30min内完成。

泵站停机、溢流等问题需及时上报排水管理业务部门，并说明停机、溢流原因、时间。泵站停机、溢流状态下，养护单位应采取措施保证排放要求，养护单位须尽量避免服务范围内污水溢流及污染环境问题。

值班人员应将故障的发生时间、发生现象、预判原因、紧急处理措施等详细记录在值班记录本上。

6.2.4.4 巡查、检测

设施巡查是指养护单位按线性管理工作标准，对排水设施的日常运行情况、完好情况、安全情况、污水排放等情况现场巡视检查，见图6.2-6。

排水管道检测采用带有闭路电视及行驶轨迹测量的全地形管道机器人，如图6.2-7所示，监测运行前，宜对检查管段进行清淤清洗；全地形管道机器人检测管道状态数据上报平台；通过数据和视频对管道运行状态进行评价及养护作业指导，平均每3个月进行一次普查，见图6.2-8。

图 6.2-6 管网成像　　　图 6.2-7 全地形管道机器人　　　图 6.2-8 机器人管道内
运行状态

1. 巡查内容

巡查内容包括：管道沿线排水口有无污水排出，排水管渠半截流处有无污水溢流问题以及污染问题的溯源；养护管理范围内的排水窨井、雨水井的埋没、塌陷等问题，井盖破损、缺失、标识错误等问题；管渠、窨井、集水井（雨水）、雨水箅子结构安全情况和淤积情况、排水设施冒溢问题、雨水收水井淤积、孔眼堵塞等问题；沿路、过路排水渠洞结构安全情况；排水管渠与油气管线交叉区域的安全运行情况；在排水管渠及附属设施、暗渠安全范围内，新建、改建、扩建等工程项目的施工作业行为。

排水设施的巡查监管：经审批的拆除、改移、接入排水设施的施工现场内管线接入位置、管线施工方案、排水管渠保护措施、隐蔽工程施工质量情况等；违法破坏、拆除、移动、封堵、占压、穿越、私接、混接排水设施等影响正常排水的行为、向排水设施内倾倒污水、垃圾等其他违法违规行为；信访、投诉、舆情及有关部门督办、转办的反映排水管线及附属设施冒溢、缺失、破损、污染等问题的落实排查及复查整改情况。

排水主管网及附属设施、城区景观河道及其沿线排水管道排水口、主干道绿地范围内排水设施、经审批的新改扩建项目管道接驳口以及其他存在安全隐患的排水口应定期进行加频巡检。

2. 巡检要求

每个巡查组需配备相应巡查用车辆、钩子、锤子、巡查明细台账、巡查日志，统一工作服、警示背心等装备。开井作业时应携带必备的装备及警示标志，进入施工现场时必须佩戴安全帽。

养护单位须根据管养区域划分，合理设置专职排水设施巡查管理人员，负责排水设施的日常巡查管理工作，专职排水设施巡查管理人员须由养护管理经验丰富的工程技术人员担任。

排水设施巡查人员应具备高素质水平、年富力强、熟悉排水设施相关知识等条件。养护单位须对排水设施巡查人员进行岗前培训，确保巡查人员具备熟悉排水设施基本情况、掌握排水设施常见病害等基本信息、排水设施巡查内容、巡查工具的使用方式以及安全常识等能力。

养护单位建立排水巡查设施明细台账，明确排水设施具体位置，每名排水设施巡查人员人手一份。

排水设施巡查人员对照设施台账、对本人负责区域内的排水设施按照巡查要求及频次进行全面、逐项巡查。

排水设施巡查人员应将每天巡查的情况及时上报平台，要求记录内容真实、详细、书写清楚，并每天将情况汇送至专职排水设施巡查管理人员，以便及时进行处置、提报审批表或养护计划。

排水设施巡查人员须配合排水管理业务部门查看现场等工作。养护单位应建立完善的巡线制度，强化巡查员的发现、报告职责和考核管理，对发现问题报告不及时或工作失职的，予以处罚或辞退。

3. 问题处置

巡查发现的问题，如井盖、雨水箅子丢失等属于养护管理单位养护、维修内容的，由养护单位按时限紧急组织实施维修；属于大修、中修内容的，由养护单位编制大中修维修储备计划并报属地主管部门进行审批。

巡查中发现污水流入雨水管渠、河道或污水冒溢至路面等污染问题，立即进行溯源排查，原则上当天查明原因并立即处置，巡查人员保留溯源过程影像，并记录在巡查台账中，同时报属地主管部门；对复杂问题由养护单位先行采用封堵、抽排等临时方式截污，并组织专业队伍进行溯源排查，3天内查明原因，将截污改造方案及每天溯源排查情况报属地主管部门。

巡查中发现非法破坏、拆除、移动、私接、占压排水设施等情况以及向排水设施内倾倒、私排、偷排污水、排放未经处理或不达标污水（例如冬天商户在雨水井箅子上倾倒生活污水造成污水外溢路面结冰）的，须当场采取制止措施并责令其整改，同时立即向相关执法部门、环保部门举报，并全程跟踪整改情况。养护单位需保留现场处置的影像、文字等资料，将相关情况记录在巡查记录中，同时报属地主管部门。

巡查中发现突发事件（如压力管线爆管）或重大安全隐患事件（如排水管渠内出现疑似易燃、易爆或剧毒物质、与油气管线交叉等）等问题，养护管理单位作为排水设施安全维护的第一责任人，应第一时间赶至现场，按照应急事件的处置程序组织实施应急处置，养护单位留存现场相关影像、文字等资料，将相关情况记录在巡查记录中，报属地主管部门。

在对经审批的排水设施接入、迁移、拆除等施工现场巡查时，发现未按照审批要求和方案实施、不符合排水设施施工标准规范等情况，须当场采取制止措施并责令其整改，同时立即向执法部门、环保部门举报，并全程跟踪整改情况。养护单位需保留现场处置的影像、文字等资料，将相关情况记录在巡查记录中，报排水管理业务科室。

巡查时发现雨水收水井淤积问题，及时报给养护作业单位进行清掏。

6.2.4.5　信息化建设

养护单位须建立排水管网信息化管理系统，实现排水管网设施信息化管理。对数学模型、各种传感器设备、GIS以及无线通信等技术进行充分利用，建设基于物联网的排水管网管理系统。赤峰市排水管网全流程精细化管养体系以大数据为支撑，运用科学化的管理方法和技术手段，将管道探测普查、巡检、定检、特检、监测、清淤养护、修复设计、施工融为一体，实现线上、线下高效协同作业，为排水管网全流程精细化管养提质增效。

赤峰市排水管网管理系统基于高精地图，将窨井坐标及管道结构信息坐落在地图上，形成数字孪生，通过孪生系统赋能业务人员，将"三检一监"成果、清淤养护成果实时呈现在数字平台，实现了以"三检一监"为眼、平台为脑、专业施工队伍为手的理念，对管网养护维修进行闭环管理。通过"三检一监"发现的管网异常，生成"重点问题"清单；平台综合管段重要程度、资金情况，一管一方案"对症下药"；联合非开挖修复专业团队，对严重问题开展"微创手术"，以最快的速度解决管道运行问题。

6.2.4.6　档案管理

养护单位建立完整的排水泵站及排水设施巡查、养护、维修、安全隐患台账，并由专人负责。排水设施资料记录详细，分类清楚，数据翔实。各类档案统一存放在档案盒并贴上标签。编制档案目录，内容应与档案盒外标签一致。

养护单位对属地主管部门转发的落实重大排水泵站及管网配套的文件，应按时限要求现场落实，并将周边泵站和管网配套情况（包括文字、图纸）及相关建议及时反馈属地主管部门。

养护单位应建立排水泵站及排水设施电子信息系统，利用科学手段将排水设施基本数据、巡查、养护、维修、安全隐患情况收录信息系统中，并实现动态更新管理。

养护单位结合养护情况绘制养护区域内管网平面图（包括管径、高程、流向等内容），并建立区域管网问题台账（包括未配套管网区域、管径不满足排水需求区域、雨污合流区域等），结合实际情况平面图每年至少更新一次。

养护单位建立社会舆情档案，包括环保热线、公开电话、数字化城管、网络问政、网络舆情等，档案做到完整、真实，不弄虚作假。

养护单位应根据上级考核部门的考核要求，准备迎检资料和现场，确保迎检考核不失分，及时认真地完成各项保障活动和临时性工作任务。

6.2.4.7 安全作业及保障措施

养护管理单位须根据《城镇排水管道维护安全技术规程》CJJ 6—2009等法律法规制定下井作业、泵站操作等安全生产工作流程、安全生产制度以及重大、突发事故应急预案，日常养护工作严格按照安全生产工作流程及安全制度执行，维护作业前进行安全交底，遇到突发事故时严格按照应急处置程序立即组织处置。

针对排水设施各类突发事故，养护管理单位要制定演练计划和演练方案，每年组织各类事故应急演练不少于1次。

养护管理单位定期组织安全生产检查，及时发现并整改排水设施安全隐患，建立安全隐患排查整改台账。

养护管理单位定期组织人员进行安全培训，每人每年不少于24学时。

养护管理单位建立应急队伍台账、物资台账及安全技术人员、设备等台账，相关人员充足，物资储备充足、存放安全。

在对各类市政排水设施进行养护维修期间，做好交通拦护措施，设置醒目的导向标识和警示标语，保障作业人员施工安全，同时告知行人及车辆养护维修事项并提醒其绕行或注意安全。

6.2.4.8 考核机制

考核采用按单个项目跟踪考核的方式，由考核主体按照百分制进行考核。按照考核评分标准内各项细目进行评分，确需扣分的，填写《考核确认单》，经考核人员与被考核方负责人签字确认后，扣除相应分值，并保留扣分影像证据。

6.3 管控一体化

管控一体化是以生产过程控制系统为基础，通过对生产管理过程控制等信息的处理、分析、优化、整合、存储、发布，运用现代化生产管理模式建立覆盖生产管理与基础自动化的综合系统。

6.3.1 内部管理平台支撑

6.3.1.1 养护计划

用户在"内部管理平台——养护计划管理"功能中制定排水专业的年度养护计划、月度养护计划，确定管养标准、施工流程、组织机构划分、管养范围设施量、人员设备管理、养护目标、任务分解、安全管理、考核管理等内容，实现养护计划的在线编制、审核等，以及数据的在线维护管理服务。排水养护单位以养护计划为依据，统筹组织本单位的市政设施养护管理工作。

6.3.1.2　核量支付

排水养护单位基于"内部管理平台——工程量确认管理、报销管理"等业务功能，实现核量支付业务的在线办理。

核量支付过程如下所示：

（1）核算工程量：排水养护单位根据业务平台汇总的人材机消耗及维修工程量，结合出项合同约定价格，核算项目已完成工程量。

（2）工程量确认单审批：依据核算工程量，项目部负责人线上填写工程确认单并提交审批，确认单审批完成后方可发起报销流程。

（3）报销审批：报销流程经部门负责人审批、工程管理部、财务审计部、主管副经理批准后汇总，由工程管理部复核后由经理审核批准，要逐级审批，不能出现越级现象。

（4）财务审计部支付：财务审计部依据报销流程审批结果及工程量确认单、发票等相关纸质票据，据实支付，并形成财务账簿记录。

6.3.2　养护作业平台支撑

排水设施管养作为城市市政基础设施管养六大专业之一，设施基础数据管理、病害巡查处置、设施普查疏通等业务在管养平台的子系统中进行统一管理。

6.3.2.1　资产管理系统

基础数据管理：

通过"资产管理系统——基础数据——设施基础数据、设施普查数据"模块实现排水设施基础信息的在线维护管理，为巡查养护、监管考核等业务提供统一、标准化的基础数据，支持排水管养业务开展。

排水设施基础数据包括排水道路台账、设施普查台账两大功能，其中，排水道路台账主要实现排水专业涉及的道路基本信息的在线管理，为用户提供数据的新增、修改、删除、查询、导入、导出等数据维护服务；设施普查台账主要记录排水设施的位置、淤堵率等普查信息，为用户提供数据的新增、修改、删除、查询、导出等数据维护服务。

6.3.2.2　巡查养护系统

按照养护精细化管理要求和 PDCA 循环的科学管理理念，实现排水设施从病害发现、任务审批、养护施工、完工上报到维修复核全流程的闭环管理。同时支持巡查及养护事件的痕迹化管理，以便于问题追溯和巡查养护工作执行情况考核。

排水设施养护内容主要为零星病害修复、小修工程计划两类，在"养护巡查系统"中进行统一管控。

1.设施病害巡查

排水设施病害主要由专业巡检、日常巡检采集获取，巡查班组借助巡查养护专业 APP 采集排水设施病害，并可对已采集病害进行查询、查看，见图 6.3-1。

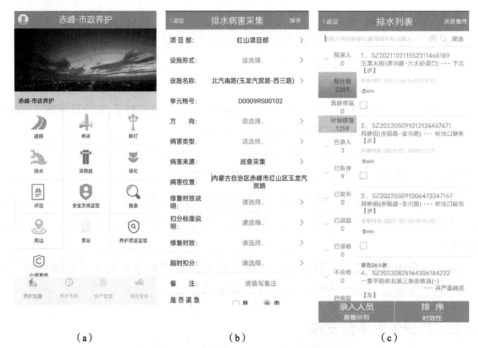

（a）　　　　　　　　（b）　　　　　　　　（c）

图 6.3-1　养护巡查专业 APP 排水病害采集

（a）巡查养护 APP；（b）排水病害信息采集；（c）病害列表

2. 零星病害修复

"巡查养护系统——养护巡查——排水零星"功能提供病害处置业务的全过程、全要素闭环监管，为用户提供病害基本信息的维护管理、病害处置业务的在线办理，实现了病害采集、录入、发布、接收、暂存、退回、修复、验收（合格、不合格）等业务的留痕化管理，支持病害详情、业务流转、修复工程量等信息的查询、查看和历史数据可溯，从而为各项监管考核机制的落地执行奠定基础，见图 6.3-2。

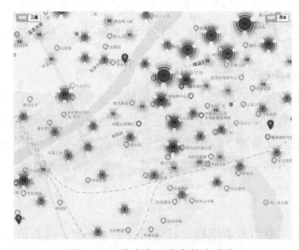

图 6.3-2　排水专业病害热力分布

3. 排水工程计划

"巡查养护系统——养护巡查——工程计划管理、排水计划"功能提供小修工程业务的全过程、全要素闭环监管，为用户提供工程计划基本信息的在线维护管理，以及工程计划的编制、审批、执行、验收等业务的在线办理服务，实现了工程计划编制、上报、核验、初审、会商、修复、验收（合格、不合格）等业务的留痕化管理，支持工程计划详情、业务流转、修复工程量等信息的查询、查看和历史数据可溯，从而为各项监管考核机制的落地执行奠定基础。

4. 监管考核业务功能

排水设施养护作业的内部考核在"巡查养护系统"中统一管理，包括时效性考核、安全生产考核、养护质量考核三类考核，用以对病害修复的时效性、养护作业期间的安全生产、养护作业过程中的施工工艺、标准等项目进行考核，为用户提供考核时效数据的查询、查看、业务在线办理服务，实现了业务的留痕化管理。

6.3.2.3 检查考核系统

排水设施的外部考核在"检查考核系统——考核评定"中统一管理，客户可通过检查考核系统对排水养护单位的养护作业、制度资料及安全、项目管理等工作进行检查考核，并依据进项合同中的考核标准，对养护单位的项目执行、完成情况进行评价、扣分，实现了排水考核案件基本信息的维护管理，以及案件处置业务的在线办理，对案件的上传、发布、接收、申诉、整改、验收（合格、不合格）、考核扣分、扣分申诉等业务进行留痕化管理，支持数据的查询、查看和历史数据可溯。

6.3.2.4 排水专项治理系统

1. 管理服务思路

城市排水系统是否正常运转，直接影响公众生命财产安全，是市政管养中的重中之重，借助排水专项治理系统，对城市的排水设施运行状态进行探查与疏通。通过对设施基础信息、淤堵情况进行普查，获知排水系统运行情况。根据普查结果，制定合理的疏通计划，对淤堵设施进行清淤，对疏通结果进行核验，保障城市排水系统的良好运转和公众生命财产安全。

2. 业务功能

（1）基础数据

对排水设施基础数据进行管理，建立排水设施电子档案，为用户提供排水设施基础信息的在线维护管理服务，见图6.3-3。

（2）普查管理

根据排水专项治理需求，采用任务派单模式，借助物联网设备及专业采集APP，定期对设施的基础信息及淤堵状态进行普查，采集设施基础信息、淤堵信息，并对采集数据进行核验，保障采集数据的规范性。

普查管理分为普查计划管理、普查任务管理、普查台账管理等功能，为用户提供普查计划、普查任务、普查设施信息的在线维护管理和普查审核服务。当普查任务涉及的排水设施全部合格后，形成本任务的普查台账，并同步更新排水设施基础台账，为疏通工作的开展奠定基础，见图 6.3-4。

（a） （b） （c）

图 6.3-3 排水设施普查

（a）普查设备；（b）专业采集 APP；（c）排水普查

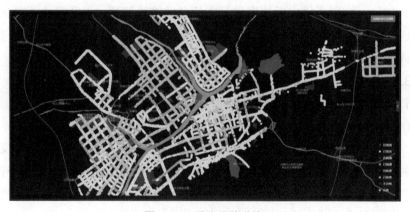

图 6.3-4 排水设施分布

（3）疏通管理

通过分析普查合格设施的淤堵情况，根据淤堵严重程度，制定相应的疏通计划，合理分配人力、物力资源，对淤堵设施进行疏通。疏通完成后，作业人员可根据实际的人员、机械、材料消耗，填写工程量信息，业务主管可对作业人员的疏通成果进行疏通质量验收。

疏通管理分为疏通计划管理、疏通任务管理、疏通台账管理等功能，为用户提供疏通计划、疏通任务、疏通设施信息的在线维护管理和疏通审核服务。当疏通任务涉及的排水设施全部疏通合格后，形成本任务的疏通台账，并同步更新排水设施基础台账，以支持下一次普查工作的开展，见图 6.3-5。

图 6.3-5　排水设施淤堵情况

6.3.2.5　管理服务思路

对接排水专业相关基础数据、业务数据至大数据分析平台，对排水设施管养范围、养护现状、养护质量三个方面的业务开展情况进行分析，建立排水专业分析看板页面，为管理人员制定养护计划、把控养护进度、保障管养质量提供辅助决策支持。

6.3.2.6　业务功能

1.管养范围分析

对排水设施数量按行政区区划、设施类型等纬度进行统计分析，建立标签统卡、图表等分析看板，综合展示排水设施管养范围，见图 6.3-6。

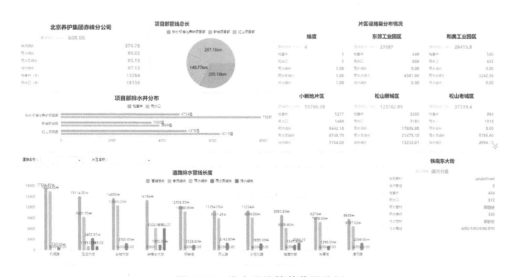

图 6.3-6　排水设施管养范围分析

2. 养护现状分析

对排水设施的病害数量、病害状态按行政区区划、设施类型等纬度进行统计分析，建立标签统卡、图表等分析看板，综合展示排水设施运行现状，见图 6.3-7。

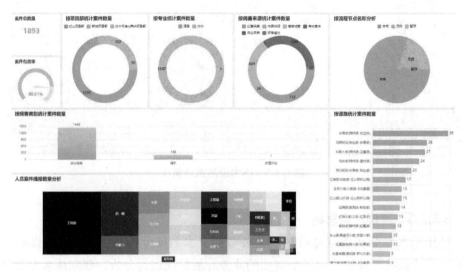

图 6.3-7　排水设施运行现状分析

3. 养护质量分析

对排水设施的考核扣分情况按行政区区划、设施类型等纬度进行统计分析，建立标签统卡、图表等分析看板，综合展示排水设施养护质量现状，见图 6.3-8。

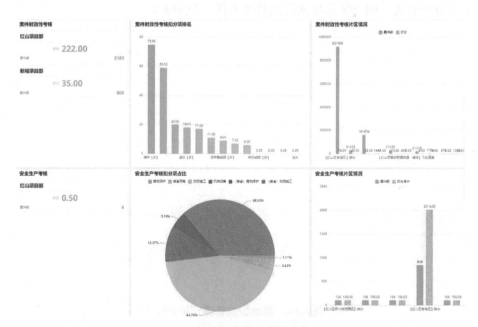

图 6.3-8　排水设施养护质量现状分析

城市园林绿化管理

　　我国传统城市绿地主要指城市的公共绿地、居住区绿地、风景林地等，为人类社会提供包括休闲、文化和教育功能在内的多种生态系统服务功能。城市绿地是具有弹性的景观，可以提高人们生活质量以及改善生活环境，同时还能支持生态、经济和人类利益共同发展。人们在城市绿地中通过感知与体验多种活动来利用景观，使城市绿地产生游憩价值、审美价值、健康价值等。

　　随着生态环境保护的全面深入，生态环境质量不断改善，必须树立和践行绿水青山就是金山银山的理念，建设人与自然和谐共生的现代化，把"美丽中国"从单纯对自然环境的关注，提升到人类命运共同体理念的高度。在决胜全面建成小康社会的关键时期，加强生态园林城市建设来满足人们日益增长的生态环境需求，实现生态持续发展是城市可持续发展的迫切需要。创建生态园林城市是城市发展的必然结果，其目的是改善城市的生态环境、美化环境以及保持生态平衡，为市民营造一种优美、舒适的居住空间。创建生态园林城市，需要基于对原本城市自然环境的维护和优化之上，对其进行再创造，在资源保护的同时发展绿色经济，加快城市文明建设，实现城市可持续发展。城市中的生态园林，不仅是对城市中原本的自然环境的维护和提高，也是对其自然环境进行再创造。而生态园林作为城市中生态系统的重要组成部分，也成为城市可持续发展的基本前提和重要基础。

　　园林绿化是"城市之肺"，对城市生态系统起着调节作用；园林绿化是一个城市的舒缓空间，为居住在城市之中的人们提供愉悦身心的绿色处所；园林绿化更是一个城市的形象门面，给进入城市的人们带来视觉上的第一印象。城市发展已逐渐从面积扩张向内涵打造转变，一个城市环境构造与气质形象已成为城市品质提升的更高追求，绿化环境无疑是城市环境的重要组成部分。

　　随着市场经济的快速发展和人们环境意识的不断提高，城市绿地建设已成为城市建设中的重要环节，城市绿地率、绿化覆盖率和人均公共绿地面积三大绿化指标都在不断增长，绿地面积迅速扩大。如何让已有绿地发挥最大生态效益，并实现可持续发展显得更加重要，为保证良好的绿化效果，必须认真做好园林绿化养护工作。

城市园林绿化"三分靠建设,七分靠管理",绿化景观由一花一草、一灌一木组成,日积月累的绿化养护管理决定了城市园林绿化景观的呈现效果。内蒙古自治区推进的城市精细化管理三年行动,以"城市管理要像绣花一样精细"为导向,以标准化、智慧化、法治化为着力点,从城市管理层面也提出了精细化管理要求,管理方式决定效果呈现,绿化管理的精细度直接作用于绿化环境品质的体现,本书主要阐述节约型园林绿化建设模式、园林绿化精细化养护等。

7.1 相关概念

7.1.1 城市园林绿化

城市园林绿化有狭义和广义之分,狭义上的城市园林绿化即传统意义上针对市域植物群落开展的种植、养护以及管理活动。

广义上的城市园林绿化是指在中国古典园林和近现代园林发展的基础上,以城市为载体,紧密结合城市发展并适应城市需求,对社会环境进行资本投入,谋求多方面回报,为打造整个市域园林化和建设国家园林城市为目的的一种新型园林城市实现的动态化过程。该过程中涉及园林绿化的规划设计、工程建设、对象管理、功能使用以及实现目标等,其总体上通过上述手段实现景观优美、生态环保以及人居和谐等要求,以满足当代社会人群城市聚居生活中物质、精神等方面的需求。

从具体内容上看,根据《城市绿地分类标准》CJJ/T 85—2017,城市建设用地内的园林绿地按主要功能可以分为 4 大类:公园绿地、附属绿地、防护绿地、广场用地,其中公园绿地分为综合公园、专类公园、社区公园、游园 4 中类,附属绿地分为居住用地附属绿地、道路与交通设施附属绿地等 7 中类;建设用地以外的为区域绿地,分为风景游憩绿地、生产绿地、区域设施防护绿地及生态保育绿地 4 类,以上共同成为城市园林绿地的组成部分。

7.1.2 绿化养护管理

绿化养护管理是根据园林植物不同的生理特点和生长习性,为了达到人们预期的某种景观效果、生态服务或使用功能等目标,而采取的多层面科学化、规范化的养护技术措施以及人为干预及控制行为。具体来讲,园林绿化养护管理是完成绿化施工建成后,对绿化植物进行施肥、灌溉、修剪、病虫害防治、移植、补植以及绿地清洁、围护隔离、看管巡查等方面的管理与养护工作。其养护管理主要是以政府为主导,通过一定方式纳入社会团体、企业以及公众共同参与,向社会提供"园林绿化"这一具备公共属性的特定公共产品服务,其既包含公共绿地,又包含养护管理服务。

7.2　节约型园林绿化建设

随着社会经济的快速发展和科学技术的飞速进步，生态环境问题变得越发突出、严峻，人们逐步将目光投向节约型园林的建设。然而，建设节约型园林的过程始终出现各种问题。有时建设者过于追新求异，投资方太过急功近利，使得园林建设过多地将视觉效果作为建设重点，违背自然规律的现象时有发生。有时园林建设仅以眼前效果为追求，后期养护工作被严重忽视，从而导致资源的大量浪费。众所周知，建设节约型园林主要原因在于希望依托节约型园林改善城市的生态环境，提高城市资源的利用率。从本质上讲，资源利用的问题也是节约型园林建设的核心问题。为了保障园林建设的顺利开展，必须对园林设计、规划、施工、应用以及养护等各个环节进行有效把控。而在综合管理过程中，最重要的环节就是要及时对节约型园林进行绿化养护管理。保证绿化养护工作的高质高效是保证园林资源高利用率的重要前提，也只有做好园林绿化养护工作，才能保障园林景观的经济效益、社会效益及生态效益。

节约型园林是一种绿色园林形式，能够满足人们合理的物质与精神需求。节约型园林的建设以经济、合理为原则，并可以保证园林综合利益的最大化。通常情况下，节约型园林具有成本小、收效高、寿命长及消耗少的特点。随着城市化进程的不断加快，城市园林景观也得到进一步的发展，从建设节约型社会的整体要求出发，充分考虑资源与能源的合理分配与有效利用，建设"节约型园林"显得十分必要，而园林绿化的养护和精细化管理对于维护园林景观也有着举足轻重的作用。资源节约而不失精细化管理的长期而全面的工作，为城市居民更加亲近自然做出努力。

7.2.1　节约型园林绿化养护现状

目前园林绿化养护普遍存在以下问题：管理模式单一，效率低、成本高、行政干预多、管理单位负担重；重视程度不够，施工建植投资多，养护管理投资少；管理缺乏专业性，养护工作缺乏专业性；市场管理机制尚不健全。

7.2.2　节约型园林绿化养护管理

树立科学的生态养护管理观念。建设节约型园林是我国城市发展的必经之路，而树立科学的生态养护管理理念是推动我国城市发展的重要保障。节约型园林的建设注重生态、建设以及养护等各个方面的统筹发展。园林绿化养护管理者必须从根本上意识到园林绿化养护管理工作的重要性，不断推广节约型园林绿化养护管理技术，通过政策、人为及科技等各方面的努力，保障高效率、高质量地开展节约型园林绿化养护管理工作。

1. 合理选择植物种类、科学搭配

养护管理的有效性，其前提是园林植物选择要合理，搭配要科学。在实际管理过程中，应当结合工程实际情况、自然环境以及地形条件等各方面的因素，选择适宜的植物进行种植。园林绿化养护管理者应当从整体考虑，合理规划、搭配园林的植物品种，因地制宜地择优挑选植物种类，依季节、气候进行选择性种植，从而有效保证园林建设的顺利开展，最大限度地实现节约型园林的各项功能。通常情况下，节约型园林的建设应当注重对本土植被的种植，高质量地开展节约型园林绿化养护管理工作。

2. 精准监测、合理灌溉

随着城市建设的迅猛发展，园林用水量也逐年提高。合理利用水资源，减少资源消耗，是摆在我们面前的一大问题。以往的城市绿化浇水全凭经验操作。通过园林绿化节水改造，构建土壤墒情传感器物联网，用数据决定浇水频次。采用物联网技术，通过土壤墒情测试仪、数据传感器，将实测数据反馈到终端，形成数据物联网。同时建立24h动态采集传输距离地表不同深度的含水率；再结合复合式结构园林中乔木、灌木、地被的植物根系分布深度不同、需水程度不同，通过监测各片区不同深度土壤的含水量，以及干旱胁迫下的植物生理学表现来确定最合时宜的浇水次数及水量。对土壤墒情进行预警，提高浇水调度及浇水效果。

3. 园林节水灌溉

传统园林绿化灌溉以人工水管式灌溉和水车浇灌为主，现在科学合理、因地制宜地选用喷灌、滴灌灌溉方法以达到节水的目的，以合理的建设成本和运行费用，获得最大的节水效益和环境效益。有效推广园林节水灌溉，借助土壤墒情监测仪，落实"因地制宜"地实施"精确灌溉"。变粗放、盲目"大水漫灌"式浇水为精细、节约型"精准浇水"，节约水资源。

园林节水灌溉方式，不同绿地选取的节水灌溉方式不同，公园及景观带采用喷灌方式，喷灌基本上不产生深层渗漏和地表径流，既节约用水量，又减少对土壤结构的破坏，可保持原有土壤的疏松状态。而且，机械喷灌还能迅速提高树木周围的空气湿度，控制局部环境温度的急剧变化，为树木生长创造良好条件，此外，喷灌对土地的平整度要求不高，可以节约劳动力，提高工作效率。高速路切分为网格式浇灌，主要采用滴灌方式，滴灌是按照需水要求，通过管道系统将水均匀而又缓慢地滴入作物根区土壤中的灌水方法。滴灌不破坏土壤结构，土壤内部水、气、热经常保持适宜于作物生长的良好状况，蒸发损失小，不产生地面径流，几乎没有深层渗漏，不会造成水的浪费。

园林节水灌溉建议：

（1）在灌溉技术应用方面，应该认真研究针对草、花、灌、乔等不同种类植物的灌水方式，关注不同类型植物共存区域灌水方式的细节处理，了解不同灌水方式对于表层土壤结构的长期影响，尤其应注意对古树、大树的养护与保护。

（2）灌溉系统运行管理及使用阶段，节水效果与使用方法密切相关，节水灌溉设施不等于节水，"用好"比"做好"更重要，掌握正确的使用方法，根据相关技术规定合理灌溉。制定绿化用水的量化管理制度，加强对运行管理人员的专业培训，掌握正确使用灌溉系统的方法，学会常见故障的判断和排除。

科学调整灌溉方式，努力做好开源与节流，打造节约型园林，才能更好地为园林绿化养护管理服务。

4. 做好病虫害防治

园林植物的病虫害防治工作是绿化养护管理的重要任务之一。园林绿化养护管理者应当高度重视病虫害防治工作，稍有疏忽便很有可能给园林植物带来致命性伤害。在病虫害防治管理过程中，还需要秉承预防为主、及时防治的工作原则，确保园林景观内部植被能够远离病虫害的侵扰。在对园林景观病虫害养护管理过程中，工作人员需要结合人工防治、物理防治以及生物防治的方式。相关工作人员还需要及时地对病发的树枝进行修剪处理，及时对其局部施加相应的药物。目前市场上存在各种病虫害防治农药，园林绿化养护管理者应尽可能选择毒性小、防治力强的化学农药或生物制剂农药，最大限度地减少农药对环境的污染。例如，在农药的选择上优选仿生物制剂，毒性低且防治效果较好的农药，如灭菌脲、噻虫啉等，并且运用适宜的喷洒方法，有效实现对病虫害的防控。

5. 利用太阳能系统

目前大部分园林建设工程中往往需要结合大量的电力设备以及电网系统的使用，无论是园林内部设置的洒水系统、雨水收集系统还是园林的夜景系统，都需要借助大量的电能作为支撑。而园林作为一类生态环境系统应当实现能源的自主供给，园林单位应当积极地引用太阳能技术，借助相应的光伏设备来实现自主发电，减少对电网系统的依赖。此外，目前园林工程中还存在大量的开阔地带，而此类开阔地带也具备安装太阳能发电设备的条件，对此，结合相应的太阳能发电技术能够解决大部分设备的供电问题，充分践行当今节约型园林绿化养护管理理念。

6. 推动垃圾循环使用

各行各业在生产运作过程中均会产生相应的垃圾废料，目前园林绿化养护工作中所产生的垃圾废料通常以树木、树枝、落叶、杂草为主，此类废料往往以有机物的形式存在，而有机物能够产生相应的能量，或者通过一定的转化处理后变为有机肥料来实现对园林植被的有效补给。在园林管理工作中，通常会产生大量的绿化垃圾，而传统园林管理工作通常将此类垃圾同其他生活垃圾一并处理，例如将其拉到垃圾填埋场或垃圾焚烧厂进行处置，此类处理方式极大地增加了垃圾处理站的工作压力。同时针对此类垃圾进行焚烧处理也会给生态环境带来相应的影响，因此对绿色园林的垃圾处理工作也需要具备环保特征。园林管理者可以将园林垃圾进行收集处理，通过高温发酵使得相应的垃圾废料能够生成有机肥，以此降低垃圾处理工作带来的负面影响，同时还可以减少化肥的使用量，针对此类垃圾循环处理的方式极大地实现了对相关植被资源的有效使用。同时将修剪的树枝进行编制整理后还可以做成各种围栏，实现对园林的美化处理。

节约型园林绿地养护形成是一个缓慢的、长期的过程，节约型绿地节约的不是成本而是资源，优化设计、节水节能才是关键，在遵循自然规律的前提下对园林绿地进行精细化养护管理，保证园林绿地景观可持续稳定健康地发展。

7.3 园林绿化精细化养护管理

城市园林绿化精细化管理首先要明确城市园林绿化精细化管理理念的相关概念、思维模式以及指导方向，将城市园林绿化精细化管理理念进行专业定义、详细阐述，明晰其思想内涵与意义，细化到精细化管理实践的各个方面。其次，加强城市园林绿化精细化管理理念传达、培训。城市园林绿化管理者以及绿化养护企业绿化工人是管理理念的具体执行者，管理主体与实践操作主体对管理理念的理解程度决定了管理理念的执行程度。在管理系统到执行系统全面开展城市园林绿化精细化管理理念的培训、宣传，统一理念认识，促使城市园林绿化系统从管理到执行都以同一管理理念开展精细化工作，达到精细化管理目标。再次，持续深化城市园林绿化精细化管理理念的研究。科学的管理理念是不断发展、变化的，需要在精细化管理过程中汲取经验、总结不足，同时引入先进的管理理念、科技应用等进行补充，不断完善，以科学、有效地指导城市园林绿化精细化管理。

精细化管理的基础是管理对象基本信息掌握的全面性、准确性，运用数字对管理对象各项特征进行描述、记录。城市园林绿化精细化管理要达到精细化，需要充分运用数字思维理念，对管理对象即树木、灌木、草坪、花卉等进行精准定位，建立管理对象档案，录入绿地、绿化的面积、品种、数量、规格，在养护过程中实时记录绿地、绿化面积、数量增减、植物病虫害、养护措施等，形成养护对象数据库。用数字反映管理对象的各项特性，以大量、广泛的数据作为基础构建城市园林绿化情况基底，客观反映绿地面积大小、增减植物数量、生长情况，养护资金投入、使用等。建设绿化养护管理平台，结合物联网、台账数据、遥感技术等手段，通过PC 端和移动端进行信息化管理。通过信息化系统平台，对园林绿化的浇水、补植、打药进行专项养护和信息化管理。

7.3.1 园林绿化数据库建立

通过建立专项信息化系统，借助其设施普查功能，对绿化设施基础属性进行普查，建立园林绿化设施管理数据库，实现"一路一档"电子信息化管理。在摸清设施底数的同时，实现绿化设施基础数据的数字化管理，为设施属性的查询、数据的统计分析、巡查养护业务的开展，提供标准化的底层数据支撑，见图 7.3-1。

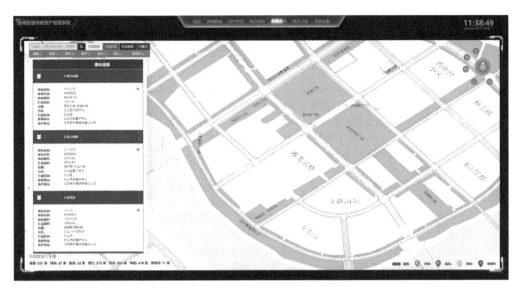

图 7.3-1　绿化设施台账管理

7.3.2　园林绿化养护管理

园林绿化养护管理建立全面预算管理体系，同时依据管理思路、项目合同、技术规程、管理标准编制年度《绿化设施管养计划书》，规范绿化设施管养标准、施工流程、组织机构划分、管养范围设施量、人员设备管理、养护目标、任务分解、资金管理、安全管理、考核管理等，并推行标准化作业班组建设，实现班组作业精细化、规范化、制度化，提升城市市政基础设施运维服务水平。

1.巡查考核标准

为了提高赤峰市中心城区园林绿化管理养护水平，提高养护效能，促使监督考核工作科学化、规范化，制定《赤峰市园林绿化分级考核标准》，包括植物养护和绿地管理两个方面。具体内容包括：修剪、除草、中耕；绿地保洁、绿地整理；绿地看守；补植、植物防护；垃圾清运；技术档案、安全资料、内业资料编制等。

根据赤峰市中心城区园林绿化养护一级标准，将绿地由高到低细分为一级、二级、三级：一级养护管理绿地指城镇建成区内的主干道道路绿化及两侧景观带、大型广场用地中的绿地；二级养护管理绿地指城镇建成区内的公园绿地、除主干道外的道路绿化及两侧景观带、小型广场用地中的绿地、附属绿地中的公共管理与公共服务设施用地附属绿地、公用设施用地附属绿地；三级养护管理绿地指附属绿地中的居住区用地附属绿地、商业服务业设施用地附属绿地。

植物养护质量要求见表 7.3-1。

植物养护质量要求 表 7.3-1

序号	项目	质量要求		
		一级	二级	三级
1	整体效果	（1）行道树树冠完整、规格整齐一致，分枝点高度一致，栽植率≥97%，树干笔挺；下垂枝、干枯枝、分蘖应及时清理。 （2）绿篱无缺株，修剪面平整饱满，直线处平直，曲线处弧度圆润；生长高度达到10cm，必须修剪。 （3）花卉覆盖率应达到97%以上；基本无枯叶、残花。 （4）草坪覆盖度应达到97%以上，剪口无焦枯、撕裂，高度达到15cm，必须修剪。 （5）地被规格一致，无死株，整体景观效果良好。 （6）杂草高度达到15cm，必须除草	（1）行道树树冠基本完整、规格基本整齐一致，分枝点高度一致，栽植率≥95%，树干笔挺；无明显下垂枝、干枯枝、分蘖。 （2）绿篱基本无缺株，修剪面平整饱满，直线处平直，曲线处弧度圆润；生长高度达到15cm，必须修剪。 （3）花卉覆盖率应达到95%以上；枯叶、残花≤5%。 （4）草坪覆盖度应达到95%以上，剪口无焦枯、撕裂，高度达到15cm，应当修剪。 （5）地被规格一致，无死株，整体景观效果良好。 （6）杂草高度达到20cm，必须除草	（1）行道树无死树，栽植率≥92%，树冠基本统一，树干基本笔挺，分枝点高度一致，无明显下垂枝、干枯枝、分蘖。 （2）绿篱基本无缺株，修剪面平整饱满，直线处平直，曲线处弧度圆润；生长高度达到15cm，应该修剪。 （3）花卉覆盖率应达到90%以上；枯叶、残花≤10%。 （4）草坪覆盖度应达到90%以上，剪口无焦枯、撕裂，高度达到15cm，应当修剪。 （5）地被规格一致，无死株，整体景观效果良好。 （6）杂草高度达到20cm，应当除草
2	生长势	枝叶生长茂盛，观花、观果树种正常开花结果，无枯枝	枝叶生长正常，观花、观果树种正常开花结果，无明显枯枝	植株生长量和色泽基本正常，观花、观果树种基本正常开花结果，无大型枯枝
3	病虫害情况	（1）基本无有害生物危害状。 （2）整体枝叶受害率≤8%，树干受害率≤5%。 （3）绿篱、花卉、地被受害率≤5%	（1）无明显有害生物危害状。 （2）整体枝叶受害率≤10%，树干受害率≤8%。 （3）绿篱、花卉、地被受害率≤8%	（1）无严重有害生物危害状。 （2）整体枝叶受害率≤15%，树干受害率≤10%。 （3）绿篱、花卉、地被受害率≤10%
4	灌溉及排水	无出现失水萎蔫和沥涝现象	无出现失水萎蔫和沥涝现象	无出现失水萎蔫和沥涝现象
5	补植完成时间	≤3d	≤7d	≤20d
6	整理保洁	绿地整体环境干净、整洁，垃圾及杂物随产随清	绿地整体环境干净、整洁，垃圾及杂物日产日清	绿地整体环境干净、整洁，垃圾及杂物日产日清
7	附属设施	安全完整，定期养护，破损修复及时	安全完整，定期养护，破损修复基本及时	安全完整，定期养护，定期修复
8	景观水体	安全、整洁、驳岸完整	安全、水面无明显杂物、驳岸基本完整	安全、水面无明显杂物、驳岸基本完整

按照《绿化设施管养计划书》的管理要求，依托信息化技术，按照 PDCA 循环的科学管理理念，规范绿化设施病害的巡查养护流程，通过多元化巡查、精细化管养、多方位监管等信息化手段，对绿化设施的病害发现、任务审批、养护施工、完工上报、复核验收、质量监管等业务进行全过程数字化、痕迹化、可溯化管理，实现市政园林绿化设施的智慧化管养。

建立"多元巡查"体系，通过定期巡检、日常巡检及物联网监测，对绿化设施的运行状况进行巡查、监测，以摸清绿化设施运行现状。定期组织开展专项普查、专业巡查等任务，主要对绿化设施的运行状况进行全面摸底普查，以获知设施整体运行状态。

日常巡检作为专业巡检的补充手段，主要依靠车巡、步巡、城管下派、公众举报等多种方式，对绿化设施的运行状况进行更为细致、全面的巡检，同时对专业巡查采集病害的处置情况进行跟踪、核验，确保病害的及时、高效、高质量处置，见图 7.3-2。

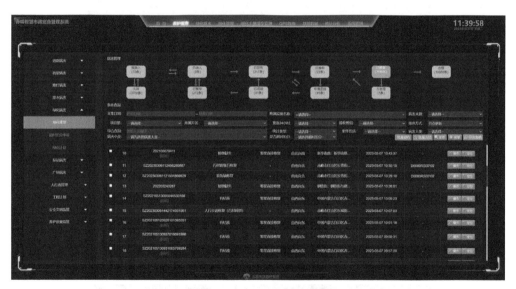

图 7.3-2　绿化设施病害修复

城管下发案件即由智慧城管系统通过数据对接共享下发的案件，由于城管案件包含信息较少，在对案件进行处置前需补全案件信息，养护班组接收、修复所负责片区的道路设施病害，并填写修复量化信息，巡查人员对病害处置结果进行复核验收，监管考核人员可对已修复病害进行考核评定，以保证养护质量，见图 7.3-3。

公众报送案件即由公众通过小程序报送的病害，病害经养护班组处置后，由巡查人员进行复核验收，同时监管考核人员可对已修复病害进行考核评定，公众也可通过小程序监督案件的处置情况，进而保证病害的修复质量，见图 7.3-4。

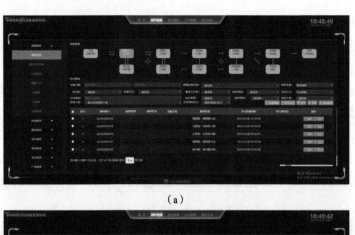

（a）

（b）

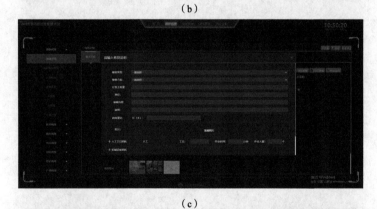

（c）

（d）

图 7.3-3 城管下发案件处置

（a）城管下发案件；（b）完善案件信息；（c）病害修复处置；（d）修复结果验收

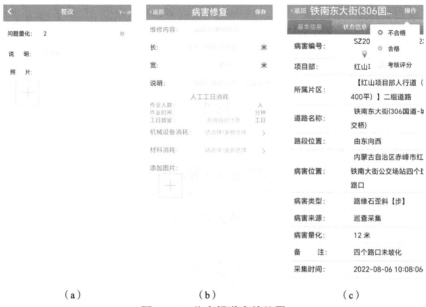

（a）　　　　　　　　　　（b）　　　　　　　　　　（c）

图 7.3-4　公众报送案件处置

（a）完善案件信息；（b）病害修复处置；（c）修复结果验收

园林绿化养护借助物联网技术及设备，对重点路段、重点区域进行土壤湿度专项监测，以实时掌握土壤湿度墒情，为制定养护方案提供实时数据支撑；对作业人员、作业车辆 GPS 轨迹进行监测，以保障人员、车辆的规范作业；对浇水车辆液位进行监测，结合取水、浇水的在线打卡监管，实现养护资源的合理使用，减少资源浪费，见图 7.3-5。

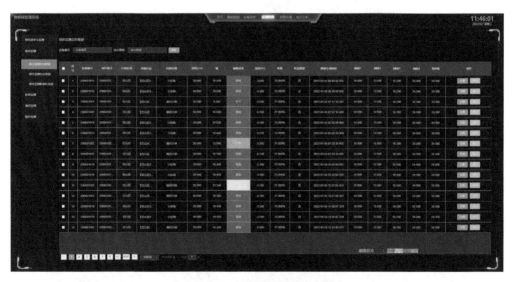

图 7.3-5　土壤墒情监测预警

2. 规范化养护计划

按照 PDCA 循环的科学管理理念，建立规范化的零星病害修复、养护工程计划的闭环管理流程，通过数字化管理手段实现绿化零星病害、养护工程计划的全生命周期管理。

按照 PDCA 循环的科学管理理念，规范道路设施零星病害的巡查养护流程，实现从病害发现上报、任务派发、施工上报、巡查复核到监理单位验收全流程的闭环管理。同时对病害的流转处置过程进行记录，实现病害处置过程的溯源查询，确保各项监管考核机制的落地执行，进而保证道路设施零星病害的修复质量。同时建立时效考核制度，病害超时未修复则按扣分标准进行扣分，扣分情况与养护单位的工程量确认挂钩，通过严格的监督机制，保障病害案件得到高效、及时处置，见图 7.3-6、图 7.3-7。

图 7.3-6　绿化病害全过程监管（一）

图 7.3-7　绿化病害全过程监管（二）

按照 PDCA 循环的科学管理理念，规范绿化设施养护工程计划的业务流程，实现绿化工程计划的编制、初审、会商、实施、验收的全过程闭环管理。按照病害严重程度、影响程度制定道路设施的整体管养计划，优先处置严重程度高、影响范围大的绿化设施，集中管养资源尽快解决一批重大、紧急的难点、痛点问题，以实际管养成果获得业主及公众认可，为后续养护工作的开展提供一个更为宽松的经营管理环境，见图 7.3-8 ~ 图 7.3-10。

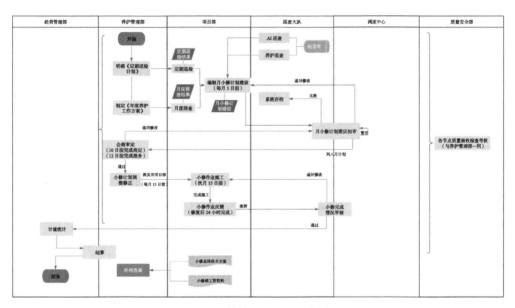

图 7.3-8 养护工程计划业务流程

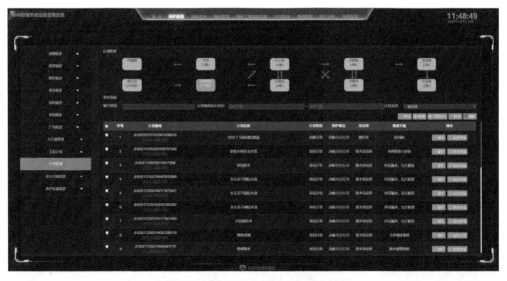

图 7.3-9 工程计划制定、初审、会商

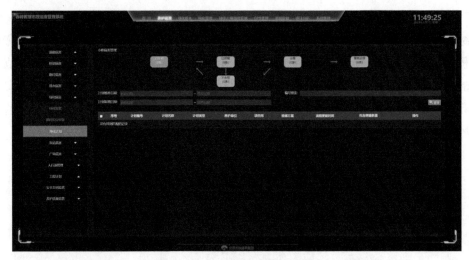

图 7.3-10　工程计划实施、验收

7.3.3　多方位监管

建立多方位监管体系，通过时效考核、安全文明监管、养护质量监管、政府检查考核等多方位监管手段，保障绿化设施管养业务的及时性、安全性，实现养护质量的内外双监管。

1. 时效考核

根据绿化设施病害的严重程度、影响程度等因素，制定各类病害的修复时效要求、扣分标准等管理规则，自病害上报伊始进行计时，若病害未在规定时效内完成处置、修复，则根据扣分标准对其进行扣分，并与工程量确认、支付等业务进行挂钩，进而督促各养护单位、养护队伍及时处置病害，保障绿化设施的良好运行，见图 7.3-11。

图 7.3-11　绿化病害时效考核

2. 安全文明监管

安全文明监管包括内业考核（安全部分）、安全生产考核、工程安全生产考核三部分，主要对养护单位的内部管理业务、日常规范作业、养护工程作业进行监管，以保障养护作业过程中的安全、文明、规范施工，督促管理单位及责任人落实各项管理规章、制度，保障劳务人员安全，见图 7.3-12。

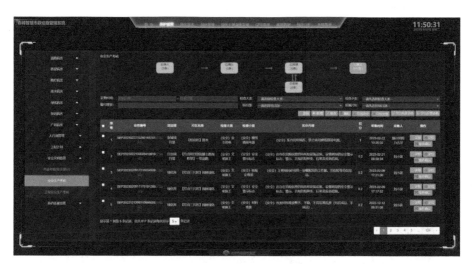

图 7.3-12　安全文明监管

3. 养护质量监管

养护质量监管包括养护质量考核、工程养护质量考核两部分，主要对养护单位的日常养护、大中小修工程的作业质量进行监管，督促按时、按质完成作业内容，保障绿化设施管养质量，见图 7.3-13。

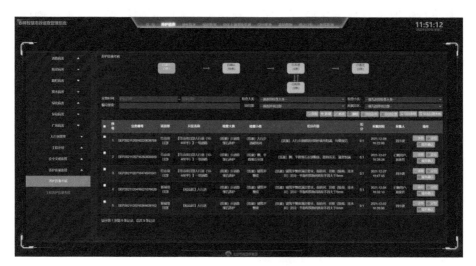

图 7.3-13　养护质量监管

4. 政府检查考核

建立千分制考核机制，为政府监管部门提供检查考核手段和工具，政府考核人员可借此对养护单位的养护作业开展和完成情况、内部制度及资料落实情况、重点区域防汛备勤情况、工程项目管理执行情况进行抽查、检查，并以案件的形式对检查、抽查过程中发现的问题进行提交、反馈，督促养护单位及时整改。

案件未及时处置或处置不合格都会按扣分标准进行扣分，扣分情况与最终项目结算挂钩，通过政府检查考核体系，进一步提升绿化设施管养水平、管养质量，见图 7.3-14。

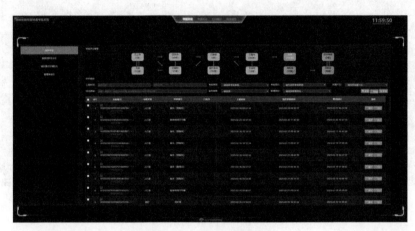

图 7.3-14　政府检查考核

7.3.4　专项工作管理

建立绿化专项工作管理体系，对绿化浇水、绿化打药、绿化补植业务以及劳务人员出勤情况进行监管，按照任务派单的模式，从需求的提出、审核、发布到各业务执行情况进行数字化监管，实现劳务人员人脸识别打卡、浇水车辆统一调度。通过规范化管理，实现养护资源的合理分配，降低水资源等社会资源的浪费，见图 7.3-15。

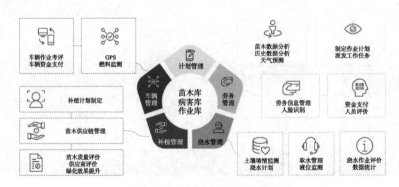

图 7.3-15　绿化专项工作管理

1. 浇水管理

根据物联网监测、巡查采集等多方位信息来源制定浇水计划，由养护片区提出浇水需求，经由项目部审核、调度中心车辆调度，形成浇水任务。通过取水、浇水业务的全过程数字化监管，保障水资源的合理利用，最终通过大数据平台实现数据的汇总分析、辅助优化浇水计划制定，为其提供决策支持，见图 7.3-16。

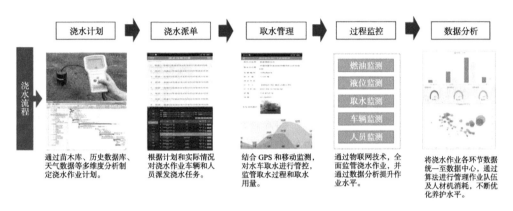

图 7.3-16　绿化浇水管理

2. 绿化打药管理

根据巡查采集病害、历史病害库等信息制定打药计划，由养护片区提出浇水需求，经由项目部审核、调度中心车辆调度，形成打药任务。通过任务派单模式实现药品采购验收、打药作业等业务的全过程数字化监管，最终通过大数据平台实现数据的汇总分析、效果评价，见图 7.3-17。

图 7.3-17　绿化打药管理

3. 补植管理

根据苗木普查情况制定补植计划，经充分论证后制定苗木采购计划，由养护片区提出补植需求，经由项目部审核、发布，形成补植任务。通过任务派单模式实现苗木补植作业、苗木验收退货业务的全过程数字化监管，最终通过大数据平台实现数据的汇总分析、效果评价，见图 7.3-18。

图 7.3-18　绿化补植管理

4.劳务人员管理

对劳务人员进行实名制管理，在正式进场作业前落实三级安全教育制度和班组班前讲话制度，通过层层安全教育保障人员入场时具备足够的安全作业意识。同时通过人脸识别打卡、GPS 轨迹管理保障劳务人员的在职在岗，并对作业情况进行随机抽查、检查，用规范化的管理保障养护作业过程中人员及设施安全，见图 7.3-19。

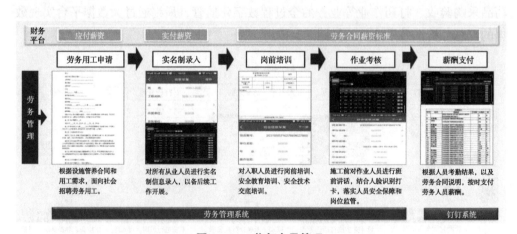

图 7.3-19　劳务人员管理

按照《园林绿化养护管理标准》DB21/T 1954—2012 要求，利用现代传感器技术、无线通信技术等建立智能化管理系统，通过监测土壤湿度，自动控制灌溉区域、时段和时长，并安排巡查人员定期上报园林病虫害、除草、缺株等问题，针对重点路段增加人员及设备的投入，增加巡养频率，及时补植缺株，努力打造城市道路生态景观。

城市园林绿化精细化管理，要善于运用激励思维，通过鼓励优秀的绿化养护企业及绿化养护工人，在绿化养护企业与绿化养护工人之间形成争优创先、比学赶超的良好竞争氛围，从而不断精进绿化养护技术，提升绿化管理精细化水平，呈现更精致的绿化养护效果。

5. 彩色覆盖物的应用

彩色覆盖物是利用修剪出的树木粉碎再粘合工艺而成的技术材料，降解时间约为3～5年。最终应用绿化、养护工程绿地覆盖、边坡防护，能达到抑制扬尘、抗冲刷、控制杂草、装饰美化景观效果。材料成本低、易施工且降解后能增加土壤的有机质含量，响应现行节能减排、环保循环利用理念，同时极大地缓解了目前绿化垃圾无从处理的尴尬局面，见图7.3-20。

（a） （b）

图 7.3-20 彩色覆盖物

（a）彩色覆盖物示意；（b）彩色覆盖物现场

城市园林中因土壤性质、光照、水分等原因，部分土地不适宜栽植绿化，因此存在一定的裸地，对城市生态造成一定的负面影响。彩色覆盖物能高效地处理并利用绿化垃圾，为城市园林增色，见图7.3-21、图7.3-22。

图 7.3-21 绿化隔离带铺设效果图 **图 7.3-22 复合式绿化裸地铺设效果**

7.4 园林绿化智慧管养

随着城市发展步伐的加快，城市园林绿化也面临三个方面的转变，即从"重数量"向"量质并重"、从"单一功能"向"复合功能"、从"重建设"到"建管并重"转变。面对城市园林绿化日益复杂的管理内容和工作，利用智慧化手段提高园林绿化精细化和科学化管理水平，是园林绿化行业发展的趋势。

城市园林绿化智慧化管理体系是在园林绿化数字化管理的基础上，深入运用物联网、云计算、移动互联网、地理信息集成等新一代信息技术，以网络化、感知化、物联化、智能化为目标，构建的城市园林绿化立体感知、管理协同、决策智能、服务一体的综合管理体系，简称"智慧园林"。

智慧化信息管理平台与绿化养护实际工作息息相关，以赤峰市实际绿化养护工作为例，结合物联网监测、大数据分析等技术，实现市政园林"三清四化"的智慧化管养。

7.4.1 城市园林绿化信息管理平台

城市园林绿化信息管理平台是智慧园林系统的基础平台，主要以城市电子地图和高分辨率遥感影像图为基础，实现城市市政基础空间数据（高分辨率遥感影像、城市市政基础地理数据等）、园林监管数据（城市绿地现状数据、绿地系统规划数据、绿地监测管理数据等）等城市园林绿化管理基础数据的采集、校核、入库、编辑与管理等，实现图、数、表一体化的城市园林绿化信息一张图展示与查询，以及各类园林绿化统计图表，见图 7.4-1。

图 7.4-1　园林绿化统计图表

7.4.2　城市园林绿化辅助决策平台

辅助决策主要应用于城市园林的养护工作和绿化管理部门的决策层。为苗木灌溉、病虫害防治、资金预算等工作提供数据支撑。城市园林绿化辅助决策平台面向城市园林绿化管理部门决策层，通过大数据分析，提供城市园林绿化宏观空间分析数据和业务分析数据，为绿地规划、绿地监管、绿化管养等工作提供数据支撑。同时，建立城市园林绿化综合评价系统，随时与《城市园林绿化评价标准》GB/T 50563—2010 对照自查，方便查找差距、改进工作，见图 7.4-2。

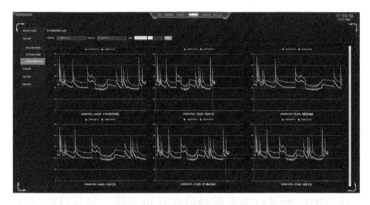

图 7.4-2　园林绿化综合评价系统

7.4.3　城市园林绿化综合监管平台

园林绿化巡查，依托移动智能终端 APP 应用软件，集人员管理、园林养护、巡查管理、日常办公、绩效考核于一体的综合监管体系，构建了城市园林绿化智慧化管理新模式。采用无线数据传输技术，通过园林绿化网格划分体系、园林事件分类体系、全球卫星定位技术，完成园林事件的文本、图像、位置信息的实时传递，实现园林绿化监督人员在巡查过程中实时上报园林事件信息。通过调度中心的精准投掷，使得案件的修复时间、效果相比以往有了显著提升。

通过数字化对绿化设施的管养业务进行赋能，建立绿化设施智慧管养体系，实现了绿化设施全过程、全要素的精细化管理。对业务流程进行规范化治理，明确各业务环节责任界定；对数据进行标准化管理，建立绿化设施数据库，实现数据的及时更新与数据共享，支持绿化设施管养业务的有序开展。

通过大数据分析平台的 BI 分析工具，对绿化设施基础数据、业务数据、物联网感知数据进行分析、建模，构建数据分析预测模型、生成展示看板，实现数据的可视化展示，为各业务的处理和管养养护决策的科学制定提供标准化数据支撑。

7.5 城市园林绿化养护管理能力提升的对策建议

7.5.1 转变园林养护管理理念

园林养护管理应以可持续性作为最基本的原则，强调城市发展的可持续，在追求园林绿化景观效果的同时强化其生态效益，要与自然环境及承载力相适应，只有转变并遵循生态持续发展思路、科学管理养护，摒弃建设管理中单纯追求景观效果以及绩效考核中"唯政绩工程指标"论，追求实现园林绿化的生态功能优先、打造人与自然和谐发展的人本位思想，如养护管理中减少人工雕琢，非必要时不修剪，尽可能维持植物自然状态，并根据自身生长习性因地制宜地选择适合本土自然长势良好、病虫害较少的树种进行植物的新栽及补植工作，提高植物自身的环境效益；病虫害防治中尽量减少传统上普遍使用的菊酯类农药，采用生态农药、菌类防治或遗传防治等措施，减少对自然的远景破坏以及对居民健康的影响，不断强化园林绿化的生态效益，打造宜居的城市聚居环境。

7.5.2 提高人才综合素质水平

园林人才队伍的建设是提高园林绿化管理水平的重要因素之一，高素质、高水平的园林养护管理团队是各项管理规定及养护要求能够实现的最有力的保障，因此应根据管理队伍中不同管理人员、技术人员要求及特点进行培养。积极聘请园林绿化专家莅临指导，进行园林技术培训，强化从业人员专业知识水平并丰富其养护管理经验。建立与优秀社会园林组织的沟通交流，协调双方优秀的技术人员进行现场经验交流，对具体养护人员进行现场指导实践操作。另外，园林管理部门应多组织从业人员进行线上、线下园林专题学习会议，将专业学习作为工作的重要环节之一。通过一系列的交流、学习、培训，不断拓宽工作人员的视野，丰富专业理论知识与实践能力，进而全面提高绿化管理水平。

7.5.3 提高行业养护管理水平

城市园林事业的发展离不开科技进步的支持，在养护管理中尤为重要，在从业人员数量及能力水平短期无法迅速改变的情况下，园林管理部门应当利用每年的专项专款，通过建造、改造基础设施或招标采购新设备资源等方式逐步提高养护管理水平。例如，在浇灌形式上，在重要的道路及公园新铺设或改造原有管网，合理引用水源，采用喷灌、滴灌的形式，既可以节约水资源，又可以减少对城镇居民交通、生活的干扰，同时可以利用现有海绵城市工程便利对雨水进行收集，利用水泵进行及时抽取，降低养护成本，提高自然资源利用率。在病虫害防治中多采用生物防治、遗传防治、物理防治或化学防治技术，宜采用诸如周氏啮小蜂、抗虫害新品种植物、太阳能诱虫杀虫灯、生物农药等生态环保方式进行防控。

在数字化管理上逐步完善智慧平台系统，调整改善平台操作简洁性与便利性，实时补足、更改平台基础数据，让从业人员掌握园林动态数据，为日常养护和执法监管提供基础性服务，从而采取迅速有效的应对手段。在作业修剪上继续采购并丰富园林绿化缺少的树木及花卉培育机械、废弃物收集与消纳机械、草坪建养机械等机械化设备，改变普遍依靠人力养护管理现状，进而提高养护效率。

城市市政基础设施 CIM 平台建设

8.1 平台概述

8.1.1 平台建设背景

推进新型智慧城市建设，是我国立足于时代发展趋势及信息化和新型城镇化发展实际，为提升城市管理服务水平而做出的重大决策。智慧城市及其相关领域的信息化建设，是今后城市规划、建设、管理、服务的重点发展方向，党中央、国务院、各部委等先后出台了政策文件，提出明确的要求。打造"智慧市政"既是落实国家"互联网＋政务服务"的迫切要求，又是智慧城市建设的重要内容，更是加快建设"数字中国"的具体举措，加快推进"智慧市政"建设是时代发展的必然趋势。

城市信息模型（City Information Modeling，CIM）平台，运用移动互联网、云计算、大数据等先进技术，整合公共设施和公共基础服务信息，加强城市市政基础数据和信息资源采集与动态管理，积极推进市政领域业务智能化、公共服务便捷化、市政公用设施智慧化、网络与信息安全化，促进跨部门、跨行业、跨地区信息共享与互联互通，使城乡规划更加科学，城市建设更加有序，城市管理更加精细，政务服务更加便捷，行业管理更加高效。

8.1.2 平台建设目标

1. 信息化养护模式

基于 CIM 平台，结合 AI、物联网、云计算、大数据、数字孪生等新兴技术，将城市管理的数据进行整合，从城市规划设计、建设、管理、运行等角度，对城市进行全面感知和数据智能分析，提高市政运行和管理效率、促进节能减排、资源利用率，同时对城市运行进行规范导引，为治理经营提供服务，赋能信息化养护模式。

2. 城市市政基础设施运营一张图

整合数据资源、统一接入市政领域各业务应用系统，打造城市市政"一张图"，分析展示道路、桥梁、绿化、排水、泵站、路灯等市政基础设施的静态数据和动态数据，全面掌控城市运行状态，为政府决策提供数据支撑服务。

3. 大数据分析与业务系统结合

通过城市市政 CIM 平台的建设，实现基础设施的资产管理、养护业务管理、设施运行监测、生产经营管理、业务大数据分析与大数据分析平台的深度融合，为城市市政基础设施养护各环节、各流程提供数据支撑服务。

8.1.3 平台建设必要性

1. 政策要求

2020 年 9 月，国务院办公厅印发了《关于以新业态新模式引领新型消费加快发展的意见》（国办发〔2020〕32 号），提出要"推动城市信息模型（CIM）基础平台建设，促进城市市政基础设施数字化和城市建设数据汇聚"。

2021 年 3 月，国家发展改革委等 28 部门联合印发了《关于印发〈加快培育新型消费实施方案〉的通知》（发改就业〔2021〕396 号），提出要推动城市信息模型（CIM）基础平台建设，支持城市规划建设管理多场景应用，促进城市市政基础设施数字化和城市建设数据汇聚。

2. 发展需要

随着城市规模的日益扩大、流动人口增加、交通状况越来越复杂，通过城市市政 CIM 平台搭建，整合数据资源、打通业务壁垒，进一步提升城市市政基础设施信息化管养水平，提高处理应急事件和突发性事件的水平。

8.2 CIM 平台建设方案

8.2.1 建设依据

1. 政策依据

（1）《"十四五"住房和城乡建设科技发展规划》；

（2）《关于开展城市信息模型（CIM）基础平台建设的指导意见》；

（3）《关于加快推进新型城市基础设施建设的指导意见》。

2. 标准依据

（1）《城市信息模型基础平台技术标准》CJJ/T 315—2022；

（2）《城市信息模型（CIM）基础平台技术导则》（修订版）；

（3）《基础地理信息 三维模型数据库规范》（征求意见稿）；

（4）《城市测量规范》CJJ/T 8—2011；

（5）《国家基本比例尺地形图分幅和编号》GB/T 13989—2012；

（6）《基础地理信息要素分类与代码》GB/T 13923—2022；

（7）《数字测绘成果质量检查与验收》GB/T 18316—2008；

（8）《专题地图信息分类与代码》GB/T 18317—2009；

（9）《数字城市地理空间信息公共平台地名/地址分类、描述及编码规则》CH/Z 9002—2007；

（10）《国家基本比例尺地图图式 第1部分：1∶500 1∶1000 1∶2000 地形图图式》GB/T 20257.1—2017；

（11）《国家基本比例尺地形图更新规范》GB/T 14268—2008；

（12）《城市地理信息系统设计规范》GB/T 18578—2008；

（13）《基础地理信息城市数据库建设规范》GB/T 21740—2008。

8.2.2 建设内容

1. 总体技术架构见图 8.2-1

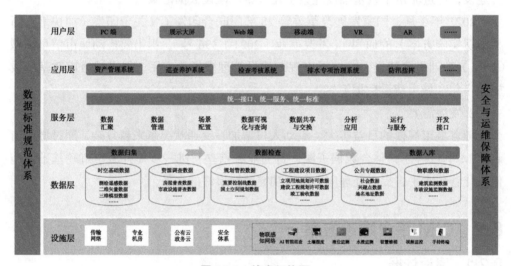

图 8.2-1 技术架构图

平台整体采用 B/S 架构，依次由设施层、数据层、服务层、应用层和用户层组成，同时由数据标准规范体系和安全与运维保障体系保驾护航。

设施层：是整个智慧平台运行的支撑基础，由各类前端感知、传输、存储设备组成，包括物联网、传感器、自动化设备、影像捕捉设备、数据存储设备及网络传输设备等。

数据层：将各种时空基础数据、资源调查数据、规划管控数据、工程建设项目数据、公共专题数据、物联感知数据等，利用多种数据管理、分析平台实现数据的标准化和规范化管理，为服务层及应用层提供数据支撑服务。

服务层：即 CIM 基础平台，借助平台强大的数据处理分析能力，可实现多种专题、多种场景的数据分析和统计功能，并可结合影像、二三维数据实现多种可视化分析结果的展示，直接服务于应用层和用户层。

应用层：依托 CIM 平台开发的各类业务应用系统，用于满足相关用户实现业务信息化办理的需求，同时可为 CIM 平台和数据中台提供各类数据的生产、更新接口，实现业务数据与 CIM 平台的有效融合。

用户层：根据项目建设目标，城市市政 CIM 平台的用户包括相关政府部门、企业以及部分公众用户，同时需要满足各类终端的应用需求，包括 Web 浏览器、移动终端、大屏可视化、VR/AR 以及便民服务终端等设备的应用。

2. CIM 数据标准制定

建立统一的市政数据体系，提高数据服务质量，完善数据基础服务能力，实现数据资源的统一管理，开展市政主数据库和主题库标准梳理。基于现有标准，面向市政领域各类管理和服务对象，研究制定"智慧市政"的标准规范体系，包括数据类标准、BIM 类标准、信息化管理标准和信息化技术标准等，通过标准规范体系支撑城市市政 CIM 平台高效落地。

8.3 CIM 基础平台建设

8.3.1 CIM 平台数据底板

在整合全市现有数据资源的基础上，以中心城区为重点分级，分期逐步构建全市空间数据底板。通过制定数据目录，完善共享机制，集合多个部门的数据信息，推动数据资源的共建共享，最终支撑 CIM 平台应用场景开发建设，形成城市信息底板。

CIM 平台中所需的数据包括时空基础数据、资源调查数据、规划管控数据、工程建设项目数据、公共专题数据、物联感知数据六大类。

1. 时空基础数据

时空基础数据为 CIM 平台建设提供所需的二、三维底图数据，其中基础底图范围涵盖赤峰市域，专题底图为中心城区。主要由智慧城市共享与生产制作，通过数据归集与数据检查最终达到数据入库，建设时可充分利用现有数据，避免重复。

时空基础数据主要分为行政区划数据、测绘遥感数据、二维矢量数据、三维模型数据四大类，具体建设内容及分类如表 8.3-1 所示。

时空基础数据   表 8.3-1

门类	大类	中类	数据描述
时空基础数据	行政区划数据		市、县域范围界线矢量数据
	测绘遥感数据	卫星影像数据	赤峰市域背景底图使用卫星影像数据
		数字正射影像数据	中心城区背景底图使用数字正射影像数据

续表

门类	大类	中类	数据描述
时空基础数据	二维矢量数据	高速公路、国、省道交通路网	赤峰市内省级与国家级高速公路、普通国、省道在内的矢量数据
		城市主干道、次干道、街巷路交通路线数据	中心城区范围内主干道、次干道、街巷路线的矢量数据
		水系数据	中心城区范围内的淡水常年湖、水库、各级河道的矢量数据
		绿化数据	中心城区内的公园、广场、绿地、街路等绿化矢量数据
	三维模型数据	数字高程模型	赤峰市域范围内数字高程模型数据
		水利三维模型	中心城区水利三维模型数据，主要有三维水面数据，不包括水底数据
		建筑三维模型	中心城区范围内房屋建筑白模数据，增加合理纹理展示
		倾斜实景模型	中心城区范围内倾斜摄影实景模型数据
		交通三维模型	中心城区主、次干路道路三维模型、交通设施三维模型、桥梁三维模型、管线管廊三维模型
		植被三维模型	中心城区范围内植被三维模型数据
		其他三维模型	BIM 设计是当下主流施工建设设计图的一种方式，平台能接收相关单位提供的 BIM 模型，在 CIM 平台中完整地呈现出来

2. 资源调查数据

资源调查数据由各单位协调共享数据，统一在 CIM 平台进行协调管理，包括国土调查数据、地质调查数据、耕地资源数据、水资源数据、房屋普查数据、市政设施普查数据六大类，具体建设内容及分类如表 8.3-2 所示。

资源调查数据　　　　　　　　　　　　　　　表 8.3-2

门类	大类	数据描述
资源调查数据	国土调查数据	主要包括土地要素数据
	地质调查数据	主要包括基础地质数据、地质环境数据、地质灾害数据、工程地质数据
	耕地资源数据	主要包括永久基本农田数据、耕地后备资源数据
	水资源数据	主要包括水系水利数据、水利工程、防汛防旱数据、水资源调查数据
	房屋普查数据	主要包括房屋建筑数据、房屋建筑相关照片附件数据
	市政设施普查数据	主要包括道路设施数据、桥梁设施数据、排水设施数据、360° 车载全景数据及其他照片附件数据

3. 规划管控数据

规划管控数据主要包括开发评价数据、重要控制线数据、国土空间规划数据三大类，具体建设内容及分类如表 8.3-3 所示。

规划管控数据		表 8.3-3

门类	大类	数据描述
规划管控数据	开发评价数据	包括资源环境承载能力和国土空间开发适宜性评价相关数据
	重要控制线数据	包括生态保护红线、永久基本农田、城镇开发边界相关数据
	国土空间规划数据	包括总体规划数据、详细规划数据、专项规划数据

4. 工程建设项目数据

工程建设项目数据包括立项用地规划许可数据、建设工程规划许可数据、施工许可数据、竣工验收数据四大类，具体建设内容及分类如表 8.3-4 所示。

工程建设项目数据		表 8.3-4

门类	大类	数据描述
工程建设项目数据	立项用地规划许可数据	包括未选址策划项目信息数据、已选址协同计划项目数据、项目红线数据、立项用地规划信息数据
	建设工程规划许可数据	包括设计方案信息模型数据、报建与审批信息数据、证照信息数据、批文、证照扫描件数据
	施工许可数据	包括施工图信息模型数据、施工图审查信息数据、证照信息数据、批文、证照扫描件数据
	竣工验收数据	包括竣工验收信息模型数据、竣工验收备案信息数据、验收资料扫描件数据

5. 公共专题数据

公共专题数据包括社会数据、法人数据、人口数据、兴趣点数据、地名地址数据、宏观经济数据六大类，具体建设内容及分类如表 8.3-5 所示。

公共专题数据		表 8.3-5

门类	大类	数据描述
公共专题数据	社会数据	包括就业和失业登记数据、人员和单位社保数据
	法人数据	包括机关单位数据、事业单位数据、企业数据、社团数据
	人口数据	包括人口基本信息数据、人口统计信息数据
	兴趣点数据	包括餐饮点位数据、购物中心点位数据、卫生社保点位数据、科教文化点位数据、体育休闲点位数据、旅游景点点位数据、机关团体点位数据、交通运输点位数据等
	地名地址数据	包括地名数据、地址数据
	宏观经济数据	包括经济相关文件数据

6. 物联感知数据

物联感知数据包括建筑监测数据、市政设施监测数据、气象监测数据、交通监测数据、生态环境监测数据、城市安防数据六大类，具体建设内容及分类如表 8.3-6 所示。

物联感知数据 表 8.3-6

门类	大类	数据描述
物联感知数据	建筑监测数据	包括设备运行监测数据、能耗监测数据
	市政设施监测数据	包含城市道路监测、桥梁监测、城市轨道交通监测、供水监测、排水监测、燃气监测、热力监测、园林绿化监测、环境卫生监测、道路照明监测、工业垃圾监测、医疗垃圾监测、生活垃圾处理设备等设施及附属设施分类数据
	气象监测数据	包括雨量监测数据、气温监测数据、气压监测数据、相对湿度监测数据及其他监测设备数据
	交通监测数据	交通技术监控信息数据、交通技术监控照片或视频数据、电子监控信息数据
	生态环境监测数据	河湖水质监测数据、土壤监测数据、大气监测数据
	城市安防数据	治安监控视频数据、三防监测数据、其他安防监测数据

8.3.1.1 数据归集

数据归集是收集基础地理数据和规划、整理业务数据。对现有的不同类别数据进行整理、归纳、入库，形成基础数据统一标准，为后续数据格式转换、坐标统一和轻量化处理提供准确信息，夯实数据基础。

主要处理内容包括：

（1）文件完整性校验；

（2）数据标准校验；

（3）矢量格式转换；

（4）矢量坐标投影转换；

（5）栅格格式转换；

（6）金字塔创建；

（7）三维坐标一致性校验；

（8）专项资源属性查验。

8.3.1.2 数据检查

CIM 基础数据库中管理数据内容的正确性由数据提供单位保证，但为了保证数据能够顺利入库，数据入库时还需要对数据的文件与结构一致性、空间参考正确性进行检查。

1. 文件与结构一致性检查

（1）数据文件组织一致性：检查各类待入库数据的目录组织与文件命名、格式是否符合 CIM 基础数据库建库标准的规定。

（2）数据集和图层一致性：检查各类待入库数据是否包含 CIM 基础数据库建库标准中规定的图层。

（3）属性项一致性：检查各类待入库数据的字段结构是否满足 CIM 基础数据库建库标准中的结构规定。

2. 空间参考正确性检查

检查待入库的空间数据的空间参考是否为国家 2000 坐标系。

3. 二维要素检查

检查几何精度、坐标系和拓扑关系，应检查其属性数据与几何图形一致性、完整性等内容。

4. 三维模型检查

检查包括数据目录、贴图、坐标系、偏移值等完整性以及模型对象划分、名称设置、贴图大小和格式等规范性。

5. BIM 数据检查

检查模型精确度、准确性、完整性和图模一致性，规范模型命名、拆分、计量单位、坐标系及构件的命名、颜色、材质表达。

8.3.1.3 数据入库

时空基础数据、三维模型数据、公共专题数据可集中存储入库或分批次入库，数据入库通过数据库管理及更新软件所提供的入库工具完成。

1. 入库流程

数据入库流程如图 8.3-1 所示。

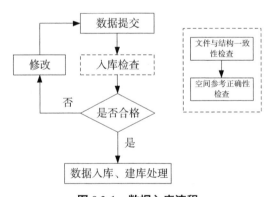

图 8.3-1 数据入库流程

数据入库应包括数据预处理、数据检查、数据入库和入库后处理等步骤。根据数据库存储要求，应收集并整理相应成果数据与元数据等，并对入库前的成果数据进行坐标转换、数据格式转换或属性项对接转换等预处理工作。

2. 入库要求

对于二、三维空间数据，应采用开放式、标准化的数据格式组织入库，为保证数据传输和可视化表达的高性能，三维模型应将二、三维空间数据加工处理，建立多层次 LOD；为保证数据统计分析和模拟仿真的高性能，应额外保存一套相应的实体数据，其中传统二维数据、三维模型数据可依据现行的 OGC 或者行业标准数据格式组织入库；BIM 数据应建立模型构件库，并保留构件参数化与结构信息，应采用数据库方式存储。

8.3.1.4　CIM 基础平台建设

1. 系统概述

CIM 平台是现代城市的新型基础设施，可以推动城市物理空间数字化和各领域数据、技术、业务融合，推进城市规划建设管理的信息化、智能化和智慧化，对推进国家治理体系和治理能力现代化具有重要意义。

2. 数据服务与管理

（1）数据汇聚

边缘智能网关平台提供从 PLC 至云端的双向数据传输服务，平台通过网关、MQTT、转发引擎等组件实现数据的采集、上传、存储、控制。

1）本地数据通信。本地数据通信主要通过网关完成，网关通过 Modbus 协议实现与 PLC 数据读写，网关基于 4G 网络通过 MQTT API 实现与云端的通信，网关与云端通信网络采用 VPN 加密保障数据安全。

2）云端数据汇聚。云端主要功能是实现各公司侧的数据汇聚，转发引擎可根据设备实例配置将数据转发至不同存储组件；控制引擎有权限访问 MQTT 中设备控制通道，能够实现云端控制业务指令的下发。

3）数据通道规划。云平台数据汇聚通过 MQTT 组件完成，通过划分设备 TOPIC 实现数据通信功能分类与扩展，保证数据通信有序进行。

4）每个物理设备拥有通信通道。为了保持规则引擎数据转发灵活性，为每个设备建立独立的数据传输通道体系，用户可选择性为某些设备做个性化数据处理。

5）根据数据通信用途划分通道。在设备与平台双向通信过程中存在数据上传、控制下发等不同业务数据传输，为保证数据传输的独立性且不相互干扰，为每个设备建立多个数据通道以保证通信的灵活性。

6）通过权限控制保证数据安全。通过为不同用户或组件分配不同的数据通道访问权限，可保障数据通信的安全性。

7）协议通信。设备与云端通信数据传输格式采用标准 JSON 格式，控制指令格式如表 8.3-7 所示。

控制指令格式　　　　　　　　　　　　　　　　　　　　　　表 8.3-7

字段	说明	备注
SN	网关序号	可空
UT	数据包发送时间	可空（TIME_T 类型）
DT	报文中数据时间	可空（TIME_T 类型）
DEVICEID	设备 ID	可控
DATA	设备监控数据	可空
TAG	监控参数名	必须（字符串）

续表

字段	说明	备注
VALUE	监控参数值	必须（数字、BOOL、字符串）
TS	值时间戳	可空（TIME_T 类型）
QUALITY	质量码	可控，0 是好，1 是坏

（2）数据管理

1）主数据管理

①主数据属性管理：模型中各字段属性可基于元数据、数据标准进行定义，并可定义主数据属性的关联关系、属性的业务内容等，支持对各属性设置是否唯一、是否为空等校验。支持对主数据的元数据属性进行灵活定义，从主数据编码、主数据名称、主数据属性、数据类型、数据长度、数据精度、数据源、属性字段维护、编码长度进行配置。

②主数据模板管理：可根据主数据类型设置不同的主数据模板，可在模板中定义主数据属性的关联关系、属性的业务内容等。可根据业务需要配置属性模板、属性指标，自动生成主数据属性页面及相应属性内容。主数据模板可实现数据校验，如属性值必输、编码值唯一、属性值唯一的检验等。

③主数据分类管理：根据业务需要，可对主数据进行分类管理。主数据分类管理包括主数据类型定义、分类层级、编码长度、分类编码、分类名称、父级分类名称。

④主数据编码管理：支持针对各类主数据灵活的编码方式配置，实现对各类主数据的编码管理；支持编码规则的自定义。可根据编码规则自动生成编码；支持编码重复校验，对重复的编码进行报错提醒。

⑤主数据审批管理：根据管理需要配置主数据审批流程，可实现串行审批、并行审批、会签审批等多种场景；审批功能包括同意、驳回、转审、加签审批人等；审批人身份包括但不限于指定员工、指定岗位、申请人上级、部门领导等。

2）元数据管理

①元数据基本维护：元数据基本维护提供对元数据的增加、删除和修改等基本操作。对于元数据的增量维护，能保留历史版本信息。用户使用元数据基本维护功能，可统一管理所有系统中的元数据。

②元数据变更管理包括变更通知和版本管理两部分。

变更通知是当元数据发生改变时，系统自动发送信息（邮件、短信）给订阅用户。用户可以主动订阅自己关心的元数据，帮助其了解与自身工作相关的数据变更情况，提高工作主动性。

版本管理是对不同时期进入元数据库的同一实体的元数据进行管理。基本功能能够显示同一实体的元数据修改历史，另外还提供版本差异分析和版本变更分析等功能，还能够进行单个元数据版本的恢复。

③元数据查询：对元数据库中的元数据基本信息进行查询的功能，通过该功能可以查询数据库表、维表、指标、过程及参与的输入输出实体信息，以及其他纳入管理的实体基本信息。查询的信息按处理层次及业务主题进行组织，查询功能返回实体及其所属的相关信息。

④元数据统计：是指用户可以按不同类别进行元数据个数的统计，方便用户全面了解元数据管理模块中的元数据分布，该统计功能可以按元数据类型、元数据创建者和元数据版本号进行统计。

元数据的统计周期分为定期和不定期数据统计。

（3）场景配置

平台提供三维模型数据的应用场景组装，按照创建场景、数据配置、功能配置、页面配置和服务发布五个步骤建立新的场景，用户可快速搭建三维场景，方便各部门自主使用。

可以在不编写代码的情况下，依托组装的业务对象、微服务、应用场景，通过简单的菜单树和挂接模块操作按需快速组装个性化的应用系统。菜单关联后服务建模及组装系统即会进行全域运算，将应用所需的菜单、模块、服务、数据等资源打包整理，自动生成源代码，编译成一个完整的应用系统部署包。

可以图形化地查看整个应用系统的结构，也可以导出 Excel 格式的设计文档查看应用系统设计细节，还可以通过扩展服务建模及组装系统生成的源代码定制应用门户、风格等应用级组件。

（4）数据可视化与查询

支持界面化、组件化的 ETL 设计工具，通过拖曳、选择配置的方式实现主数据的整合、清洗、校验、合并等，并且可以根据制定的标准和质检规则等，对主数据进行加工处理，完成主数据从各个分散系统到主数据存储库的集中抽取。

1）可视化

在一个场景，面向不同业务需求，CIM 平台提供多种大场景、多模式的可视化资源集成，涵盖二维数据、三维模型数据、倾斜实景三维数据、BIM 数据、物联网数据等多源数据类型。实现了二、三维一体化、地上下一体化、室内外一体化的模型加载。可以从地上模式快速切换到地下模式，浏览包括地下管线、管廊、地铁等数据，多种三维场景展现方式；支持用户添加观察角度的视点，并捕捉当前镜头状态为列表缩略图，备注视点标签名称，方便后期查看检索。

2）查询应用

平台提供丰富的查询统计能力，包括地名地址查询、空间查询、关键字查询、模糊查询、要素查询等、模型查询、组合查询等，针对查询结果进行统计。

（5）数据共享与交换

1）数据转换

①支持多种数据通道：

关系型数据库：MySQL、SQL Server、PostgreSQL、DRDS、Oracle、DB2、通用关系数据库、MPP 数据库等。

时序数据存储：TrendDB。

非结构化存储：SushineOSS。

②支持批量数据同步模式，离线数据同步是指数据周期性（例如每天、每周、每月等）、成批量地从源端系统传输到目标端系统。对于离线数据同步系统，数据以读取 Snapshot（快照）的方式从源端传输到目的端。离线同步存在生命周期，一个离线同步的任务有起止状态，同样也有结束状态。

③定义只完成数据同步／传输过程，并且整体数据传输过程完全控制于 DI 同步集群模型下，同步的通道以及同步数据流对用户完全隔离。同时，DI 本身不提供传输同步数据流的消费功能，所有针对数据的操作须在同步数据流两端存储端操作。

2）数据接入

本项目按照数据类型可分为四种类型：关系数据、数据库数据、实时数据、文件数据。

①接入原则：

主数据统一性原则：系统间的接口集成需要保证数据在两个系统之间相互读取和接收后，不能修改或删改对方的数据，保持数据在两个系统之间的一致性。因此，设备管理系统与其他系统集成需要保证数据统一，尤其针对核心的主数据（如物资、设备等）。

操作一致性原则：系统集成的对接过程中，为保证系统操作的良好体验，需要保证在业务操作过程中不切换系统。

高效性原则：数据接口需要采用先进的技术手段，采用实时通信的方式保证数据的高效传输。

安全性、稳定性：数据接口需要保障具有高稳定性，本项目采用 Web Service 的方式，在稳定性、安全性方面均能够得到有效的保障。

②数据库数据接入：数据来源于内部管理系统数据库、新增业务系统数据库、中台 API 对接系统数据库。

③关系数据接入：数据来源于内部管理系统、新增业务系统、业主单位系统等多种业务系统。

按照统一的接口规范，开发一套 API 对接系统；API 对接系统实时或定时调用外部业务系统的数据推送接口，获取数据；外部业务系统调用 API 对接系统数据接口，主动推送数据；数据中台从 API 对接系统数据库中实时采集数据。

④实时数据接入。本项目实时数据分为两种：终端设备实时数据和业务实时数据。

终端设备实时数据接入：数据来源于不同的终端设备，数据实时产生的数据量较大，对数据实时处理和存储性能要求较高。该类数据接入通过物联网平台接入，数据存储采用历史实时数据库存储。

业务实时数据接入。

⑤文档数据接入

数据来源于内部管理系统文件存储平台、新增业务文件存储平台、业主单位系统文件存储平台。

3）数据传输

①数据加密传输：数据传输需要采用更高效的二进制传输模式，数据传输链路与数据包均采用加密算法处理，保障数据在被非法拦截的情况下无法解析与使用。

②安全隔离支持：支持场景复杂网络环境的数据传输，至少满足过网闸单向数据传输，能够实现控制区与管理区间的隔离 DMZ 区域数据穿透转发。

③数据缓存与断点续传：平台需能够支持 7 天以上数据缓存，并能够根据网络异常情况自动识别数据丢失部分，生成数据补发记录，并在网络恢复后自动补传数据，历史数据补传过程中不影响实时数据的传输。

4）数据集成

提供对业务方数据库进行抽取监控功能，能对数据源头的数据资源进行统一清点，并能够在复杂网络情况下对异构的数据源进行数据同步与集成，包括对关系型数据库、NoSQL 数据库、大数据数据库、文本存储（FTP）等数据库类型支持，支持离线数据的批量、全量、增量同步，支持采用分钟、小时、天、周、月来自定义同步时间。

数据集成编码规范：

①数据接口规范：本项目需要对数据的接入和输出接口制定标准规范，输出接口文档；如果对接的外部系统已有规范标准，则遵照已有规范，如果没有则需要协商制定统一的接口规范；以符合单一性、可扩展性、数据类型特性等多个原则进行接口设计。

②数据格式规范：对每种类型的数据制定数据格式规范，输出接口文档；实时类数据：对消息队列制定命名和内容格式规范；文件类数据：对文件存储目录、文件名制定命名规范；数据库数据：对数据文件、数据格式分隔符等制定规范；应用数据：对每种业务类型数据的必填项、特定字段类型编码等制定规范。

③数据编码规范：对特定字段数据设定编码，输出编码规范文档；公司字段：公司简称、部门编号等；养护业务：业务类型编码等；泵站：设备编码、检查项编码、维修项编码等；信息系统：为内部管理系统、业主单位系统等设立编码，新增业务系统。

5）数据交换

建立数据交换平台，实现对数据交换的基础支撑，提供标准、安全、稳定、集成化的数据交换功能，可以从任意基层业务应用系统中提取基础数据，形成中央集中的各类对象的基本信息数据库。

数据交换平台采用 J2EE 架构，具备可移植性和可扩展性，使用基于 XML 和 SOAP 的 Web Service 技术，能够实现 XML 到数据库、数据库到 XML 以及数据库到数据库之间的数据交换和共享，完全实现跨平台操作，支持各种异构数据库的动态数据交换功能。

数据交换平台的数据交换流程设计器是采用图形技术的消息流程设计、消息映射与部署的工具。

通过数据交换平台的数据交换，能够方便地将来自不同数据库系统中各个数据库表的字段进行映射，同时能够将映射的结果保存到 XML 格式的文件中，最大限度地减少项目实施人员和项目开发人员在数据交换映射过程中的工作量。

6）数据共享

①资产的发布：数据共享的任务、接口等发布后作为数据中台的资产进行统一管控，完成对外部应用系统的数据支撑。

②数据访问权限控制：接入用户权限系统，严格控制数据的访问权限，实现数据的表级、行级权限管控。

③数据共享形式：JDBC，通过数据中台数据同步功能，将分布式文件系统的数据同步至关系型 / 列式数据库，数据库创建访问用户并按需授权，外部系统使用授权用户，通过 JDBC 的方式直接访问数据库的数据。

自动化接口（API）：通过数据中台自动化接口生成功能，将指定关系型 / 列式数据库生成规范化数据接口，统一提供服务。

文件交换：文件、图片、音视频类型数据接口提供数据的接口，用户通过调用接口实现文件、音视频的下载、预览、观看等功能。

（6）分析应用

基于二维地图、三维模型、BIM 模型等数据，提供空间分析、建筑分析、地块分析、界限分析、视觉分析、BIM 分析等数据分析和模拟功能。空间分析包括二、三维缓冲区分析、叠加分析等；建筑分析宜包括压平分析、多方案分析、建高分析、控规盒子分析、限高分析、建筑密度、拆迁量分析等；地块分析宜包括绿地率计算等；界限分析宜包括退线分析、沿街立面分析等；视觉分析包括日照模拟、天际线分析、视域分析、开敞度分析、通视分析等；地形分析宜包括挖填方分析、坡向分析、淹没分析等。

基于 CIM 平台在微观、中观、宏观等的支撑能力，结合城市管理与分析应用需求，对常见的模拟与分析需求提供一站式解决方案。

（7）运行与服务

平台实现对用户统一单点登录与安全认证，提供组织机构及人员管理、系统数据权限、功能权限管理等功能，管理员用户可进行用户审核、修改、删除等操作，可对用户拥有的数据权限和功能权限进行管理，赋予和取消用户对数据和功能的访问权限。同时提供平台运行监控功能，以可视化方式展示运维监控结果，便于及时发现系统问题并定位。

（8）开发接口

CIM 平台具有灵活方便的应用开发接口，以便拓展行业应用的广度和深度，使城市信息数据可以应用到数字城市的各相关行业。目前有上百个 API 接口支撑各行业开发。

提供开放的地理空间数据库数据引擎，通过数据引擎 API 可实现对数据库表结构的定义、实现对地理空间数据的属性编辑和几何编辑。包含 CIM 应用系统所需的相机控制、三维交互漫游、空间分析、环境配置、要素绘制等接口。提供完备的 SDK 中文帮助文档及应用开发示例代码。通过 API，开发用户可以快速开发出独立的三维应用系统。

8.3.2　N 项应用系统开发

基于 CIM 基础平台，以赤峰市市政基础设施管养平台为基础，建设智慧市政、智慧排水、城市防汛等应用系统，充分发挥信息技术的优势，整合现有资源，实现将持续积累的业务大数据分析、评价结果与实际业务管理有机结合；提供考核评价、辅助决策支持等高级应用功能；实现对养护、资产、排水、窨井、泵站、开挖、指挥调度等全面集中管控。

8.3.3　物联网感知体系建设

物联感知数据包括建筑监测数据、市政设施监测数据、气象监测数据、交通监测数据、生态环境监测数据、城市安防数据六大类。

赤峰市城市市政 CIM 平台物联网感知体系以城市市政基础设施监测为主，包括城市道路、桥梁、园林绿化、排水、泵站专业，包括桥梁监测系统、土壤墒情监测系统、道路和桥梁积水监测系统、泵站监测系统等。

8.3.4　运行环境

1. 服务器

服务器作为应用程序部署和数据存储的载体，分为应用服务器、数据服务器以及中间件服务器，担负着向终端及用户提供高效、稳定和安全的信息服务的重任，因此服务器及存储设备的选择也是信息化项目的一项重要内容。

本项目选择云部署的方式实现。服务器配置需要部署以下五类硬件设施，具体如表 8.3-8 所示。

硬件设施表　　　　　　　　　　　　　　表 8.3-8

序号	硬件类型	用途
1	应用服务器	用于三维数据发布以及工具安装
2	GPU 服务器	用于三维平台运行
3	应用服务器	用于业务系统运行
4	数据库服务器	Sqlserver2016 数据库
5	存储	用于文件及照片的存储和访问

2. 应用端

根据项目建设要求，赤峰市城市市政 CIM 平台将面向相关政府部门、企业及公众用户，并可满足多种终端的使用需求。本项目采用 B/S 结构和移动 APP+ 微信小程序的终端应用模式，可满足绝大部分的使用需求。同时 B/S 架构也可很好地适应各类操作系统，如 Windows、IOS 以及国产操作系统。

因为有三维场景模块，需要应用端电脑具有较新的独立显卡才能使系统更流畅地运行。

3. 网络环境

本项目涉及的数据来源较多，部分数据需从相关部门已经建成的系统中进行交换，同时也面临多种网络终端的使用环境，涉及公网、移动网络、专网、政务专网及物联网等。因此合理规划网络架构也是本项目建设的难点之一。

网络架构的设计应遵循以下原则：

（1）安全性：网络安全是一个系统正常运行的重中之重，网络安全不仅影响系统的正常稳定运行，也影响系统内数据的安全。因而网络架构设计的第一要素就是安全，确保系统平台的安全和数据的安全。

（2）高效性：在制定网络架构前，需要合理规划网络带宽、传输节点等，以便为终端用户提供高效的访问效率。

（3）兼容性：本项目涉及的网络链路种类较多，因此网络架构需满足多种网络链路合理、安全的融合。

（4）可扩容性：合理的网络架构需要有良好的扩容性，在制定网络接口规范时，尽量使用已有的网络传输标准和协议，以便后期能很好地进行扩容。

（5）便于维护：网络传输链路也必须具有便于维护的特点，这样才能为系统的平稳运行提供良好的支撑。

（6）低成本：网络链路的建设也要考虑成本因素，过大的网络建设费用必然导致后期高昂的维护成本，不利于系统长期运行。

8.4 平台应用成果

目前已完成智慧市政、智慧排水、城市防汛三个功能板块的建设。

1. 智慧市政

通过智慧市政，实现市政道路、桥梁、路灯专业基础设施"一张图"总览，根据生产经营管理视角，按照"汇总—列表—详细"的呈现方式，融合二、三维地图、AI 和大数据分析以及物联网感知，实现城市市政基础设施不同维度数据的可视化展现。

道路专业展示数据包括道路养护数据、道路病害修复数据、道路案件数据、道路计划修复数据。道路养护数据又分别统计街道类型、检测统计、道路等级。

桥梁专业展示数据包括桥梁养护数据、桥梁病害修复数据、桥梁案件数据、桥梁计划修复数据。

路灯专业展示数据包括路灯养护数据、路灯病害修复数据、路灯案件数据、路灯计划修复数据。

智慧市政部分应用成果如图 8.4-1、图 8.4-2 所示。

图 8.4-1　道路专业数据总览

图 8.4-2　道路专业病害修复数据

2. 智慧排水

通过智慧排水，实现城市排水、泵站专业基础设施"一张图"总览，包括排水管线、泵站、干渠等。

排水管线展示数据包括排水管线数据、排水井数据、排水病害修复数据、排水案件数据、排水修复计划和管线状况评测数据。

其中排水线长主要统计数据为：雨水管网、污水管网，细分为小型管网、中型管网和大型管网。

泵站展示数据包括泵站养护数据、泵站病害修复数据、泵站案件数据、泵站修复计划。

干渠展示数据包括干渠养护数据、面积统计、干渠水位监测数据。

物联感知数据展示包括智能井盖、管线状况、泵站运行状态监测、泵站监控、干渠监测数据等。

智慧排水部分应用成果如图 8.4-3 ~ 图 8.4-5 所示。

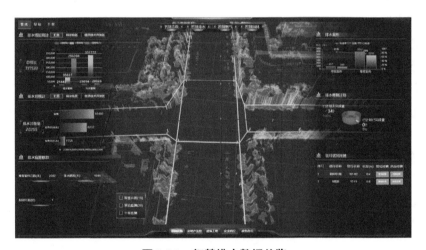

图 8.4-3 智慧排水数据总览

图 8.4-4 智慧排水病害查看

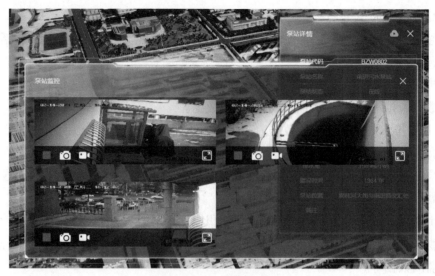

图 8.4-5　泵站监控查看

3. 城市防汛

城市防汛包括积水点总览、备勤点管理、水淹分析、指挥调度功能。

积水点总览：三维地图积水点展示，包括位置分布信息、详细信息、监测数据、视频监控等。

备勤管理：三维地图备勤管理展示，包括备勤点位分布、备勤班组、物资等详细信息。

水淹分析：包括水淹分析模拟功能、历史降雨内涝风险模拟功能。

指挥调度：三维地图指挥调度展示页面，页面展示数据有信息通知、事件发布、监控视频。

城市防汛部分成果如图 8.4-6 ~ 图 8.4-9 所示。

图 8.4-6　备勤信息查看

图 8.4-7 水淹分析

图 8.4-8 积水点监控总览

图 8.4-9 信息发布

8.5　后期发展规划

1. 大数据分析平台深度融合

基于 CIM 基础平台，与大数据分析系统深度融合，从城市市政基础设施资产管理、养护业务管理、设施运行监测、生产经营管理、业务大数据分析等层面，实现各专业市政基础设施的多维度分析。包括台账数据分析、巡查数据分析、生产运行数据分析、考核数据分析、案件处置分析、人材机消耗分析等，为生产经营提供辅助决策信息。

2. 市政工程规划、设计、建设、验收的全流程审批管理

建立对市政工程项目的全生命周期的管理体系，实现市政工程项目从规划、设计、建设、验收的全流程审批、监管，为城市市政基础设施养护项目管理的不断优化提供支撑。

对赤峰分公司的思考与感悟

9.1 关于市场

一切机会都来自于实力的不对等和技术的重大变革。对于养护市场来说，核心竞争优势就是信息化与传统养护深度融合从而再造出来的新养护。典型特点是四化：人员正规化、作业机电化、管养信息化、巡检智能化。新养护最核心的是全面数据化，也就是三清：设施底数清、运行现状清、管理规则清。

在市场开拓中坚持两轮驱动，一是面向市场，开发创新出能够改变城市风貌的养护管理体系；二是建立产品市场开发的快速反应机制。产品开发与市场开发双轮驱动，企业才能振兴。

调研所选择进入的城市。进入一个城市前要判断这个城市的基本面怎么样：经济如何？是否迫切需要进行养护改革？原来的养护水平如何？主要管理者有没有改变的迫切想法？如果存在重大问题，要深层论证是否能够解决问题，最终做出市场开发决策。

养护市场的特点，第一是黏性好，第二是长尾效应，第三是对主要管理者的要求非常高，第四是评价多元化。这种情况下需要循序渐进，从信息化服务或者养护专项工程切入，逐步渗透。目前来看最大的短板是缺乏优秀管理人才，也就是一个城市的主要负责人。

养护推广应走轻资产的模式，养护轻资产最为重要的三件事是：养护标准化、高效的供应链和高素质劳务队伍、对合作单位和劳务队伍的把控能力。标准化是前提，没有标准化就不能做轻资产；高素质劳务队伍需要培养，有培训措施和计划，从长远规划，劳务队伍负责人主要看其人品和资源协调能力，劳务队伍核心看班组长水平；轻资产能够顺利实施的关键是对劳务队伍的把控能力，需要由高素质的专业化人才进行管理。

养护市场在开拓初期切忌全局承揽，业务要从广到专再到精，随着市场的稳定再拓展其他业务。集中发展核心业务，把核心业务做到极致。养护的核心业务是什么？首先要放弃的是与养护无关的新建、改建项目；其次是用工较多、技术简单、季节性的劳务外包，例如绿化劳务。养护市场的核心市场可以是客户需求及维护、专业化的巡查服务、信息化的管理体系、标准化的养护体系建设（培训、计划、管理、验收、安全、质量）。

9.2　关于产品

养护集团在对外拓展中提供的产品分为三个级别：最高级、最重要的是品牌，其次是用户需求和体验，最后是产品功能。产品的品牌可以将优越感和价值体现到极致，如在首都做城市市政基础设施养护可以赋予北京养护集团足够的优越感，同时北京养护集团产品的价值更多体现在标准化、信息化、科技、创新、灵活等要素。产品的优化要准确把握用户的核心需求，并进一步挖掘用户的隐藏诉求，给予用户超出预期的体验。最后产品功能将设计触角伸向人的情感因素，通过富有审美的设计，赋予人们更多的意义。

养护产品定义明确后，到一个新的城市，我们需要解决一个很关键的问题，就是明确提供产品的第一步是什么。提供产品的第一步是设定一个清晰可衡量的目标，确定提供的产品要解决什么问题。关于产品可以解决的问题，若一线管理人员认为：我们既要解决 A 又要解决 B，还要解决 C，这简直是"天方夜谭"。其实我们只要用一个产品解决一个问题就好了，但是我们却经常希望通过一件事情去解决 4~5 个问题，最后结果就是什么都做不好，整个组织效率极为低下。在一个新环境中，人的素质、供货商、外部环境、客户诉求不确定的情况下，不要提出多元化的目标，需要明确目标、小步快跑、快速迭代。

养护服务产品要全方位走向标准化，标准化的第一步是标准规范文本的编写与制定，应该在北京养护经验的基础上，在当地政府的指导下，与当地科研机构合作编写适合本地的标准。标准可以分为几个层次：一是站在政府层面的管理制度、实施细则，应该以公文的形式发布；二是技术指南、作业规程，这些是具体的作业及考核办法；三是具体工序的工法、培训手册等。

养护要做极致化的产品、做畅销，应该如何做呢？首先与民生密切相关，总的来说三件事是比较容易产生效果的：一是标准化的设备喷涂、着装及交通导改，车辆保洁及正规着装，交通导改一定要严格执行。二是以人为本，先进的作业方式，主要是夜间作业和井盖维修，大力宣传，广泛传播。三是信息化平台及新技术的应用，信息化、大数据在养护中的作用巨大，养护精细化依靠信息化支撑才能实现，但实现难度巨大，因此要有一套信息化管理体系。真正来说，养护的维修效率才是一个养护企业的核心本质。工作应该围绕如何提升维修效率开展。

9.3 关于用户

养护工作从本质来讲就是服务，以客户为中心进行服务创新，而且每一点创新都要以用户满意作为前提，要按照客户的需要进行量身定制，要特别重视增值服务和软性服务。

养护工作要强调"三个服务"，以政府、业主、老百姓为中心，要针对客户不同的诉求进行分层化、差异化等服务，并且建立有效的管理系统，加强客户满意度。

养护服务要有用户导向思维，践行"两要一不要"：要满足用户的情感需要，要让用户感觉我们是一家人，绝不要和用户起争端。

养护服务要强化养护工作的责任感，任何工作有结果后要及时反馈，尤其是对发现的问题及投诉的事项要及时处理。

在养护作业中要特别强调用户体验，养护作业不是完全以修好路为目的，过程中要有规范化的交通导改、标准化的班组、配合默契一气呵成的作业过程、对噪声和交通拥堵的控制等。

9.4 关于管理

人性三大特质：贪婪、懒惰和恐惧，这是人类进步的最大动力。管理的目的是释放而不是约束，通过约束人性中恶的方面，释放真善美，给努力奋斗的人一个相对的确定性，这就是管理要解决的问题。任何管理的组织形式都要基于人性三大特质进行设计，设计的目标应该可以量化。

公司的核心管理人员是通过一个个项目磨砺出来的。管理的本质是人性，公司管理最难做的工作就是成本，基于管理的本质进行贡献与工资的平等交换。

公司战略是艺术而不是科学，在公司战略目标上要推行聚焦战略。

管理的基础工作更多的是科学而不是艺术。通过科学手段提升效率、降低浪费。也就是在未知的战略目标上必须要集中资源，在已知、确定性的工作上必须要节约，资金用在关键处。

企业成功于活力与奋斗，也需要不断地改变与创新，要基于一线进行管理体制的变革。企业只有通过不断地创新、进攻才能发现机会、保持活力，创新实质上就是一种有预见的博弈，企业因此在战略上不能完全固守成规，要勇敢进行有预见的博弈。

公司管理要建立基于流程的可测试、可检验、可控制的体系，向前部署、向基层部署。公司管理的主要方向：建立扁平化的组织机构，降低经营成本，加强品牌＝提升用户体验，强化养护服务产品，必须不断地创新。

20% 的核心管理人员几乎决定了后面 100% 的结果，养护所做的 20% 几乎决定后面 100% 的结果。在管理中要抓关键人、关键事。

养护管理中出现的最大问题是信息垄断，也就是没有搭建好整个工作信息化系统。当把整个工作系统和资金分配都实现"在线化"时，所有问题就会变得不一样。要让班组长和分公司的经理、部长、管理人员熟识起来，熟悉彼此的脾气秉性，了解公司的经营情况，实现信息的快速无损传递。

养护工作一定要让一线的人掌握决策权，把大单位变成小单位，独立核算。缩小独立核算的作业单元，让一线班组长指挥作业，提升一线班组的综合能力，让一线班组学会向公司要资源、要支持。养护工作的好坏主要看班组长，班组长是决战决胜的力量，企业的竞争就是班组长的竞争，班组长应具备养护的全面专业知识，懂业务、会管理、能沟通、有大局观。

公司的文化要进行创新，不能再按照"民可使之，不可使知之"的上智下愚的传统文化，要以企业为家，不能划分团队。彼得德鲁克说：现代化的公司应该由知识化的专家组成，公司应该由平等的人组成，知识没有高低贵贱之分，每个人都是由他对组织的贡献而不是地位决定的，因此公司不应该是由老板和职工组成，而是由平等的团队组成。

分公司要变成资源配置和支撑基层工作的平台，公司的管理人员要充分了解基层情况。资源配置主要是资金分配和人员管理，工作内容就是年度资金切块计划、月度资金支付及统筹、养护工作计划及落实、绩效考核及评价。

公司管理要简化，避免出现分工过细的情况，通过信息化打通流程，实现功能组织综合化，缩减层级和规模，以前说"人多好干活，人少好吃饭"，现在应该说"人少好干活，人多好吃饭"。随着公司的发展，公司会越来越复杂，人事关系、业务种类、业务量、沟通协调等，对工作进行简化的能力是管理者应该具备的核心能力。

公司在管理中要针对不同的管理层级充分授权，通过授权可以解决管理流程倒置问题，提高效率，节约成本，让员工有主人翁的责任感。授权要坚持信任和监督两项原则，不能有不受监督的权力，不能任其发挥，而是收放的艺术。明确授权的范围，做到有所授、有所不授。

养护集团的"三件大事"是一个非常好的管理方法，我们要明确分公司的"三件大事"，再细化到每个部门的"三件大事"，进一步明确每个月、每周的"三件大事"。只要做好"三件大事"，结果肯定不会差。

要强化员工的整体素质，把合适的人放到合适的岗位上，同时严格进行工时管理。

要加强合格供方的管理，加强与供方的沟通，加强对采购人员的管理。

9.5　关于团队

团队首先要进行价值观设计，价值观至关重要，华为的核心价值观是"以客户为中心，以奋斗者为本，长期坚持艰苦奋斗"，这是造就华为持续增长的原动力。

要弘扬进攻与奉献的企业精神。要乐观，一切困难皆可战胜。"80后""90后"与"60后""70后"面临不同的管理方式，要给他们以不断突破的感觉，要在任何时候保持乐观的态度。

在公司内部，管理部门和作业单位要协同作战、同甘共苦。

在人才使用上不唯学历，不唯能力，只唯结果。破格提拔年轻人，要敢于用人。

作为公司主要领导，不能太关注具体业务，"其政闷闷，其民淳淳；其政察察，其民缺缺"，具体业务要下放；中层管理人员，包括各项目部经理现在各负责一个领域，下一步要做的是调岗，不具体负责某个部门，然后不能再插手具体事务，这样综合能力会慢慢提高；班组长、基层员工要专注于具体工作与目标，要成为"匠人"，但"匠人"不能单独存活，必须纳入组织体系之中。

当一个地方的养护业务落地后，公司主要负责人要把主要精力放到组织建设上。公司想要招聘到当地最优秀的人才是非常难的。我们用的可能是60分、70分甚至是30分、40分的人，通过组织建设可以批量培养出70分、80分的人。只有通过好的组织建设才能招聘到更多80分、90分的人，这一点很重要。组织管理一旦与信息化系统融合，会提高整个企业管理下限使用信息化系统的人（使用起点就是80分），那么经过体系培训后所有人至少达到80分。

做好整个组织建设，首先要回答几个相对哲学层面的问题：我们是谁？也就是我们做的养护业务到底是什么？使命、愿景、价值观是什么？我们希望这个企业成长成什么样子？企业以什么样的要求和选择来支撑？最后落实的点就是我们到底需要什么样的人？只有使命、愿景、价值观相同的人才能长久地走下去。使命、愿景、价值观是一个企业的核心，如果各级管理人员没有使命、愿景、价值观作为保障，企业很难发展。

顶尖企业在招聘人才时都有一个不变的核心要求：只招成年人。成年人意味着什么？成年人意味着自己可以主动做选择，可以承担责任，能够不断地问自己"最重要的事情是什么？"

9.6　关于成长

学习对笔者来说是一种生活方式，学习有两个好的方式，一是向"高人"请教，一般可以通过报学习班的方式，笔者几乎每年都在报各种管理的学习班，通过学习班可以了解新知识，还可以认识志同道合的人，随着年龄的增长，认识"高人"的概率越来越低，所以要多学习；二是读书，手机上看到的资料可以作为基础入门，微信等 APP 的资讯都是碎片化的，很难成体系，要想成为专家，手机基本上用处不大，必须系统学习。

学习要从工作中来，到工作中去，根据工作中的问题，定期拿出一个大思路，比如一个新市场，先解决落地生根的问题，再解决组织建设的问题，然后是优化提升的问题。解决一个具体问题的时候，先在头脑里形成一个框架，然后阅读相关的资料，融会贯通，形成自己的想法，这是第一阶段。第一阶段结束后，第二阶段先对头脑里的想法进行逻辑推理，分析相关方及成功的概率，然后去找有经验的人沟通。一是不断完善这个想法，二是营造舆论氛围。事情开始实施后，要根据外部情况不断完善、验证想法的可行性，通过升级和复盘形成循环，最终达到目的，在这个过程中不断进行学习。

综上所述，关键点是知行合一，有计划，有行动。

除了要自己学习，也要思考如何把团队变成学习型组织，如何把学到的东西融入团队。

参考文献

[1] 中国会计学会.企业经营业绩评估问题研究——中国企业绩效评价方法研究 [M].上海：复旦大学出版社，2002.

[2] 刘颖.绩效考核制度与设计 [M].北京：中国经济出版社，2005.

[3] 中华人民共和国国家标准.泵站技术管理规程 GB 30948—2021[S] 北京：中国标准出版社，2021.

[4] 中华人民共和国国家标准.城镇排水管道维护安全技术规程 CJJ 6—2009[S] 北京：中国建筑工业出版社，2010.

[5] 中华人民共和国国家标准.城镇排水管道检测与评估技术规程 CJJ 181—2012[S] 北京：中国建筑工业出版社，2010.

[6] 中华人民共和国国家标准.城镇排水管道渠与泵站运行、维护及安全技术规程 CJJ 68—2016[S].北京：中国建筑工业出版社，2017.

[7] 中华人民共和国国家标准.园林绿化养护标准 CJJ/T 287—2018[S].北京：中国建筑工业出版社，2017.

[8] 中华人民共和国国家标准.城镇绿地养护技术规范 DB11/T 213—2022[S].北京：中国建筑工业出版社，2022.

[9] 中华人民共和国国家标准.城镇道路养护技术规范 CJJ 36—2016[S].北京：中国建筑工业出版社，2017.

[10] 孔祥杰.沥青路面性能衰变预测及养护维修决策方法研究 [D].北京：北京工业大学，2015.

[11] 曾峰.沥青路面预防性养护决策方法的研究与技术应用 [D].哈尔滨：哈尔滨工业大学，2009.

[12] 邓玉莲.城市排水管网状态和运行效能评估方法的研究与应用 [D].北京：北京建筑大学，2021.

[13] 李荷芳.构建节约型园林绿化养护管理模式 [J].居业，2022（2）：174-176.

[14] 安晓扬.构建节约型园林绿化养护管理模式 [J].现代园艺，2017（12）：190.